AF561798

KATHY SHEA MORMINO

DER GROSSE **HÜHNER-RATGEBER**

KATHY SHEA MORMINO
DER GROSSE
HÜHNER-RATGEBER
HÜHNERHALTUNG IM EIGENEN GARTEN
LEICHT GEMACHT
Unimedica

IMPRESSUM

Kathy Shea Mormino
DER GROSSE HÜHNER-RATGEBER:
HÜHNERHALTUNG IM EIGENEN GARTEN LEICHT GEMACHT
1. deutsche Auflage 2020
ISBN: 978-3-96257-162-7

Titel der Originalausgabe:
The chicken chick's guide to backyard chickens
Simple steps for healthy, happy hens

Page Designer: Shubhani Sarkar
Layout: Diana Boger
Frontcover: The author and her Bantam Frizzled Cochin, Rachel.
Backcover: Rachel with Phoenix, a Black Copper Marans rooster, in background (center).
Opposite: Margarita, a Black White Faced Spanish hen.

Übersetzung aus dem Englischen: Shiela Mukerjee-Guzik
Layout: Shubhani Sarkar
Satz: Linda Brummack
Cover: Narayana Verlag
Fotos © 2017 Kathy Shea Mormino
Illustrationen auf den Seiten 68, 96, 113, 115, 116, 118, 148, 156, und 157 © Bethany A. Caskey

Herausgeber:
Unimedica im Narayana Verlag GmbH,
Blumenplatz 2, D-79400 Kandern
Tel.: +49 7626 974 970-0
E-Mail: info@unimedica.de
www.unimedica.de

INHALT

Einleitung ... vi

1 Die entscheidende Frage: Warum Hühnerhaltung? ... 1

2 Grundlagen einer gesunden und artgemäßen Haltung ... 9

3 Räuber und Krankheiten: Risikomanagement ... 25

4 Auswahl der Hühner mit Sinn und Verstand ... 35

5 Grundlagen der Kükenaufzucht ... 47

6 Fütterung und Tränke ... 63

7 Gesunderhaltung Teil 1: Wohlbefinden ... 79

8 Gesunderhaltung Teil 2: Behandlung verletzter und kranker Hühner ... 93

9 Besonderheiten in den vier Jahreszeiten ... 113

10 Verhalten – Hühnerpsychologie ... 135

11 Eier – Nicht so einfach wie gedacht ... 145

12 Gartengestaltung mit Hühnern – Das Geheimnis eines attraktiven Hühnergeheges ... 161

Glossar ... 166

Index ... 168

Danksagung & Über die Autorin ... 170

Einleitung

IN DIESEM BUCH MÖCHTE ICH meine eigenen Erfahrungen und Forschungsergebnisse zur Hobbyhaltung von Hühnern teilen. Erkenntnisse aus Gesprächen mit professionellen Hühnerhaltern sind dabei ebenfalls eingeflossen. Ich hoffe, Ihnen dadurch eine neue Sicht auf die Hühnerhaltung im privaten Bereich zu eröffnen. Daneben möchte ich zu einem besseren Verständnis für die körperlichen Besonderheiten und Bedürfnisse von Hühnern beitragen. Mein Ziel ist, Ihnen Mut zu machen, sich zuversichtlich auf das Abenteuer Hühnerhaltung einzulassen.

Heutzutage sind die meisten Hühnerhalter nicht mit Hühnern im Hinterhof groß geworden. Das *Familienlehrbuch zur Hühnerhaltung* wurde uns nicht in die Wiege gelegt. Aber selbst wenn – angesichts der Fortschritte in Wissenschaft und Forschung des letzten Jahrhunderts, die auch vor dem Geflügel nicht Halt machten, wären viele überlieferte Ansichten heutzutage eindeutig veraltet. Ich möchte erreichen, dass Sie sich an Ihren Lieblingshühnern erfreuen, deren Bedürfnisse besser verstehen und sich weniger Sorgen um sie machen. Sie werden lernen, häufige Fallstricke in der Haltung von Hühnern zu umgehen, Probleme zu erkennen, Kosten einzusparen, und wann Sie professionelle Hilfe in Anspruch nehmen müssen.

Hühner sind ganz besondere Tiere. Ihre Pflege ist uns nicht so vertraut wie die von Hunden und Katzen. Wenn wir Tiere halten, die nicht so weit verbreitet sind, und keine erfahrene Tierärzteschaft an der Seite haben, sind wir oft auf Informationen aus zweiter Hand angewiesen. Da die Hobbyhaltung von Hühnern zunehmend an Popularität gewinnt, hat sich ein wachsender Industriezweig entwickelt,

der im Austausch gegen unser Geld Produkte und Informationen von mehr oder weniger zweifelhaftem Nutzen und fragwürdiger Sicherheit anbietet.

Gesunde Hühner brauchen keinen Schnickschnack und keine permanente Zufuhr von Ergänzungsfuttermitteln, Kräutern oder sonstigen Zusatzstoffen, um gesund zu bleiben, die Qualität ihrer Eier zu steigern oder ihr Federkleid, Immunsystem oder Wohlbefinden zu verbessern.

Ich möchte Ihnen ausreichend Wissen an die Hand geben, um beurteilen zu können, welche Informationen und Produkte hilfreich sind, und wie Sie gleichzeitig Ihre Hühnerschar, aber auch Ihren Geldbeutel schützen. Meine Hoffnung ist, dass Sie auf Ihre Fragen Antworten mit Hand und Fuß erhalten. Lassen Sie Ihren gesunden Menschenverstand nicht von wohlklingenden Phrasen wie »natürlich« und »pflanzlich« blenden. Wenn es sich einfach zu gut anhört, um wahr zu sein, ist es das vielleicht auch.

Ich hoffe, dass Sie viele Jahre Freude an den Persönlichkeiten, sozialen Interaktionen und der Schönheit Ihrer Hühner haben werden, und dass Sie Ihren Enthusiasmus für Ihre gefiederten Freunde mit Ihrer Familie und Ihren Freunden teilen können.

Hühnerhaltung gelingt am besten, wenn man sich an wenige einfache Faustregeln hält: Füttern Sie ein handelsübliches Komplettfutter, stellen Sie sauberes Wasser in sauberen Behältern zur Verfügung und sorgen Sie für großzügig bemessenen, sauberen und trockenen Lebensraum und eine ausreichende Biosicherheit (siehe Kapitel 7).

Auf den folgenden Seiten werde ich nicht zu allen Themen Stellung nehmen, mit denen Hühnerhalter möglicherweise konfrontiert werden. Außerdem werde ich nicht auf die Vor- und Nachteile der verschiedensten Haltungssysteme und –aspekte eingehen. In diesem Buch geht es nicht um die Aufzucht von Mastgeflügel und Legehennen, ebenso wenig wie um Hühner, die zu Ausstellungszwecken gezüchtet werden. Es ist kein Leitfaden für den Aufbau einer kommerziellen Hühnerfarm, kein Handbuch für den Handel mit Eiern, genauso wenig wie ein Buch, in dem jede nur erdenkliche Erkrankung abgehandelt wird. Ich möchte Ihnen stattdessen einen Ratgeber an die Hand geben, der Sie vor schmerzlichen Lernerfahrungen bewahrt und Ihnen hilft, sinnvolle Entscheidungen zum Wohle Ihrer Hühner zu treffen.

Sollte ich Dinge verallgemeinern, so möchte ich Sie bitten, Ihren gesunden Menschenverstand einzusetzen, um die offensichtlichen Ausnahmen zu erkennen. Die richtigen Methoden haben nur wenige in Stein gemeißelte Regeln; Sie werden im Laufe der Zeit selbst herausfinden, was bei Ihnen funktioniert, und mit zunehmendem Wissen und Erfahrung entsprechende Anpassungen vornehmen.

Ich hoffe, dass Sie viele Jahre Freude an den Persönlichkeiten, sozialen Interaktionen und der Schönheit Ihrer Hühner haben werden, und dass Sie Ihren Enthusiasmus für Ihre gefiederten Freunde mit Ihrer Familie und Ihren Freunden teilen können.

Vielleicht bringen Sie sogar ein paar neue potenzielle Hühnerhalter auf den Geschmack!

KAPITEL 1

DIE ENTSCHEIDENDE FRAGE: *Warum* Hühnerhaltung?

GANZ EHRLICH, WARUM SOLLTE MAN *KEINE* HÜHNER halten? Warum muss man eine Erklärung abgeben, wenn man Hühner halten möchte? Es fragt niemand: »Warum hält man einen Hund?«

Die Aufzucht von Hühnern ist ein faszinierendes und lohnenswertes Hobby, aber es gilt zahlreiche Faktoren zu berücksichtigen, bevor man sich in das Abenteuer Hühnerhaltung stürzt. Die Hennen in der vorderen Reihe sind eine Kolumbianische Wyandotte und eine gebänderte Plymouth Rock. Die Hennen im Hintergrund sind von links nach rechts eine Schwarzkupfer-Weizen-Maran, eine Partridge Plymouth Rock und eine Partridge Cochin.

Saubere Eier frisch aus dem Nest sind schöner, aromatischer und oft auch nahrhafter als im Laden gekaufte Eier.

Obwohl es viele gute Gründe für die Haltung von Hühnern gibt, bedarf es sicherlich keiner tiefschürfenden philosophischen oder altruistischen Motivation. Hühner liefern nicht nur nahrhafte Lebensmittel und wertvollen Gartendünger, sondern bieten auch eine Möglichkeit zur chemiefreien Schädlingsbekämpfung. Darüber hinaus sind sie von erzieherischem Wert und, was man meist am wenigsten erwartet: Sie bereichern das Leben ihrer Halter. Hühner *sind* die neuen Familienhunde.

Frische Eier von artgerecht gehaltenen Hühnern

Artgerecht gehaltene Hühner leben unter großzügigen und sauberen Bedingungen mit Zugang zu frischer Luft und Gras. So können sie Eier produzieren, die frischer sind, besser schmecken und oft nahrhafter sind als Eier aus kommerziellen Hühnerfarmen. Mit dieser Haltungsform wird zudem der menschenwürdige Umgang mit lebensmittelliefernden Tieren gefördert, ebenso wie eine regionale und nachhaltige Produktion.

Haustiere, Gesellschafter und Therapietiere

Gesellschaft, Unterhaltung, Stressreduktion und Aufheiterung sind Aspekte, die unsere heutigen Hühner von den Hühnerscharen unserer Ahnen unterscheiden. Wenn sie verletzt sind, landen sie genauso wenig im Suppentopf, wie wir daran denken würden, unsere Hunde und Katzen zu verspeisen. Sie werden aufgrund ihrer unterschiedlichen Persönlichkeiten und ihrer witzigen sozialen Interaktionen wertgeschätzt. Zahme Hühner werden routinemäßig als Therapietiere bei Menschen mit einer Vielzahl emotionaler und körperlicher Erkrankungen oder Einschränkungen eingesetzt. Auch in anderen belastenden Lebenssituationen oder als Besuchstiere in Krankenhäusern oder Alten- und Pflegeheimen sind Hühner hilfreiche Begleiter.

Erziehung

Allzu viele Kinder erliegen der Illusion, dass Eier auf magische Weise in Kartons verpackt im Supermarkt erscheinen und Hühner nuggetförmig sind. Durch die Haltung von Hühnern in Hof und Garten lernen Kindern zu verstehen, woher Lebensmittel kommen: Sie selbst können zu deren Produktion beitragen. Füttern, Tränken und das Einsammeln der Eier sind Aufgaben, die Kinder durchaus erledigen können. Dabei erhalten sie gleichzeitig wertvolle Lektionen in Sachen Verantwortung, Lebensrhythmus und Tierliebe.

Organische Gärtner und Schädlingsbekämpfer

Hühner sind grüne Haustiere! Sie vertilgen eine Vielzahl von Unkräutern und Schadinsekten und machen unsere Hinterhöfe, Gärten und Wasserreservoirs sicherer als giftige Insektizide und Pestizide. Wird ihnen die Möglichkeit dazu geboten, werden sie den Boden fröhlich bearbeiten, umgraben, belüften und mit hausgemachtem, stickstoffhaltigem Dünger anreichern.

Sind Hühner das Richtige für mich?

Manche Leute sagen, dass es weniger Arbeit macht, Hühner zu halten als einen Hund. Andere wiederum behaupten, dass es sehr arbeitsaufwändig ist.

Zur Haltung von Hühnern gehören natürlich auch Ausmisten und Reinigungsarbeiten dazu. Diese Aufgaben können aber durch bestimmte Arbeitsutensilien und Methoden erleichtert werden. In diesem Buch stelle ich Ihnen vor, welche sich bei mir bewährt haben. Ich bin der festen Überzeugung, dass die anfallenden Arbeiten keine Belastung für Sie darstellen werden, wenn die Hühnerhaltung Ihr Hobby ist und Sie Ihre Tiere lieben. An den meisten Tagen erlebe ich die erholsamsten Augenblicke bei der Säuberung des Hühnergeheges!

Man sollte mehrmals täglich nach seinen Hühnern sehen. Ein absolutes Minimum stellt die Versorgung am Morgen und das abendliche Einsperren in den Hühnerstall dar. Es kann schwierig sein, einen kompetenten Hühner-Sitter zu finden. Wenn Sie oft verreisen, sind Hühner möglicherweise nicht die richtigen Haustiere für Sie.

Die Kosten für die Anschaffung und Haltung von Hühnern variieren genauso wie die Kosten für die Fortbewegung – Sie können laufen, Fahrradfahren, die U-Bahn nehmen, einen Oldtimer kaufen oder sich einen Privatjet anschaffen. Hühner können aus schlammigen Pfützen trinken und mit einer jämmerlich mangelhaften Fütterung überleben, aber sie werden dabei nicht wirklich gesund sein, schlecht Eier legen und auch nicht lange leben.

Ich empfehle, so früh wie möglich einen Stall, eine Geflügel-Nippeltränke und einen Futterautomaten in bestmöglicher Qualität anzuschaffen, d. h. zu bauen oder zu kaufen. Verglichen mit preisgünstigeren Alternativen wird jedes Qualitätsprodukt auf lange Sicht nicht nur Zeit und Geld einsparen, sondern auch Ihre Hühner gesünder erhalten.

Wenn Sie mit einer kleinen Herde beginnen, ist der Aufwand überschaubar. Sie können Ihre Hühnerschar vergrößern, sobald Sie sich mit ihren Bedürfnissen vertraut gemacht und eine gewisse Routine und Souveränität gewonnen haben. Sie werden sich dann in der Lage fühlen, etwaige auftretende Probleme meistern zu können. Hühner sind dankbare und unterhaltsame Haustiere wie keine anderen. Wenn Sie es wirklich möchten und können, tun Sie es!

Ist die Haltung von Hühnern legal?

Bevor Sie beginnen, erkundigen Sie sich bei Ihrem zuständigen Ordnungsamt, ob die Haltung von Hühnern in Ihrem Wohngebiet erlaubt ist. Man würde meinen, dass ich als zugelassene Anwältin daran gedacht hätte, mich vor der Anschaffung meiner ersten Hühner über die Bestimmungen in meinem Dorf zu erkundigen. Tatsächlich kam es mir aber überhaupt nicht in den Sinn.

Mein Nachbar hielt drei Pferde und eine kleine Hühnerschar auf einem Grundstück von der gleichen Größe wie unseres, deshalb verschwendete ich keinen

Hühner sind die neuen Familienhunde. Hier sind meine kleinen Hühnermädchen: MaryKate und Sophia.

Gedanken daran, dass die Haltung von Hühnern in unserer Nachbarschaft verboten sein könnte – aber sie war es.

Ich hatte im Rathaus angerufen, um zu fragen, ob ich für den Bau eines Hühnerstalls eine Baugenehmigung benötigte, und erhielt die Auskunft, dass dies nicht erforderlich sei – was es aber doch war.

Es war ein Fehler, mich nicht über die örtlichen Bestimmungen zu informieren. Eine Fehlinformation von städtischen Verwaltungsangestellten ist auch nicht hilfreich, wenn einem plötzlich ein Bußgeldbescheid wegen einer Ordnungswidrigkeit ins Haus flattert, wie es bei mir der Fall war.

Im Laufe mehrerer Jahre focht ich einen Rechtsstreit mit der Stadt, die mich dazu zwingen wollte, meine Hühner wegzugeben. Zwar gewann ich letztendlich den Prozess, allerdings war das ganze Verfahren sehr kostenintensiv. Rückblickend habe ich damit aber nicht nur diesen Rechtsstreit – trotz des anhaltenden politischen Widerstandes – gewonnen, sondern auch den Weg für die Legalisierung der Hobbyhaltung von Hühnern in meinem Wohnort geebnet.

Die Vorschriften für die Haltung von Hühnern sind in jedem Rechtssystem unterschiedlich. Konsultieren Sie einen örtlichen Anwalt, der sich mit kommunalem Recht auskennt. Wenn Sie sich diesen

Was ich vor der Anschaffung meiner Hühner gerne gewusst hätte

In der Hoffnung, angehenden Hühnerhaltern Anfangsprobleme ersparen zu können, habe ich meine Facebook-Fangemeinde gebeten, eine Liste von Dingen zu erstellen, die wir alle gerne gewusst hätten, bevor wir unsere ersten Hühner anschafften.

- Machen Sie Ihre Hausaufgaben. Hühner sind eine Lebensaufgabe. Sie können 8, 10, 15 Jahre oder länger leben.
- Gehen Sie nicht einfach davon aus, dass die Haltung von Hühnern erlaubt ist, nur weil es einige Ihrer Nachbarn bereits machen. Erkundigen Sie sich nach möglichen Bedingungen für eine Erlaubnis, Beschränkungen der Herdengröße und möglichen Einschränkungen für die Haltung von Hähnen.
- Scheuen Sie sich nicht, einen Antrag im Stadtrat einzureichen, um geltendes Recht zu ändern.
- Ein Huhn legt nicht unbedingt jeden Tag ein Ei. Hier spielen viele Faktoren eine Rolle – manche können Sie beeinflussen, andere wiederum ... nicht so sehr.
- Wenn Sie Hennen kaufen, denken Sie daran, dass die Geschlechtsbestimmung anhand der Geschlechtsöffnung nur in 90 % zutrifft (siehe »Geschlechtsbestimmung« in Kapitel 5). Überlegen Sie sich einen Plan für Hähne, die Sie nicht behalten können.
- Machen Sie es von Anfang an richtig – pfuschen Sie nicht.
- Die Platzierung des Stalles ist wichtig – Schatten im Sommer, ein trockener Standort in regenreichen Gebieten!
- »Menschenbezogene« Hennen und Hähne sind leichter sauber zu halten und zu versorgen.
- Installieren Sie herausnehmbare Roste und Kotwannen für eine einfachere Reinigung.
- Der Lebensraum Ihrer Hühner wird nie endgültig fertiggestellt sein!
- Kaufen oder bauen Sie einen größeren Stall als Sie für erforderlich halten. Hühnermathematik ist eine reale Angelegenheit!
- Kaufen Sie Ihre Hühner bei einem eingetragenen Züchter oder einer Brüterei – nicht auf einer Auktion oder Börse.
- Einfacher Maschendraht ist kein sicherer Schutz vor Beutegreifern – verwenden Sie Volierendraht!
- Die ertragreichsten Jahre einer Legehenne sind ihre ersten beiden Lebensjahre. Danach nimmt die Legeleistung stetig ab.
- Scharren ist nicht gleichzusetzen mit der Futteraufnahme.
- Hühner nehmen am liebsten dort ein Sandbad, wo Sie es am allerwenigsten möchten.
- Unterschätzen Sie nicht, wie sehr Sie Ihre Hühner lieben werden und wie sehr diese Ihr Leben verändern werden. Sie werden sich vielleicht wünschen, schon viel früher mit der Hühnerhaltung begonnen zu haben!
- Und meine persönliche Lieblingsbemerkung von Tiffany M.: »Stellt sicher, dass Ihr Euch im Chicken Chick's Blog anmeldet und Kathy auf Facebook mit »Gefällt mir« markiert!«

Ich bin der festen Überzeugung, dass die anfallenden Arbeiten keine Belastung für Sie darstellen werden, wenn die Hühnerhaltung Ihr Hobby ist und Sie Ihre Tiere lieben. An den meisten Tagen erlebe ich die erholsamsten Augenblicke bei der Säuberung des Hühnergeheges!

Luxus nicht leisten können oder wollen, studieren Sie genauestens die entsprechenden Vorschriften für Ihr Wohngebiet, insbesondere im Hinblick auf Lärmbelästigung, gesundheitliche Belange und freilaufende Tiere. Im Bauamt und Grundbuchamt wird man Ihnen sicher gerne weiterhelfen, wenn Sie Fragen zu Ihrem Grundstück bzw. Ihrer Gemarkung und den dort geltenden baurechtlichen Vorschriften haben. Lesen Sie sich die entsprechenden Rechtsgrundlagen aber lieber selbst durch.

Wenn Sie in den örtlichen Vorschriften nichts zur Hobbyhaltung von Hühnern finden, dürfen Sie nicht davon ausgehen, dass sie erlaubt ist! Oft verhält es sich nämlich so, dass eine Sache, die nicht *ausdrücklich erlaubt* ist, *verboten* ist.

Suchen Sie in den entsprechenden Dokumenten nach einem »Flächennutzungsplan«; dieser ist ein Hinweis darauf, dass in Ihrem Fall diese Art der Rechtssprechung greift.

Sollte die Haltung von Hühnern auf Ihrem Grundstück *erlaubt* sein, müssen Sie dennoch Erkundigungen einholen, inwieweit es evtl. Beschränkungen hinsichtlich der Anzahl zu haltender Hühner oder der Haltung von Hähnen gibt. Bringen Sie in Erfahrung, welche Bedingungen für die Erteilung einer Erlaubnis erfüllt werden müssen. Auch Aspekte wie die Entsorgung des Mistes und der Standort von Misthaufen und Stall sind zu berücksichtigen; u. U. müssen bestimmte Abstände zu Nachbargrundstücken, Straßen oder Häusern eingehalten werden. Außerdem haben die meisten Hauseigentümerge-

Nutzen Sie die sozialen Netzwerke und herkömmlichen Medien, um Aufmerksamkeit zu wecken, öffentlich aufzuklären und Unterstützer für die Hobbyhaltung von Hühnern zu gewinnen. Teilen Sie regelmäßig wichtige Daten und Informationen mit Ihren Unterstützern.

meinschaften Vorschriften, welche die Haltung von Haustieren regeln – informieren Sie sich unbedingt rechtzeitig.

Wenn Sie trotz eines bestehenden Verbots beschließen, Hühner zu halten, müssen Sie sich über mögliche Konsequenzen im Klaren sein, wenn Sie erwischt werden. Ihren Hühnern zuliebe sollten Sie dann einen Plan B parat haben, zu dem Sie Zuflucht nehmen können.

Änderung rechtlicher Vorschriften

Wenn die Gesetzeslage keine Haltung von Hühnern erlaubt, Sie aber eine Änderung der rechtlichen Gegebenheiten anstreben, bauen Sie nicht auf den gesunden Menschenverstand der zuständigen Personen. In unserer Gesellschaft hat man sich schon so weit von der Eigenherstellung von Lebensmitteln entfernt, dass die meisten Menschen keine Ahnung haben, was die Haltung von ein paar Hühnern eigentlich bedeutet.

Versuchen Sie, etwas über den Hintergrund und die Ansichten bzw. Vorurteile der für die Rechtssprechung zuständigen Personen zu erfahren. Besuchen Sie eine öffentliche Anhörung, um die Persönlichkeiten, Abläufe und Regularien kennenzulernen. Entwickeln Sie dann eine Strategie, um die herrschenden Vorurteile mithilfe von unwiderlegbaren Fakten zu Haltung und Verhalten von Hühnern und einer möglichen Beeinflussung der Nachbarschaft auszuhebeln.

Entwickeln Sie ein Verständnis für das geltende Recht und dessen Geschichte, da diese wichtige Diskussionspunkte im Rahmen von Anhörungen darstellen. Im frühen 20. Jahrhundert hielten die meisten Familien Hühner, bevor rechtliche Beschränkungen in die Gesetzgebung Einzug hielten. Im 1. Weltkrieg wurden in Amerika diejenigen, die keine Hühner hielten, von der Regierung sogar dazu aufgefordert, Hühner als Zeichen ihrer »Vaterlandsliebe« anzuschaffen! Zu dieser Zeit konnte sich bestimmt niemand vorstellen, dass irgendwann eine Erlaubnis für die Haltung von kleinen lebensmittelliefernden Tieren für den Eigenbedarf notwendig werden könnte. Deshalb sind in den meisten lokalen Vorschriften keine Regelungen in punkto Hühnerhaltung enthalten.

Zeigen Sie, wie widersinnig es ist, die Hobbyhaltung von Hühnern bis ins kleinste Detail zu regeln, indem Sie zum Vergleich Daten vorlegen, wie Hunde in Ihrer Gemeinde und den umliegenden Städten reglementiert werden. Schreiben Sie Veterinärämter, Polizeibehörden und Ordnungsämter an und beantragen Sie Einsicht in die Jahresstatistiken zu Beschwerden über bellende und freilaufende Hunde und vergleichbare Beschwerden über Hühner.

Politiker reagieren normalerweise sensibel auf öffentlichen Druck. Ermutigen Sie Nachbarn, lokale Amtspersonen, Zeitungen und andere Nachrichtenkanäle ebenso wie Tierschutzorganisationen, öffentliche Anhörungen zu besuchen und offizielle Stellen anzuschreiben. Die sozialen Netzwerke sind ein unschätzbares Hilfsmittel, um Unterstützer zu gewinnen und mit diesen zu kommunizieren, wenn es beispielsweise um die Anwesenheit bei Anhörungen geht.

Laden Sie Landwirtschaftsexperten und Geflügelspezialisten der Universitäten zu Anhörungen ein, um auf die Vorbehalte der zuständigen Personen einzugehen.

Die Durchsetzung rechtlicher Vorschriften ist eine legitime Maßnahme und fällt i. d. R. in den Zuständigkeitsbereich von Veterinäramt, Polizei und Gesundheitsamt. Belästigung und gesundheitliche Gefährdung betreffen meist Geruch, Lärm und hygienische Probleme.

Es wird immer Leute geben, die sich nicht an die Vorschriften halten, aber einige schwarze Schafe sollten nicht Anlass dazu geben, Vorschriften zu er-

Fakten und Mythen zur Hobbyhaltung von Hühnern

Wenn Sie Ihren Fall den zuständigen Instanzen vortragen und allgemein herrschende Irrtümer aufklären, nehmen Sie der Gegenseite den Wind aus den Segeln. Diesen Irrtümern liegen zumeist Ängste und Emotionen zugrunde. Die Fakten sprechen allerdings für sich selbst.

Mythos: Hühner sind dreckig und stinken.
Fakt: Hühner sind reinliche Tiere, die täglich Stunden damit verbringen, ihr Gefieder akribisch zu putzen, um sich sauber zu halten.
Hühner stinken nicht, ihre Ausscheidungen stinken. Bei richtiger Haltung gehen von einem Hühnerhof keine üblen Gerüche aus. Fünf Hennen produzieren täglich ungefähr 30 Gramm wertvollen Gartendünger. Im Vergleich dazu produziert ein mittelgroßer Hund täglich 70 Gramm Kot, der Krankheitserreger enthält und nicht kompostierbar ist.

Mythos: Hühner verschandeln die Wohngegend.
Fakt: Es gibt keinen einzigen Beweis für diese Behauptung. Tatsächlich konnte das Gegenteil gezeigt werden. Die Zusammenfassung einer *Forbes*-Liste der Top Ten der amerikanischen Immobilienmärkte ergab, dass alle zehn die Haltung von Hühnern guthießen. Die meisten Hühnerhalter sind stolz auf ihre Hühnerhöfe und gestalten diese liebevoll; manchmal nehmen sie sogar die Feiertage zum Anlass, Stall und Auslauf zu dekorieren.

Mythos: Hühner sind laut.
Fakt: Hennen sind normalerweise überhaupt nicht laut, und Hähne sind nicht lauter als bellende Hunde.

Bellender Hund auf 1 Meter Entfernung = 70–100 dB

Rasenmäher auf 1 Meter Entfernung = 107 dB

Hahn auf 1 Meter Entfernung = 48 dB

In jeder Gemeinschaft gibt es tagsüber Zeiten, in denen es mehr oder weniger laut zugeht. Solche Phasen sind ein ganz normaler Teil des Alltags. Etwaige Vorschriften sollten daher nicht pauschal irgendwelche Tierarten oder Geschlechter innerhalb einer Art diskriminieren. Kommt es tatsächlich zu einer Lärmbelästigung durch krähende Hähne, sollte dies ebenso behandelt werden wie im Falle bellender Hunde.

Mythos: Hühner benötigen viel Platz.
Fakt: Hühner brauchen kein riesiges Areal, um sich wohl zu fühlen und gute Haltungsbedingungen zu gewährleisten. In allen amerikanischen Großstädten werden Hühner gehalten, ohne dass dafür große Flächen zur Verfügung stehen. In einem Hinterhof oder Gärtchen kann eine weitaus größere Anzahl an Hühnern gehalten werden, als die meisten Familien überhaupt halten möchten.

Mythos: Hühner ziehen Schadnager und Beutegreifer an.
Fakt: Wilde Tiere und Schädlinge gibt es überall. Sie werden von Nahrungsquellen wie Vogelfutterhäuschen und Mülltonnen angezogen. Hühnerhalter geben viel Geld aus, um ihre Tiere und deren oft teures Futter vor Räubern zu schützen.

Mythos: Hühner werden nur zum Eierlegen gehalten, daher sollte die Herdengröße nach dem Eierverbrauch in der Familie berechnet werden.
Fakt: Hühner werden als Haustiere, Therapietiere und Hobby-Ausstellungstiere gehalten und in sozialen Projekten eingesetzt. Es wird mit verschiedenen Eierfarben experimentiert, und nicht zuletzt versucht man, vom Aussterben bedrohte Rassen zu erhalten. Die meisten Hühner legen nicht jeden Tag ein Ei. Die Legeleistung wird durch die saisonal bedingte Änderung der Lichtverhältnisse sowie durch Stress und das Alter der Tiere beeinflusst, wobei die höchste Leistung in den ersten zwei Lebensjahren erzielt wird. Hennen, die in diesem Frühjahr geschlüpft sind, legen im dritten Lebensjahr u. U. im Herbst und Winter keine Eier. Es gibt keinen vernünftigen Grund, die Anzahl der Hühner willkürlich zu beschränken – die Hobbyhaltung von Hühnern ist eine kostspielige Angelegenheit, und Hühner-Horten ist in der Gemeinschaft der Hühnerhalter wirklich nicht weit verbreitet.

lassen, die die Haltung von Haustieren übermäßig reglementieren.

Wenn Sie schließlich bereit sind, in den Kampf zu ziehen, sollten Sie Fakten und Statistiken vorlegen können, um die zwangsläufig auftauchenden Argumente der Gegenseite zu entkräften. Geben Sie dabei auch jedem Beteiligten Kopien Ihrer Dokumente *zu Beginn des Treffens* an die Hand. Und noch ein Rat zum Schluss: Kleiden Sie sich angemessen – tragen Sie keine T-Shirts, Käppis, Shorts oder Overalls, wenn Sie ernst genommen werden möchten.

KAPITEL 2

Grundlagen

EINER GESUNDEN UND ARTGEMÄSSEN *Haltung*

SIE WISSEN NUN ALSO, DASS ES IN IHRER WOHNGEGEND erlaubt ist, Hühner hinter dem Haus zu halten. Vielleicht ist es Ihnen sogar gelungen, bestehende Vorschriften zur Hühnerhaltung zu ändern. Sie haben einen Familienrat einberufen und versprochen, auch die weniger angenehmen Aufgaben zu übernehmen. Nun können Sie sich endlich Hühner zulegen, richtig? Falsch!

Eine Dominique-Henne legt vor meinen beiden Ställen eine Ruhepause ein. Ich rate Ihnen, Ihren Stall mindestens doppelt so groß zu bauen, wie Sie für nötig halten.

Zuallererst einmal brauchen Sie einen Stall. Der Stall muss gebaut oder gekauft werden, *bevor* die Hühner angeschafft werden. Federleichte Hühnerküken entwickeln sich rasant zu staubigen, Kot produzierenden Mini-Monstern, die Sie innerhalb weniger Wochen aus dem Haus haben möchten.

Unabhängig davon, ob Sie einen Hühnerstall selber bauen oder kaufen, gibt es einige wesentliche Ausstattungsmerkmale, die entscheidend für seine Funktionalität sind. Hühner schert es nicht, ob ihr Stall ein ausgefallenes Dekor oder ein dezentes Erscheinungsbild hat, oder wie viel er gekostet hat. Ein schlecht konstruierter Stall kann kranke Hühner und Verhaltensprobleme zur Folge haben, ganz zu schweigen davon, dass sich bei Ihnen eine tiefgreifende Frustration über eine Sache breitmacht, die eigentlich Freude bereiten und von Erfolg gekrönt sein sollte.

Jedes Design eines Stalles kann im Laufe der Zeit optimiert werden, aber wenn Sie die wesentlichen Merkmale im Auge behalten, können Sie die größten Fallstricke von vornherein umgehen.

Der Stall: Die Größe zählt

Nehmen Sie es jetzt einfach so hin und glauben Sie mir später: Der Stall sollte mindestens doppelt so groß sein, wie Sie für nötig halten. Hühner erforschen ihren Lebensraum mit ihren Schnäbeln, und je enger sie zusammensitzen, desto größer ist die Wahrscheinlichkeit, dass sie nach einer losen Feder oder einem Insekt auf dem Körper einer Stallgefährtin picken. Dies kann zu einer geringfügigen Wunde führen, die sich wiederum zu einer lebensgefährlichen Verletzung entwickeln kann. Werden Hühner auf zu engem Raum gehalten, kann es sein, dass sie anfangen, aggressiv aufeinander einzuhacken, um ihre Position in der Herdenhierarchie zu festigen.

Früher oder später wird jede Hühnerschar größer, deshalb sollten Sie entsprechend planen.

Im Idealfall halten sich Hühner nur zum Schlafen und Eierlegen im Stall auf. Alle anderen Aktivitäten sollten draußen stattfinden. Pro Huhn sollten Sie 1,20 Quadratmeter Stallfläche einplanen. Freilandhühner kommen mit etwas weniger Grundfläche aus, da sie die meiste Zeit draußen verbringen. Haben die Hühner jedoch nur eine begrenzte Auslauffläche zur Verfügung, sollte der Stall so geräumig wie möglich sein.

DER STANDORT IST DAS WICHTIGSTE

Wenn es um die Auswahl des Standortes für den Stall geht, sollten Sie darüber nachdenken, wie schwierig es werden könnte, bei sehr schlechtem Wetter zum Stall zu gelangen, um die Hühner zu versorgen. Berücksichtigen Sie auch, dass der Stall in größtmöglicher Nähe zu einer Wasserquelle und dem Ort für die Futteraufbewahrung liegen sollte. In kalten Klimagebieten kann es notwendig sein, Schnee zu schaufeln. Auch die Bereitstellung von Wasser und Futter oder das Einsammeln der Eier kann Probleme bereiten, wenn der Stall schwierig zu erreichen ist.

Ziehen Sie vorab alle etwaigen wetterabhängigen Risikofaktoren in Betracht. Ist das Klima regnerisch und feucht, errichtet man den Stall am besten an der höchsten Stelle eines abschüssigen Geländes und vermeidet tiefliegende Stellen, die überflutet werden können.

In heißen Klimagebieten sollte der Stall möglichst immer im Schatten liegen. Kalte Winter? Suchen Sie nach einer windgeschützten Stelle, um die Hühner vor rauem Wind zu schützen. In Gegenden, wo es sehr kalte, aber auch sehr heiße Jahreszeiten gibt, sollten Sie einer schattigen Lokalisation den Vorzug geben, da es für Hühner schwieriger ist, sich bei Hitze kühl zu halten, als bei Kälte warm zu bleiben.

Baut man den Stall so, dass er in einigem Abstand zum Erdboden steht, gewinnt man darunter wertvolle Fläche, die bei Hitze Schatten spendet, bei Regen ein trockenes Plätzchen bietet und für Hühner, die lieber allein sein möchten, einen Ort zum Verstecken darstellt. Außerdem wird dadurch der Stallboden vor Feuchtigkeit und Verrotten geschützt. Zäunen Sie den Bereich unterhalb des Stalles mit Volierendraht ein. Einfacher Maschendraht bietet keinen ausreichenden Schutz vor Räubern.

ZUGÄNGLICHKEIT

Alle Bereiche des Stalles sollten für die versorgenden Personen leicht zugänglich sein, um ihn leichter reinigen und im Bedarfsfall ein krankes oder verletztes Huhn versorgen zu können.

Alle Bereiche des Stalles sollten für die versorgenden Personen leicht zugänglich sein, um ihn leichter reinigen und im Bedarfsfall ein krankes oder verletztes Huhn versorgen zu können.

Die Hühner sollten den Stall durch eine Klappe betreten und verlassen können. Diese sollte ungefähr 30 cm breit und 35 cm hoch sein, und gegebenenfalls über eine Rampe ins Freie bzw. in den Auslauf führen. Eine zweite größere Tür gewährt der Reinigungskraft und dem Servicepersonal in Menschengestalt Zutritt in den Stall. Eine dritte Tür führt vom Außenbereich in den Auslauf. Sie sollte hoch genug sein, damit man sich nicht dauernd den Kopf stößt.

Zu guter Letzt sollten noch Klappen auf Höhe der Nester vorhanden sein, um eine leichte Entnahme der Eier von außerhalb des Stalles zu ermöglichen.

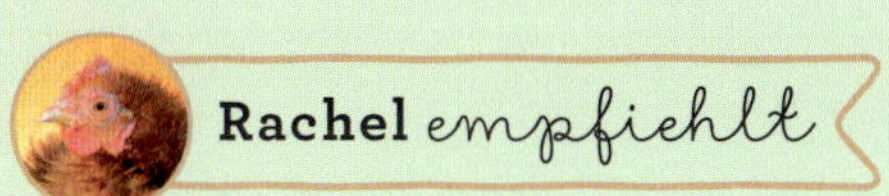

EIN ERSATZSCHLÜSSEL! Viele Hühnerhalter (und Sie bestimmt auch!) hatten schon das Pech, sich selbst im Stall oder Auslauf einzusperren. So etwas passiert natürlich immer genau dann, wenn man alleine zuhause ist und kein Handy dabei hat. Entwickeln Sie einen Fluchtplan, bevor Sie ihn brauchen.

Sitzstangen (Schlafplätze)

Planen Sie im Stall 20 bis 30 cm Stangenlänge pro Huhn ein. Bringen Sie die Stangen in mindestens 30 cm Abstand von der nächsten parallelen Wand, 45 cm voneinander entfernt und nicht höher als 60 – 90 cm an, es sei denn, es führt eine Leiter oder Rampe hinauf. Die Stangen sollten höher liegen als die Nester. Hühner suchen instinktiv die höchstmöglichen Schlafplätze auf. Wenn also die Nester höher liegen als die Stangen, werden die Hühner in den Nestern schlafen (und Kot darin absetzen). Somit werden die Eier in einer unhygienischen Umgebung abgelegt.

Sitzstangen werden meist aus Bauholz gefertigt; die idealen Abmessungen sind 5 × 10 cm. Sie können mit Balkenschuhen befestigt werden, sodass sie leicht abgenommen, gereinigt und von Zeit zu Zeit ersetzt werden können. Meiner Meinung nach spielt es keine Rolle, ob die schmale oder die breite Seite nach oben zeigt, da die Hühner auf beiden Seiten bei kaltem Wetter ihre Füße wärmen können.

Starke Äste mit einem Durchmesser von 7-8 cm sind ebenfalls gut geeignet. Von Stangen für Kleiderschränke, PVC-Rohren und ähnlichen glatten, schmalen und zylindrischen Dingen rate ich ab, da

Ganz oben: Machen Sie sich keine Sorgen, wenn sich mehrere Hühner um ein Nest streiten oder gleichzeitig darin sitzen – sie sind das Hühneräquivalent zu Frauen, die zusammen die Damentoilette aufsuchen.

Oben: Sitzstangen können mit Balkenschuhen befestigt werden, sodass sie leicht abgenommen, gereinigt und von Zeit zu Zeit ersetzt werden können. Die Stangen sollten höher liegen als die Nester. Hühner suchen instinktiv die höchstmöglichen Schlafplätze auf; wenn also die Nester höher liegen als die Stangen, werden die Hühner in den Nestern schlafen – und Kot darin absetzen.

Rechts: Vorhänge vor den Nestern sind mehr als ein wohnliches Accessoire – sie sorgen für die Privatsphäre, die eierlegende Hennen instinktiv suchen.

die Hühner darauf mehr Mühe haben, das Gleichgewicht zu halten, und weil sie zu Druckstellen und in der Folge zu Balleninfektionen führen können.

Nestbox

Hennen ziehen es vor, ihre Eier an dunklen, abgeschiedenen Stellen zu legen. Das Bedürfnis nach Privatsphäre entspringt sehr wahrscheinlich einer evolutionären Anpassung an die Bedrohung der Eier und Küken durch Beutegreifer. Die im Stall befindlichen Nester bieten den Legehennen nicht nur Sicherheit, sondern auch einen sauberen und bequemen Ort für die Eiablage.

Veranschlagen Sie eine Nestbox für vier Hennen. Die Boxen können sich auf Bodenhöhe oder höher befinden, sollten aber unbedingt tiefer als die Sitzstangen liegen. Höher liegende Nestboxen schaffen allerdings wieder mehr freie Bodenfläche; dies gilt auch für außen am Stall angebrachte Nestboxen. Die typischen Maße einer Nestbox betragen 30 × 30 × 30 cm. Die Möglichkeiten sind hier nahezu grenzenlos: Saubere, leere Katzentoiletten, 20-Liter-Eimer mit Deckel, recycelte Körbe und sogar ausgeschlachtete Computermonitore sind geeignet!

Da sich eine Henne für die Eiablage hinhockt, sollte der Boden der Nestbox gepolstert sein. Man kann sie mit einer Vielzahl von Materialien auskleiden, angefangen von Holzspänen über Nestmatten aus Kunststoff bis hin zu Mischungen aus gehäckseltem Heu, Stroh und Zeolith. Hennen scheinen Spaß daran zu haben, das Nestmaterial neu zu arrangieren, aber es dient primär dem Schutz der Eier und nicht dem Vergnügen der Hennen. Ich selbst verwende und empfehle keine Einlage aus normalem Stroh, da es oft Milben und Schimmelpilze beherbergt und zu Kropfanschoppung führen kann.

Vorhänge vor den Nestern bieten den legenden Hennen mehr Privatsphäre. Sie können aus den verschiedensten Materialien gefertigt werden, z. B. aus Baumwollmischgewebe, alten Leinentüchern, leeren Futtersäcken und vielem mehr. Sie können an die Nestboxen getackert oder mit Vorhangstangen befestigt werden. Um den Ein- und Ausstieg zu erleichtern, sollten Sie die Vorhänge in senkrechte Streifen schneiden.

Wenn möglich, sollten Sie die Vorhänge aufhängen, bevor neue Junghennen eingestallt werden. Ältere Hennen, die vorher in einem Stall ohne Vorhänge vor den Nestboxen gelebt haben, finden diese anfangs möglicherweise unheimlich, aber sobald sie die Nestboxen einmal inspiziert und für sicher befunden haben, werden sie das Mehr an Privatsphäre zu schätzen wissen.

Abgesehen von der Privatsphäre bieten Vorhänge vor den Nestboxen noch weitere Vorteile:

- Sie schirmen brütende Hennen und Eier ab und senken so das Risiko, dass eine eierlegende Hühnerschar zu einer brütenden wird. Die Macht der mütterlichen Suggestion ist groß, und der Anblick einer Ansammlung von Eiern in einem Nest reicht oft schon aus, um andere Hennen zum Brüten anzustiften.
- Sie reduzieren das Eierfressen. Vielleicht wussten Sie noch nicht, dass manche Hühner Eier in den Nestboxen aufpicken und fressen. Diese Angewohnheit ist schwer abzustellen, und andere

Nestbox-Kräuter

Die Zugabe von farbenfrohen, aromatisch duftenden, getrockneten Kräutern zum Nistmaterial ist ein guter Weg, um den Stall schöner zu gestalten. Allerdings sei hier gleich ein Hinweis angefügt: Es kursieren Gerüchte, wonach Kräuter, die in den Stall gestreut oder im Außenbereich des Stalles gezogen werden, eine Vielzahl positiver Eigenschaften haben sollen (entzündungshemmend, antibakteriell, antioxidativ, antiparasitär, beruhigend, die Eiablage anregend, natürliches Entwurmungsmittel, Abwehr von Schadnagern, stressvermindernd etc.). Dies entspricht jedoch *nicht* der Realität.
Im besten Falle schreckt der starke Geruch kleinere Insekten ab, aber nicht im Mindesten Milben und Läuse.

Ein Wort zur Vorsicht: Frische Kräuter sollten *nicht* in die Nestboxen gegeben werden, da die Körperwärme der Hennen und die entstehende Feuchtigkeit zu einer schnellen Zersetzung und Schimmelbildung führen können.

Hühner schauen sich diese Unart schnell ab. Je unsichtbarer die Eier sind, umso geringer ist die Versuchung, sie zu fressen.

- Sie schützen legende Hennen vor Federrupfen und Kannibalismus, da die Geschlechtsorgane während der Eiablage im Verborgenen liegen. Legt die Henne ein Ei, wird kurzzeitig ein Teil der Kloake sichtbar, während das Ei herausgedrückt wird. Wenn zufällig ein anderes Huhn vorbeikommt und diesem Vorgang beiwohnt, kann es sich magisch angezogen fühlen und in das exponierte Gewebe picken, was zu Verletzungen bei der Legehenne führen kann.

BELÜFTUNG UND LICHT

Die Belüftung im Stall spielt das ganze Jahr über eine wichtige Rolle. Installieren Sie so viele Lüftungsvorrichtungen wie möglich und diese so weit oben wie möglich. Dadurch ist sowohl eine kontinuierliche Ableitung von Feuchtigkeit und schädlichen Ammoniakausdünstungen aus dem Kot nach draußen als auch die permanente Zufuhr von Frischluft in den Stall hinein gewährleistet.

Um einen maximalen Luftaustausch zu erreichen, sollten Sie funktionierende Fenster auf allen vier Seiten des Stalles einbauen. Zusätzlich sollten entweder offene Giebel, ein Kuppeldach oder große Entlüftungsschlitze oben in den Wänden vorhanden sein. Bei kaltem Wetter und starkem Wind sollte die Lüftung entsprechend angepasst werden, um die Hühner vor Zugluft zu bewahren.

Funktionierende Fenster sorgen nicht nur für den notwendigen Luftaustausch, sondern auch für den größtmöglichen Einfall von natürlichem Licht in den Stall. Die Ausschüttung der für die Eiablage verantwortlichen Hormone wird durch Licht angeregt, also lassen Sie viel Licht in den Stall hinein! Die meisten vorgefertigten Hühnerställe versagen kläglich in den Sparten Fenster und Belüftung – zögern Sie nicht, eine Motorsäge an den Stallwänden anzusetzen und entsprechend mehr einzubauen! Sorgen Sie dafür, dass keine Beutegreifer über die Fenster eindringen können, indem Sie Volierendraht davor anbringen; nehmen Sie dafür Schrauben und Unterlegscheiben und tackern Sie den Draht nicht einfach nur fest.

STALLBODEN UND EINSTREU

Ein fester Fußboden ist sehr viel besser für die Gesundheit und Sicherheit der Hühner und die Hygiene als ein Drahtboden. Ein Holzboden kann durch Auflegen von preisgünstigem Linoleum vor Feuchtigkeit und Verrotten geschützt werden, was auch die Reinigung erleichtert. Wenn Sie das Linoleum an den Rändern mit Silikon versiegeln, erreichen Sie einen noch größeren Schutz vor Feuchtigkeit. Ein Absatz an der Türschwelle verhindert, dass die Einstreu herausfällt.

Je trockener und sauberer der Stall ist, umso gesünder ist der Lebensraum für die Hühnerschar. Die Einstreu ist das Material, das den Boden bedeckt, um ihn trocken zu halten und die Reinigung zu erleichtern.

Hühner schlafen normalerweise nicht in der Einstreu, daher spielt es keine Rolle, ob wir diese als weich und kuschelig empfinden oder nicht. Ihr vornehmlicher Zweck besteht darin, den Stall *trocken* zu halten.

Die richtige Einstreu spielt für die Gesundheit der Hühner eine entscheidende Rolle. Ungeeignete Einstreu kann zu Erkrankungen wie Ballengeschwüren, Erfrierungen, Parasiten- und Fliegenbefall führen, macht unnötig Arbeit und lässt den Geldbeutel langsam, aber sicher schrumpfen. Die gebräuchlichsten und besten Einstreumaterialien sind Holzspäne, Mischungen aus gehäckseltem Stroh, Heu und Zeolith, sowie Sand. Jedes Material hat unterschiedliche feuchtigkeitsbindende Eigenschaften. Einfaches ungehäckseltes Stroh sollte niemals als Einstreu genommen werden, da es Feuchtigkeit nur mangelhaft aufnimmt und oft Milben beherbergt. Außerdem führt es schnell zu Kropfanschoppung und zur Bildung von Mistmatten. Der häufige Befall mit Schimmelpilzen setzt zudem die Hühner dem Risiko einer Erkrankung der Atemwege namens Aspergillose aus.

Holzspäne sind eine gute Wahl, aber wissenschaftliche Studien und die persönliche Erfahrung haben gezeigt, dass Sand die bessere Einstreu ist. Er hat ein ausgezeichnetes Wasseraufnahmevermögen und trocknet äußerst schnell, sodass die Besiedlung mit Bakterien und Pilzen sehr niedrig ist. Er ist wirtschaftlich, leicht aufzubewahren und zersetzt sich nicht. Für gesunde Hühner ist Sand der Superstar unter den Einstreuoptionen!

Um einen maximalen Luftaustausch zu erreichen, sollten Sie funktionierende Fenster auf allen vier Seiten des Stalles einbauen. Zusätzlich sollten entweder offene Giebel, ein Kuppeldach oder große Entlüftungsschlitze oben in den Wänden vorhanden sein.

Sand als Einstreu stellt kein neuartiges Konzept dar. Der Geflügel-Pionier Charles Weeks ließ sich bereits 1919 in seinem Buch *Egg Farming in California* über die Vorzüge von Sand aus: »Sand ist das einzige Material, das auf dem Boden eines Geflügelstalles Verwendung finden sollte. Sauberer, trockener Sand verhindert die Vermehrung von Bakterien. Er ist praktisch staubfrei und leicht zu reinigen, da die Ausscheidungen obenauf liegen und leicht entfernt werden können.«

In Studien der wissenschaftlichen Abteilung für Geflügel der Universität von Auburn wurden Holzspäne mit Sand verglichen. Dabei zeigte sich, dass Sand weniger Feuchtigkeit und aufgrund seiner anorganischen Zusammensetzung weniger Bakterien und Pilze enthielt.

Wenn Sand sauberer als andere Einstreuvarianten aussieht, dann deshalb, weil er sauberer *ist*. Die Geflügeltierärztin Dr. Annika McKillop (Maryland) sagt: „Ich rate all meinen Kunden, von Holzspänen auf Sand umzusteigen. … Sand reduziert die Probleme mit Kokzidiose, da die Parasiten eine warme, feuchte und sauerstoffreiche Umgebung benötigen.

Hühner können so allmählich eine natürliche Immunität gegen Kokzidiose aufbauen, ohne die Darmerkrankung zu entwickeln, die infolge eines übermäßigen Vorhandenseins von krankheitserregenden Oozysten v. a. in feuchter Einstreu entsteht."

Sand trocknet die Ausscheidungen aus und hält keine Feuchtigkeit oder Fäulnisprodukte zurück; dies bedeutet ein vermindertes Risiko, an einer Infektion der Atemwege zu erkranken, ebenso wie einen reduzierten Befall mit Fliegen, ein geringeres bakterielles Wachstum und weniger Frostschäden. Außerdem stellt Sand kein erhöhtes Risiko in Sachen Kropfanschoppung dar. Tatsächlich ist Sand günstig für den

Verdauungstrakt, da er im Muskelmagen als Grit die faserreichen Futterbestandteile zerkleinert.

Aufgrund seiner hohen thermalen Masse sorgt Sand auch für eine stabilere Stalltemperatur. Die Auburn-Studien zeigten, dass Sand im Sommer kühler und im Winter wärmer bleibt. Und bei unfreundlichem Wetter ist Sand trocken und bietet die Gelegenheit zu einem Staubbad! Sind die Außenbedingungen nass oder schlammig, bleiben die Eier sauberer, da die Füße der Hennen auf dem Weg zu den Nestboxen im Sand gesäubert und getrocknet werden.

Der Sand kann ganz leicht mit einer Katzenstreuschaufel gereinigt werden. Er muss nur sehr selten komplett ausgetauscht werden. Nimmt man ihn ein- oder zweimal jährlich heraus, kann man ihn waschen, an der Sonne trocknen und wiederverwenden; dadurch ist er unschlagbar umweltfreundlich. Die geringe Menge an Sand, die zusammen mit dem durchgesiebten Kot auf dem Kompost landet, muss nicht abgebaut werden. Der dabei entstehende Kompost ist ein großartiger Zusatz für lehmhaltige Böden; er enthält einen höheren Anteil an wertvollem, stickstoffreichem Dung als Kompost aus anderen Einstreuarten.

Die richtige Sorte Sand für die Einstreu (und Staubbäder) wird unter verschiedenen Bezeichnungen geführt, u. a. gewaschener Sand in Bauqualität oder Flusssand. Der Sand sollte aus Körnern verschiedener Größe bestehen, sodass Wasser schnell versickern kann. Er wird normalerweise gesiebt und gewaschen, sodass die feinsten Partikel ausgespült werden. Im Gegensatz dazu besteht Sand für Sandkästen aus gemahlenem Quarz. Dieser enthält feine Staubpartikel, die leicht inhaliert werden und zusammenbacken, wodurch eine Drainage erschwert wird.

Sand kann in Ställen mit Zement-, Erd- und Holzböden verwendet werden. Ich streue den Stall mit einer ca. 10 cm hohen Sandschicht ein; im Auslauf ist die Sandschicht etwa 30 cm hoch.

Sand im Auslauf bzw. Gehege ist besonders in feuchtem Klima ideal, da das Wasser versickern kann. Regelmäßiges Wenden mit einer Schaufel oder Bodenfräse erhält vielbegangene und nasse Bereiche locker.

Sand kann relativ preisgünstig in großen Gebinden in einem Gartencenter, Baumarkt oder Garten- und Landschaftsbaubetrieb bezogen werden. Der frisch gelieferte Sand ist meist noch feucht, weil er vorher gewaschen wurde. Ist dies der Fall, oder wird der Sand durch Regen, geschmolzenen Schnee oder verschüttetes Trinkwasser feucht, trocknet er schnell, wenn man einige Male mit der Harke hindurchgeht.

Sand hat allerdings auch einen einzigen Nachteil, und zwar sein Gewicht.

Sand ist schwer und eignet sich nicht unbedingt für Menschen mit körperlichen Einschränkungen oder für den Einsatz in großen, mobilen Hühnertraktoren.

Unabhängig von der Art der Einstreu ist es eindeutig besser, kein Trinkwasser im Stall vorzuhalten. Fördern Sie den Aufenthalt im Freien und bieten Sie Wasser und Futter im Auslauf an, um ein gesundes Stallmilieu aufrecht zu erhalten. Dadurch wird auch die Besiedlung mit Schadnagern und Fliegen innerhalb des Stalles reduziert.

KOTBRETTER

Ein Kotbrett ist nichts anderes als ein Brett, das unterhalb der Sitzstangen angebracht wird und den Kot auffängt, der in der Nacht abgesetzt wird. Es kann fest angebracht oder für eine leichtere Säuberung auch abnehmbar sein; normalerweise wird der darauf befindliche Kot jeden Morgen abgekratzt und in einen Eimer geschüttet und dann zum Kompost gebracht.

Die richtige Sorte Sand für die Einstreu (und Staubbäder) wird unter verschiedenen Bezeichnungen geführt, u. a. gewaschener Sand in Bauqualität oder Flusssand. Der Sand sollte aus Körnern verschiedener Größe bestehen, sodass Wasser schnell versickern kann. Er wird normalerweise gesiebt und gewaschen, sodass die feinsten Partikel ausgespült werden.

Ich halte Kotbretter im Stall für unentbehrlich: Sie ermöglichen die einfache Beseitigung der Hauptquelle für Feuchtigkeit, Ammoniak und Geruch im Stall, und lösen damit bereits die häufigsten und wichtigsten Probleme im Stallmanagement.

Ich verwende einen 30 cm langen Schmalspachtel und einen großen Eimer, um die Kotbretter in meinen beiden Ställen zu reinigen, und bin immer sehr schnell fertig.

Zur leichteren Säuberung werden Kotbretter manchmal lackiert, mit Linoleum beklebt oder mit leeren Futtersäcken abgedeckt.

Alternativen zu traditionellen Kotbrettern, die eine Ähnlichkeit mit Regalbrettern aufweisen, sind Schuhablagebretter aus Kunststoff, Futtersäcke, oder auch wasserfestes Tuch, das schlingenförmig unter den Sitzstangen angebracht wird. Zeitungspapier oder Trainingsmatten für Welpen erfüllen denselben Zweck.

Ich halte Kotbretter im Stall für unentbehrlich: Sie ermöglichen die einfache Beseitigung der Hauptquelle für Feuchtigkeit, Ammoniak und Geruch im Stall, und lösen damit bereits die häufigsten und wichtigsten Probleme im Stallmanagement – Fliegenbefall, Probleme mit den Atemwegen, Darmerkrankungen wie z. B. Kokzidiose und Frostschäden, um nur einige zu nennen.

Eines der ersten Anzeichen dafür, dass ein Huhn krank ist, ist veränderter Kot. Kotbretter bieten die einmalige Gelegenheit, tagtäglich auf einen Blick die Gesundheit der gesamten Hühnerschar zu beurteilen. Und da Hühner die Angewohnheit haben, immer denselben Schlafplatz aufzusuchen, kann man recht einfach herausfinden, von welchem Huhn der unnormale Kot stammt. Durch die Beseitigung des größten Teils der täglichen Ausscheidungen, bevor diese auf dem Stallboden aufschlagen, bleibt die Einstreu länger sauber, sodass man mehr Zeit hat, sich hinzusetzen und mit der Hühnerschar zu beschäftigen!

Hühnerhalter möchten meist dann keine Kotbretter verwenden, wenn sie die Tiefstreumethode bevorzugen, bei der Kot und Einstreu im Stall kompostiert werden.

DER AUSLAUF

Ein Hühnerauslauf ist ein umfriedeter Bereich im Freien, der sich normalerweise unmittelbar an den Stall anschließt. Denken Sie bei der Planung Ihres Hühnergeheges in GROSSEM Maßstab! Ihre Hühner werden die meiste Zeit des Tages darin verbringen; auch Freilandhühner brauchen ihn bei schlechtem Wetter. Veranschlagen Sie mindestens drei Quadratmeter Auslauffläche pro Huhn, wenn Ihre Hühner nur das Gehege zur Verfügung haben. Ähnlich wie beim Stall sind Freilandhühner auch mit weniger Platz zufrieden.

Um Langeweile und Übergewicht, aber auch Verhaltensproblemen wie Federrupfen und Eierfressen vorzubeugen, müssen Hühner ausreichend Bewegungsfreiheit haben. Ein weitläufiges Gehege bietet im Gegensatz zu den meisten Ställen ausreichend Platz und die Möglichkeit, sich zu bewegen.

Aus den oben genannten Gründen empfehle ich auch im Auslauf Sand als Bodenbelag. Für die Pflege gelten dieselben Richtlinien wie im Abschnitt »Stallboden und Einstreu«. Halten sich die Hühner ausschließlich im Auslauf auf, ist es ratsam, das Gehege alle paar Monate auf sauberes Gelände zu verlegen, um den Infektionsdruck im Hinblick auf Krankheitserreger und Parasiten so gering wie möglich zu halten.

Dr. Michael Darre ist Professor für Geflügelwirtschaft an der Universität von Connecticut. Er empfiehlt eine alternative Vorgehensweise, die darin besteht, den Erdboden ca. 45 cm tief abzutragen und die Grube dann mit 15 cm Sand zu füllen. Auf die Sandschicht kommt erst Volierendraht mit einer Lochung von 0,6 cm, dann 15 cm grober Kies, darauf eine zweite Schicht Draht und abschließend 15 cm Erbsensteine (Pisolit).

So entsteht ein leicht zu reinigender und hygienischer »Boden«, der die Anzahl an Parasiten und Krankheitserregern im Auslauf reduziert. Stellen Sie einen kleinen Sandkasten auf, in den Sie gewaschenen Bausand geben, um den Hühnern die Möglichkeit zu einem Staubbad zu bieten.

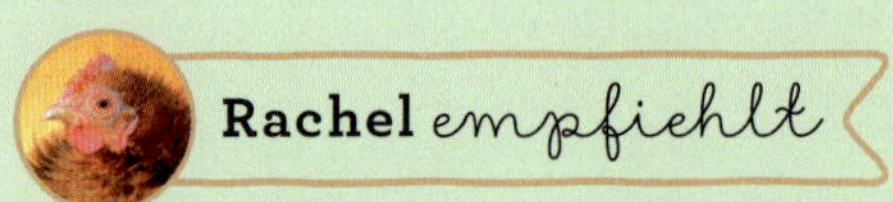

LICHT AUS! Obwohl Strom im Stall großartig ist, um Lüfter, Wasserheizgeräte und Lichtquellen zu betreiben, dürfen Sie nicht vergessen, dass Hühner mindestens 8 Stunden Dunkelheit pro Tag benötigen. Eine kürzere Zeitspanne kann Fortpflanzungsstörungen und Verhaltensprobleme auslösen. Alle Hennen brauchen ihren Schönheitsschlaf!

WÄNDE UND TÜREN

Die Rahmen der Wände und Türen eines Hühnerauslaufs bestehen häufig aus kesseldruckimprägniertem Holz, das etliche Jahre der Witterung standhalten soll. Wenn Sie auf Nummer sicher gehen wollen, befestigen Sie Volierendraht mit einer Lochung von 0,6 oder 1,2 cm an den Holzrahmen; verwenden Sie dazu Schrauben und Unterlegscheiben. Drahtrollen sind i. d. R. 90 cm breit, deshalb benötigen Sie bei einem 1,80 m hohen Zaun für jeden Abschnitt die doppelte Breite.

Nehmen Sie bei Bedarf Kabelbinder, um die einzelnen Abschnitte miteinander zu verbinden. Maschendraht schützt nicht vor Beutegreifern, eignet sich also nicht, um einen sicheren Auslauf zu gestalten. (In Kapitel 3 finden Sie mehr Informationen dazu, wie man einen Auslauf am besten mit Volierendraht sichert.)

DACH

Ihr Hühnergehege sollte unbedingt ein Dach haben. Dieses bietet Schutz bei schlechtem Wetter, Schatten, wenn es heiß ist, und Schutz vor kletternden und fliegenden Beutegreifern. Selbst eine nur teilweise Überdachung ist besser als gar keine. Ist kein Dach möglich, bietet über den Auslauf gespannter Maschendraht oder ein Geflügelnetz Schutz vor fliegenden, aber nicht vor kletternden Räubern, und auch nicht vor Nässe.

SITZSTANGEN

Sitzstangen im Auslauf schaffen zusätzlichen Raum in die Höhe. Bringen Sie Sitzstangen an und stellen Sie Dinge wie Leitern, Stühle und Baumstümpfe auf.

Ein geräumiger Auslauf ist unentbehrlich für gesunde und glückliche Hühner. Jedem Huhn sollten mindestens drei Quadratmeter Auslauffläche zur Verfügung stehen.

FUTTERTRÖGE UND TRÄNKEN

Futtertröge und Tränken sollten *außerhalb* des Stalles aufgestellt werden, um die Einstreu im Stall sauberer und trockener zu halten. Dies ist nicht nur gesünder für die Hühner, weil ein weniger vorteilhaftes Milieu für Krankheitserreger und Parasiten geschaffen wird, sondern vermindert auch das Risiko, Nagetiere und Beutegreifer anzulocken. Ist dies jedoch nicht möglich, sollten Sie die Behälter an den Stallwänden befestigen bzw. hängend anbringen, um die Bodenfläche nicht zu verkleinern.

STAUBBAD

Wenn ein Huhn ein Staubbad nimmt, gräbt es eine flache Kuhle in den Boden und wälzt sich im lockeren Sand bzw. in der Erde. Danach schüttelt es zusammen mit dem Sand lockere Hautschuppen und im Gefieder befindliche Insekten ab. Hühner nehmen aber auch Staubbäder, um sich zu entspannen und bei heißem Wetter abzukühlen. Der soziale Faktor spielt ebenfalls eine Rolle. Kaum etwas ist unterhaltsamer zu beobachten als ein Huhn, das ein Staubbad nimmt.

Normalerweise graben Hühner die Löcher für ihr Staubbad selbst. Leben sie aber in einem Gehege mit festem Boden, sollten Sie ihnen einen Bereich mit lockerem Sand oder Boden anbieten. Dafür benötigt man keine Spezialmischung. Tatsächlich enthalten herkömmliche »Rezepte« für Staubbäder oft Zusatzstoffe, die von Holzasche über Abfallprodukte aus dem Straßenbau bis hin zu Kieselgur (Diatomeen-Erde) reichen – sie alle sind nicht nur absolut *unnötig*, sondern teilweise sogar gefährlich. Aus nasser Holzasche entsteht Lauge, die die Haut verätzen kann; Abfallprodukte aus dem Straßenbau enthalten oft Salz und andere Giftstoffe.

Und Diatomeen-Erde ist gefährlich, wenn sie in einer staubigen Umgebung von Mensch und Huhn inhaliert wird (siehe »Risiken von Diatomeen-Erde: Die ungeschönte Wahrheit« auf der nächsten Seite). Halten Sie es also so einfach wie möglich und schützen Sie damit das Immunsystem, die zarten Schleimhäute und empfindlichen Atemwege Ihrer Hühner.

Versorgung und Gesunderhaltung der Hühner

Nachdem Sie Ihren zukünftigen Hühnern ein gemütliches Heim bereitet haben, geht es daran, eine Routine für die Versorgung der Tiere und die Stallarbeiten zu etablieren. Nachstehend finden Sie ein paar Richtlinien, an die ich mich gerne halte:

Wenn ein Huhn ein Staubbad nimmt, gräbt es eine flache Kuhle in den Boden und wälzt sich im lockeren Sand bzw. in der Erde. Danach schüttelt es zusammen mit dem Sand lockere Hautschuppen und im Gefieder befindliche Insekten ab. Dies ist einer der Gründe, warum Sand ideal für den Hühnerauslauf ist.

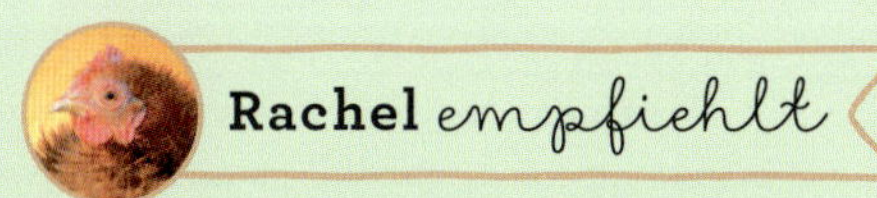

ES GIBT KEINEN ERSATZ FÜR SAUBERKEIT
Setzen Sie im Hühnerstall keine Raumsprays o. ä. ein. So verlockend es auch sein mag, den Duft von Zitrone, Lavendel oder Vanille im Stall zu verbreiten, um weniger angenehme Gerüche zu überdecken, bringen diese Sprays doch unerwünschte Feuchtigkeit in den Stall, die wiederum die Freisetzung von Ammoniak aus den Ausscheidungen begünstigt. Dadurch wird der Geruch noch schlimmer und die Umgebung ungesünder für die Hühner. Wenn Sie den Ammoniak riechen können, liegt er bereits in einer Konzentration vor, die zu Augenreizungen, Infektionen der Füße und Problemen mit den Atemwegen bei Ihren Hühnern führen kann. Wenn es im Stall stinkt, misten Sie aus.

Getrocknete Kräuter oder Blumen wie Pfefferminze, Lavendel und Kamille sind eine sichere Möglichkeit, angenehmen Duft im Stall oder in den Nestboxen zu verbreiten, aber kein Ersatz für eine vernünftige Reinigung.

TÄGLICHE AUFGABEN

- Leeren, reinigen und desinfizieren Sie offene Tränken, bevor Sie sie wieder mit frischem Wasser füllen. (Ich nehme ¼ Teelöffel Oxine® (Chlordioxid) pro 4 Liter Wasser.)
- Öffnen Sie morgens als Erstes die Hühnerklappe, um die Hühner ins Freie zu lassen.
- Überprüfen Sie die Nestboxen auf Sauberkeit und entfernen Sie alles schmutzige Nistmaterial.
- Suchen Sie den Stall und Auslauf nach Anzeichen für das versuchte Eindringen von Beutegreifern ab, beispielsweise Grabspuren oder Löcher im Zaun oder Draht.
- Beobachten Sie die Hühnerschar und schauen Sie, ob Sie bei einem oder mehreren Hühnern Veränderungen in der Erscheinung oder im Verhalten bemerken, die vielleicht Ihrer Aufmerksamkeit bedürfen.
- Überprüfen Sie, ob die Nippeltränken (siehe Kapitel 6) störungsfrei funktionieren.
- Überprüfen Sie die Futtertröge und Muschelkalkbehälter, und entfernen Sie, was nötig ist.
- Kratzen Sie den Kot von den Kotbrettern und bringen Sie ihn zum Kompost.
- Entfernen und ersetzen Sie nasse Einstreu in Stall und Auslauf.
- Entfernen Sie den im Sand befindlichen Kot mit einer Katzenstreuschaufel.
- Sammeln Sie die Eier mindestens einmal täglich ein, wenn möglich, häufiger.
- Stellen Sie offene Futterbehälter über Nacht beiseite, um keine Beutegreifer und Schadnager anzulocken.
- Sperren Sie Ihre Hühner abends mit Beginn der Dämmerung, aber auf jeden Fall vor Sonnenuntergang in den Stall, und verriegeln Sie alle Stall- und Auslauftüren.

Risiken von Diatomeen-Erde: Die ungeschönte Wahrheit

Diatomeen-Erde (Kieselgur, DE) in Lebensmittelqualität ist ein natürlich vorkommender fossiler Mineralstaub mit mikroskopisch kleinen, rasiermesserscharfen Kanten: Er wirkt als mechanisches Insektizid, indem er sich in den Insektenkörper bohrt, dessen Körperflüssigkeit absorbiert und ihn auf diese Weise austrocknet und absterben lässt. Ich selbst verwende keine Diatomeen-Erde und rate auch davon ab. Es gibt *keinen einzigen* Grund, warum man Kieselgur in der Hobby-Hühnerhaltung einsetzen sollte. Die Aussage, dass es sich dabei um ein »natürliches« Produkt handelt, spiegelt dem Verbraucher vor, dass es bei vorschriftsmäßiger Anwendung auch ein sicheres Produkt ist. »Natürlich« heißt nicht gleichzeitig sicher in allen Lebenslagen – denken Sie beispielsweise daran, dass Arsen und Quecksilber ebenfalls natürlichen Ursprungs sind.

Diatomeen-Erde in Lebensmittelqualität tötet alles ab, also auch nützliche Insekten, und stellt für Mensch und Huhn ein Gesundheitsrisiko dar.

Probleme mit den Atemwegen

Es ist inzwischen bekannt, dass das regelmäßige Einatmen der kristallinen Kieselerde in Diatomeen-Erde beim Menschen zu Krebs und chronischen Lungenerkrankungen führen kann. Tatsächlich wird in den Sicherheitsdatenblättern *der Hersteller von Diatomeen-Erde in Lebensmittelqualität* davor gewarnt, bei der Ausbringung den Staub einzuatmen; gleichzeitig wird geraten, örtliche Absaugvorrichtungen und Atemschutzmasken zu verwenden sowie Overalls und Schutzbrillen zu tragen. Betrachtet man die üblicherweise angeführten Gründe für den Einsatz von DE bei Hühnern kritisch, lässt sich feststellen: DE ist unnötig, nicht sicher und im Hinblick auf den behaupteten Nutzen unwirksam.

DE stellt auch für die Atemwege der Hühner eine Gefahr dar; es ist bekannt, dass DE zur Entstehung von Narbengewebe in der Lunge führen und damit die Atmung beeinträchtigen kann. Wird DE im Stall oder Staubbad eingesetzt, ist sie permanent in der Luft enthalten; wenn sie also nicht schon eine Gefahr für die Hühner darstellt, so doch zumindest für den Menschen, der die kleinen Partikel in seinem Hühnerhof einatmet. Ja, DE ist natürlich; ja, sie ist organisch; und ja, sie verursacht Krebs, wenn sie über längere Zeit in entsprechenden Mengen eingeatmet wird.

REGELMÄSSIGE AUFGABEN

- Reinigen und desinfizieren Sie die Futtertröge, und lassen Sie sie vollständig abtrocknen, bevor Sie sie neu befüllen.
- Tragen Sie eine Staub- oder Atemschutzmaske, wenn Sie die Einstreu ersetzen. Die Häufigkeit hängt von der Art der Einstreu ab: Sand jährlich, Holzspäne zweimal im Monat.
- In feststehenden Hühnergehegen sollten Sie die verschmutzte Einstreu häufig austauschen.
- Wenden Sie den Sand mindestens vierteljährlich mit einer Schaufel, Harke oder Bodenfräse.
- Setzen Sie Hühnertraktoren oder mobile Ställe mehrmals im Monat auf ein ungenutztes Areal um.

JÄHRLICHE ODER HALBJÄHRLICHE AUFGABEN

- Reinigen und desinfizieren Sie den Stall ein- bis zweimal im Jahr. Tragen Sie dabei eine Staub- oder Atemschutzmaske, und nehmen Sie *alles* aus dem Stall heraus, einschließlich der Einstreu. Öffnen Sie alle Fenster und Türen, entstauben Sie den Stall von oben bis unten und kratzen oder schleifen Sie alle Ausscheidungen von den Wänden und vom Boden ab. Laubsauger sowie Nass- und Trockensauger sind hervorragende Hilfsmittel für die Stallreinigung. Desinfizieren Sie den Stall und lassen Sie ihn vollständig abtrocknen, bevor Sie die Einstreu wieder zurückverbringen. Dampfreiniger

Unterdrückung des Immunsystems

Wenn wir an das Immunsystem denken, stellen wir uns normalerweise vor, dass es innerhalb des Körpers arbeitet. Dabei ist beim Huhn die Haut das größte Organ des Immunsystems und gleichzeitig die erste Verteidigungslinie gegen Krankheitserreger und Erkrankungen. Sie stellt eine Barriere gegen Keime und andere potenziell schädliche Substanzen dar, hält lebenswichtige Flüssigkeiten und Gase zurück und alarmiert das Huhn mit ihrem Netzwerk aus hochempfindlichen Nervenendungen bei der Annäherung möglicher Bedrohungen.

Zum Immunsystem zählen darüber hinaus die Schleimhäute in Schnabel, Kloake, Augen und Ohren, die mit einer nützlichen Mikroflora besiedelt sind und die Aufgabe haben, das Eindringen von Krankheitserregern zu verhindern. DE trocknet diese Schleimhäute aus und stört das Gleichgewicht der Mikroflora, sodass das Huhn krankheitsanfällig wird. Die austrocknende Wirkung von DE beraubt das Huhn auch des natürlichen Fettes, das es braucht, um sein Federkleid in Schuss zu halten. Denken Sie einmal darüber nach: Wenn die insektenabtötende Wirkung von DE darauf beruht, dass sie sich in das harte Exoskelett der Insekten bohrt und sie bis zum Tode austrocknet, kann man sich nur zu gut vorstellen, dass sie auch das Immunsystem unserer Hühner verletzt und austrocknet!

Die vorrangig von Befürwortern von DE propagierten Vorzüge sind, dass sie im Stall als Trocknungsmittel, Insektizid und Entwurmungsmittel eingesetzt werden kann. Auch wenn in kommerziellen Geflügelhaltungen mit hoher Besatzdichte Probleme aufgrund von Feuchtigkeit und Ammoniak zu erwarten sind, so gilt dies für Hühner in Hobbyhaltungen nicht.

Es gibt keine Entschuldigung dafür, wenn ein Hühnerstall im Garten so nass oder schmutzig ist, dass er nach Ammoniak riecht. Ist dies der Fall, muss er gereinigt werden.

Und genauso, wie wir niemals täglich aus Angst vor einer bakteriellen Infektion vorbeugend Antibiotika einnehmen würden, so sollten auch unsere Hühner nicht täglich vorbeugend mit einem Insektizid bombardiert werden.

Es ist unnatürlich und unnötig, jedes Insekt im Hühnerhof auszulöschen, und DE tötet wahllos – nicht nur die schädlichen Insekten, sondern auch die nützlichen. Die Fähigkeit nützlicher Bakterien, sich in einem Tiefstreusystem und im Kompost zu vermehren, hängt von einem ausgeglichenen Ökosystem ab. Tatsächlich wird in der Broschüre eines Herstellers von DE gewarnt: »Vermeiden Sie es, Blumen und andere Bereiche, die von Bienen und anderen nützlichen Insekten angeflogen werden, zu bestäuben, da Diatomeen-Erde die Eigenschaft hat, die meisten Insekten, die mit ihr in Kontakt kommen, negativ zu beeinflussen.« Es gibt natürliche Insektizide, die um ein Vielfaches sicherer sind, und mit denen die Hühner bei Bedarf gegen Ektoparasiten behandelt werden können.

Da DE ein saugfähiger Stoff ist, wird sie in feuchter Umgebung, wie z. B. dem Verdauungstrakt, unwirksam. Außerdem können die scharfen Kanten zu mikroskopisch kleinen Schnitten in Schnabel, Speiseröhre und Kropf führen, bevor der Stoff vollständig durchtränkt ist.

sind wirkungsvolle Desinfektionsgeräte. Ich bevorzuge nicht-aktiviertes Oxine®, das ich im Verhältnis von ¼ Teelöffel auf 4 Liter Wasser verdünne.

- Mit Wasser verdünnte Sauerstoffbleiche ist eine gute Alternative.
- Wenn Sie Sand als Einstreu verwenden, sollten Sie einmal jährlich den ganzen Sand im Stall und die obersten 10 cm im Auslauf austauschen.

KAPITEL 3

Räuber und Krankheiten:

RISIKOMANAGEMENT

SIE HABEN DAFÜR GESORGT, DASS IHRE HÜHNER VIEL Platz im Stall und Auslauf haben, und wissen auch in etwa, was es mit der Pflege und Versorgung auf sich hat. Bevor Sie allerdings den roten Teppich für Ihre gefiederten Freunde ausrollen können, müssen Sie sich ein paar ernsthafte Gedanken um deren Sicherheit machen und wie Sie sie vor unwillkommenen Räubern und Schädlingen schützen können.

Bei der Überlegung, ob Freilandhaltung das Richtige für Ihre Hühnerschar ist, müssen Sie sorgfältig alle Vorteile und Risiken abwägen. Fragen Sie sich auch, ob Sie es verkraften können, wenn Sie eines Ihrer Hühner verlieren. Welche Entscheidung auch immer Sie treffen, es wird die richtige sein.

Schutz vor Räubern

Die schnellste Methode, um sich bei der Hühnerhaltung ins Unglück zu stürzen, ist, den Stall nicht ausreichend vor Beutegreifern zu sichern. Hühner sind höchst angreifbar, wenn sie nachts auf ihren Sitzstangen schlafen; gerade dann sind sie darauf angewiesen, dass wir sie vor möglichen Eindringlingen schützen. Ich werde häufig von meinen Facebook-Anhängern gebeten, ihnen bei der Bestimmung der Räuber zu helfen, die ihre Hühnerschar angegriffen haben. Auch wenn das Bedürfnis, den Übeltäter zu identifizieren, durchaus verständlich ist, so hilft es doch nicht mehr allzu viel, denn eins steht fest: Egal, welcher Eindringling es nachts in den Stall hinein geschafft hat, es ist darin nicht sicher genug.

Es gibt keine einzelne Strategie, die absolute Sicherheit bietet. Das wirkungsvollste Programm zur Stallsicherung besteht aus verschiedenen Schutzschichten zwischen Ihren Hühnern und den Räubern, also auf geht`s!

MASCHENDRAHT VERSUS VOLIERENDRAHT

Verlassen Sie sich in Sicherheitsfragen niemals auf Maschendraht. Dieser ist dafür gedacht, Hühner in einem bestimmten Bereich einzugrenzen, aber nicht, um Beutegreifer davon abzuhalten, zu ihnen vorzudringen.

Jeder hungrige Räuber, der es darauf abgesehen hat, zu den Hühnern zu gelangen, hat den Maschendraht so schnell überwunden, wie wir eine Tüte Kartoffelchips öffnen.

Volierendraht hingegen besteht aus sehr viel dickerem und festerem Material als Maschendraht. Er wird gitterförmig verschweißt und bildet eine starke Barriere gegenüber Eindringlingen. Für Hühnerställe und Ausläufe empfiehlt sich die verzinkte Variante mit einer Lochgröße von 0,6 oder 1,2 cm. Sie ist zwar viel teurer als Maschendraht, aber die einmalige Investition zahlt sich mehr als aus, bedenkt man den dadurch vermiedenen Kummer und finanziellen Verlust.

Zu Beginn meiner eigenen Abenteuerreise in Sachen Hühnerhaltung musste ich auf die harte Tour lernen, dass es einen großen Unterschied zwischen Maschendraht und Volierendraht gibt. Ich hatte

Nehmen Sie immer Volierendraht und keinen Maschendraht, um Ihren Hühnerstall vor Räubern zu schützen.

meine Hühner nicht länger als fünf Wochen, als ein Habicht am helllichten Tage seine rasiermesserscharfen Klauen durch den Maschendraht, mit dem ich den Auslauf eingezäunt hatte, in eines meiner Seidenhühner schlug und es tötete. Wir zäunten den Auslauf danach sofort mit Volierendraht ein, und seitdem ist nie wieder ein Räuber eingedrungen.

DAS ANBRINGEN VON VOLIERENDRAHT

Volierendraht sollte großzügig und sicher in und um jede Öffnung, die in den Stall führt, angebracht werden, selbst wenn sie kleiner als 2,5 cm im Durchmesser ist. Schlangen und kleinere Wiesel können durch Öffnungen von der Größe eines Flaschenverschlusses eindringen und innerhalb kürzester Zeit die gesamte Hühnerschar zur Strecke bringen.

Graben Sie den Draht mindestens 30 cm tief um den Stall und Auslauf herum ein, um zu verhindern, dass sich Räuber wie Waschbären, Füchse und Hunde darunter durchgraben. Alternativ können Sie am unteren und äußeren Rand der Einzäunung des Auslaufs eine Drahtschürze in Form eines »J« von 30 cm Breite anbringen. Beschweren Sie diese mit Felsbrocken oder Feldsteinen, um einen doppelten Untergrabschutz zu erreichen. Eine solche Schürze ist nicht ganz so effektiv wie das Eingraben des Drahtzaunes, bietet aber einen gewissen Schutz vor weniger ambitionierten Räubern.

Schließlich sollten Sie alle Fenster und Lüftungsöffnungen mit Volierendraht verkleiden. Verwenden Sie dafür Schrauben und Unterlegscheiben, keine Klammern. Herkömmliche Fenstergitter halten keinen Räuber ab, und Klammern lassen sich leicht herausziehen oder –drücken.

ZUSÄTZLICHE SICHERHEITSVORKEHRUNGEN

Zusätzlich zu einem entsprechend konstruierten Stall und Auslauf müssen Sie noch etliche weitere Maßnahmen ergreifen, um Ihre Hühner so gut wie möglich zu schützen.

Zuallererst einmal sollten Sie Ihre Hühner nie im Freien nächtigen lassen. Hühner sind nachts am wehrlosesten, wenn zahlreiche Beutegreifer aktiv sind; daher ist ein gut verschlossener Stall der sicherste Schlafplatz. Um den Hühnern beizubringen, dass sie für die Nacht in den Stall gehen sollen, fängt man am besten sofort, nachdem sie den Stall bezogen haben, mit einem entsprechenden Training an. Allerdings können sie es bei Bedarf auch später noch lernen (siehe Kapitel 10).

Wenn sich am Abend alle Hühner im Stall auf ihren Schlafplätzen befinden, sollten Sie alle Türen schließen und verriegeln. Eine automatische Geflügelklappe hält die Hühner im Stall, wenn es dunkel wird, und entlässt sie mit der Morgendämmerung wieder ins Freie. Dennoch sollten Sie abends immer sichergehen, dass sich kein Huhn mehr im Auslauf befindet, bevor Sie die Auslauftür für die Nacht verschließen.

Waschbären sind aufgrund ihrer beweglichen Daumen in der Lage, einfache Schlösser zu entriegeln und Türklinken zu drehen, deshalb sollte man Feder- oder Zylinderschlösser verwenden, bei denen es mehrerer Schritte bedarf, um sie zu öffnen.

Eine weitere entscheidende Maßnahme für die optimale Sicherheit ist die Überdachung des Auslaufs als Schutz vor fliegenden und kletternden Eindringlingen (siehe Kapitel 2). Verwendet man zur Abdeckung lediglich Maschendraht oder Netze, kann man zwar den Einflug von Greifvögeln und Eulen verhindern, man hält damit aber keine kletternden Räuber ab.

Die Hühner selbst sind nicht die einzige Verlockung für Räuber; Hühnerfutter übt eine ebenso große Anziehungskraft auf Beutegreifer, aber auch auf Schädlinge (wie z. B. Nagetiere) aus. Nehmen Sie abends alle offenen Futterbehälter aus dem Auslauf. Auch wenn Räuber, die vom Futter angelockt werden, vielleicht nur in den Auslauf eindringen, können sie dennoch erheblichen Schaden anrichten und die Hühnerschar in Angst und Schrecken versetzen. Muss das Futter im Auslauf bleiben, verwenden Sie einen Tret-Futterautomaten aus Edelstahl, auf den sich die Hühner stellen müssen, um an das im Inneren befindliche Futter zu gelangen. Dieses bleibt so vor ungeladenen Gästen geschützt (siehe Kapitel 6).

Vogelfutter wirkt auf Bären besonders anziehend. Sollten Bären Ihrer Gegend häufiger einmal Besuche abstatten, setzen Sie nicht nur Volierendraht ein, sondern bauen Sie in die Stallfenster auch Metallstangen als zusätzliche Barriere ein, und ziehen Sie einen Stacheldrahtzaun, der unter Strom gesetzt wird. Und lassen Sie *niemals* Futter im Stall oder Gehege.

Abschließend möchte ich Ihnen ans Herz legen, sich über die verschiedenen Beutegreifer in Ihrer Gegend und ihre Art zu jagen zu informieren. Nur so können Sie eine darauf abgestimmte Abwehrstrategie entwickeln. Eine Wild- oder Nachtsichtkamera kann eine große Hilfe sein, um die in Ihrer Nachbarschaft marodierenden Räuber zu identifizieren und Aufschluss über deren Verhalten zu gewinnen. Und glauben Sie bloß nicht, dass es in Ihrer Gegend keine Beutegreifer gibt, nur weil Sie keine zu Gesicht bekommen! Bei dem Begriff Beutegreifer denkt man zwar normalerweise an Wildtiere, aber mindestens genauso häufig, wenn nicht gar häufiger, sind wildernde Hunde für Tragödien im Hühnerhof verantwortlich.

Herdenschutztiere

Viele Tierarten geben ausgezeichnete Herdenschützer ab, beispielsweise Gänse, Lamas, Esel, Perlhühner und bestimmte Hunderassen, wie z. B. Pyrenäenberghunde, Schäferhunde und Akbash-Herdenschutzhunde. Hähne sind ebenfalls wachsame Frühwarnsysteme; sie alarmieren ihre Hühnerschar, bei drohender Gefahr Schutz zu suchen. Gar nicht so selten bezahlt ein Hahn den Versuch, seine Hennen vor einem Räuber zu schützen, mit dem Leben.

EINE BEMERKUNG ÜBER HUNDE

Nicht jedem Hund kann man im Hinblick auf die im Garten gehaltenen Hühner über den Weg trauen. Tatsächlich ist ein signifikant hoher Prozentsatz der Todesfälle bei Hühnern in Hobbyhaltung auf andere

Haustiere zurückzuführen. Das komplexe Zusammenspiel von Genetik, Persönlichkeit und Sozialisation macht es unmöglich vorherzusagen, wie ein bestimmter Hund auf Hühner reagieren wird. Spielt Ihr Hund beim Anblick eines Eichhörnchens im Garten schier verrückt, wird man seinen angeborenen Jagdtrieb nicht ohne professionelle Hilfe kontrollieren können. Wenn Sie sich nicht sicher sind, ob er in der Lage ist, friedlich mit Ihren Hühnern zusammenzuleben, fordern Sie das Schicksal nicht heraus – ziehen Sie einen professionellen Hundetrainer hinzu. Wenn Sie wissen, dass Ihre Nachbarn ihren Hund frei herumlaufen lassen, gehen Sie vom schlimmstmöglichen Fall aus und schützen Sie Ihre Hühnerschar.

Ob man seinen Hühnern Freilandhaltung ermöglichen sollte, ohne dass sie von einem verzinkten Drahtzaun eingeschränkt sind, ist aus gutem Grund ein heikles Thema – der Einsatz ist hoch, und die dabei aufkochenden Emotionen schlagen manchmal noch höhere Wellen. Daher ist es eine meist schwerwiegende Entscheidung, die basierend auf der persönlichen Einstellung und Risikobereitschaft getroffen werden muss.

Der Mythos von der überwachten Freilandhaltung

Die Frage, ob man seinen Hühnern Freilandhaltung ermöglichen sollte, ist aus gutem Grund ein heikles Thema – der Einsatz ist hoch, und die dabei aufkochenden Emotionen schlagen manchmal noch höhere Wellen. Wer würde es in einer Welt ohne Beutegreifer nicht vorziehen, seine Hühner frei herumlaufen zu lassen, ohne dass sie von einem verzinkten Drahtzaun eingeschränkt werden? Ein Szenario, in dem es den Hühnern frei steht, saubere Flächen zu erforschen und sich selbst ihr Futter in Form von Insekten und Pflanzen zu suchen, wobei sie auch noch jede Menge Bewegung bekommen.

Allerdings ist unsere Welt nicht frei von Räubern. Daher ist es eine meist schwerwiegende Entscheidung, die basierend auf der persönlichen Einstellung und Risikobereitschaft getroffen werden muss. Letztendlich ist es Ihre ganz persönliche Entscheidung und nicht von der Zustimmung oder Ablehnung anderer abhängig.

Die Theorie von der »überwachten Freilandhaltung« impliziert, dass man den Angriff eines Räubers verhindern kann, indem man sich physisch bei den Hühnern aufhält, während sie ohne räumliche Beschränkungen umherstreifen. Das Konzept der überwachten Freilandhaltung scheint ein vernünftiger Kompromiss zwischen den zwei Extremen zu sein – der vollkommenen physischen Freiheit auf der einen und der permanenten Beschränkung auf einen begrenzten Bereich auf der anderen Seite.

Leider garantiert die überwachte Freilandhaltung nicht, dass ein Beutegreifer nicht vielleicht doch so dreist ist, sich direkt vor unserer Nase eine Mahlzeit zu besorgen.

Auch wenn ich mir wünschen würde, dass unsere Hühner sicher sind, wenn wir uns in ihrer Nähe befinden, entspricht dies leider nicht der Realität. Freilaufende Hühner sind Freiwild in der Nahrungskette, egal, ob sie überwacht werden oder nicht. Ein Beutegreifer kann so hungrig sein, dass er jegliche Angst vor dem Menschen über Bord wirft, und er schlägt oft schneller zu, als man schauen kann. Genau das ist einem meiner Hühner in meiner Gegenwart geschehen. In dem Augenblick, in dem ich mich herumgedreht hatte, war der Kojote schon fast aus meinem Blickfeld verschwunden, und alles, was übrig blieb, war ein Haufen Federn.

Es ist keine Frage, dass Freilandhaltung eine natürlichere Haltungsform ist, und dass die Hühner gesünder sind, wenn sie sich frei an der Tafel von Mutter Natur bedienen können und zudem noch ausreichend Bewegung bekommen. Die Frage, die Sie sich stellen müssen, lautet: Wie kann ich meinen Hühnern unter Berücksichtigung meiner persönlichen Risikobereitschaft in Sachen Beutegreifer die größtmögliche Lebensqualität bieten? Ich persönlich ziehe es vor, dass meine Hühner ihr Leben voll ausschöpfen und in Freiheit leben können, und lasse sie tagsüber uneingeschränkt herumlaufen. Wenn sie in die Lebensmittelkette zurückgefordert werden, akzeptiere ich das widerwillig. Ich halte mir immer wieder vor Augen, dass wir unser Haus im Garten von Mutter Natur gebaut haben, nicht umgekehrt – die Spielregeln waren bereits festgelegt, bevor wir uns eingemischt haben.

Wenn Sie überlegen, ob Freilandhaltung die richtige Haltungsform für Ihre Hühnerschar ist, wägen Sie die Vorteile und Risiken sorgfältig gegeneinander ab und berücksichtigen Sie dabei auch Ihre persönliche Risikobereitschaft für den Fall, dass Sie ein Huhn verlieren sollten. Wie auch immer Sie sich entscheiden, es *ist* die richtige Entscheidung für Sie.

Schadnagerbekämpfung

Auch wenn immer wieder das Gegenteil behauptet wird: Hühner selbst ziehen *keine* Schadnager an – ihr Futter und Wasser allerdings schon. Ratten und Mäuse sind eine Plage und ein Gesundheitsrisiko für Hühner in Hobbyhaltung, und sie können Hühnerhalter schier in den Wahnsinn treiben.

Schadnager sind ekelhafte Viecher, die Läuse, Flöhe, Milben und andere Parasiten beherbergen. Tatsächlich kennt man mittlerweile schätzungsweise 50 Krankheiten, die von Nagetieren übertragen werden, nicht zuletzt Salmonellose. Wenn sie sich an dem Futter und Wasser Ihrer Hühner gütlich tun, kontaminieren sie dieses ebenso wie den Hühnerhof mit ihrem Kot und Urin und ihren Haaren.

Nagetiere können erheblichen Schaden anrichten, wenn sie sich durch Wände und Futterbehälter fressen oder Kabel zerbeißen. Diese Mini-Marodeure nagen die Zehen der schlafenden Hühner an und verursachen derartigen Stress, dass die Hühner aufhören, Eier zu legen. Ratten sind eine besondere Plage, da sie mit Vorliebe Eier und Küken fressen.

Es ist wichtig, die Schadnager unter Kontrolle zu bringen, um ihren negativen Einfluss auf die Hühnerschar und deren Legeleistung zu unterbinden. Wie bei jedem Beutegreifer ist auch hier eine multimodale Herangehensweise die beste.

STRATEGIEN ZUR SCHADNAGERKONTROLLE

Der Schlüssel zur Schadnagerkontrolle liegt darin, den Zugang zu Futter und Wasser zu unterbinden.

Wie man Beutegreifer täuscht

Jeder der nachstehenden Punkte kann einen Plan zur Abwehr von Beutegreifern ergänzen, sollte aber nicht als alleinige Maßnahme ergriffen werden.

- Vogelattrappen aus Kunststoff, z. B. Eulen
- Musik oder Radio
- Glänzende Objekte wie Windräder, Spiegel, Disco-Kugeln und CDs, die in den Bäumen aufgehängt werden
- Greifvogelabwehrnetze
- Elektrischer Geflügelzaun
- An Bewegungsmelder gekoppelte Flutlichter und Berieselungsanlagen
- Rote Blinklichter und akustische Warnsignale

Der Schlüssel zur Schadnagerkontrolle liegt darin, den Zugang zu Futter und Wasser zu unterbinden.

Wenn Sie Ihren Hühnern Freilauf gewähren, sorgen Sie für zusätzlichen natürlichen und künstlichen Schutz in Form von Büschen, Zweigen, Kisten und anderen Versteckmöglichkeiten – oder bauen Sie einen Pavillon!

DIY (Do-it-yourself) Hühnerpavillon

Endmaße

- Sechs Seiten: jede 100 cm hoch und 80 cm breit
- Bodendurchmesser: 150 cm
- Gesamthöhe: 170 cm (vom Boden bis zur Dachspitze)

Materialien

WÄNDE

- Zwölf Stämme, 7,5-10 cm Durchmesser × 80 cm Länge
- Sechs Stämme, 7,5-10 cm Durchmesser × 100 cm Länge

STANGEN

- Sechs Stangen, 2,5-5 cm Durchmesser × 80 cm Länge

Ratten brauchen – mehr als Mäuse – Wasser zum Trinken, und verlassen einen Ort, wenn dort keines zur Verfügung steht.

Entfernen Sie über Nacht alle herkömmlichen Tränken aus dem Auslauf. Noch besser sind Nippeltränken. Nehmen Sie auch alle Futterbehälter über Nacht aus dem Auslauf oder decken Sie sie zumindest sicher ab, und beseitigen Sie alle verstreuten Futterreste. Alternativ können Sie einen Futterautomaten einsetzen, den Schadnager nicht öffnen können.

Nagetiere können sich problemlos durch Futtersäcke, Kunststoffbehälter und Holzkisten nagen. Deshalb sollte man das Hühnerfutter abseits vom Stall in der Originalverpackung, in einem verzinkten Behälter mit Sicherheitsdeckel, am besten in einem trockenen Keller oder einer Garage aufbewahren.

Außerdem sollten Sie jede Gelegenheit für die Nager unterbinden, sich an einen gedeckten Tisch zu setzen, indem Sie die Eier regelmäßig einsammeln.

Giftköder und die meisten Fallen sind viel zu gefährlich, um sie in der Nähe der Hühner einzusetzen, daher sollte man Abstand davon nehmen. Eine gute Hofkatze hingegen ist Gold wert!

Fliegenbekämpfung

Fliegen sind überall dort, wo andere Tiere leben, eine Plage. Sie stellen aber nicht nur ein Ärgernis dar, sondern können darüber hinaus auch einen negativen Einfluss auf die Legeleistung und die Gesundheit von Mensch und Huhn haben. Ein Hühnerhof wird zwar nie vollkommen frei von Fliegen sein, aber die Verminderung und Kontrolle der Fliegenpopulation senkt damit verbundene Gesundheitsrisiken.

Von besonderer Bedeutung für Hühner und ihre Halter sind sogenannte Gefieder- oder Nistfliegen – eine Gruppe von mehr als 700 Arten, zu der auch die Gemeine Stubenfliege, Gemeine Stechfliege und Schmeißfliege gehören.

DACHRAHMEN

- Achtzehn Stangen, 2,5 cm Durchmesser × 100 cm Länge
- Weinreben oder Zweige, um das Dach zu flechten

SONSTIGES

- 7,5 cm lange Zargennägel und eine Druckluftnagelpistole oder 7,5 cm lange Zylinderschrauben und ein Bohrer
- Starke Schnur oder Draht, um die Dachspitze zu stabilisieren
- Ein Helfer wäre großartig.

Aufbau

BASIS

Schritt 1. Legen Sie sechs der 7,5-10 × 80 cm Stämme in einer hexagonalen Anordnung auf den Boden. Nageln Sie sie an den Verbindungsstellen zusammen.

SEITEN

Schritt 2. Legen Sie die sechs 7,5-10 × 100 cm Stämme an den Verbindungsstellen der hexagonalen Form aus.

Schritt 3. Richten Sie die Stämme nun senkrecht an den Ecken der hexagonalen Form auf. Lassen Sie sie entweder durch eine andere Person festhalten oder stützen Sie sie mit Holzresten ab, und nageln Sie sie an den Verbindungsstellen der hexagonalen Basis fest.

ABSCHLÜSSE

Schritt 4. Nageln Sie nun die restlichen sechs 7,5-10 × 80 cm Stämme horizontal ebenfalls in einer hexagonalen Form auf die vertikalen Stämme und auch gegeneinander, um den Rahmen abzuschließen.

STANGEN

Schritt 5. Befestigen Sie in einem Abstand von 50 cm zum Boden die 2,5-5 × 80 cm Stangen horizontal am Rahmen.

DACH

Schritt 6. Das fertige Dach hat 18 Stangen oder Zweige von 2,5 × 100 cm Länge, die oben zu einer Spitze zusammen laufen. Befestigen Sie die eine Seite der Stangen gleichmäßig oben am Hexagon.

Schritt 7. Verbinden Sie das andere Ende der Stangen nun erst mit starker Schnur oder Draht zu einer Spitze, um sie vorläufig zu stabilisieren, und sorgen Sie dann mit Nägeln für eine stabilere Befestigung untereinander.

Schritt 8. Flechten Sie Weinreben oder Zweige in die 18 Stangen, um das Dach abzuschließen.

Fliegen können nicht nur Krankheiten übertragen, sondern auch die Hühner hochgradig irritieren und stressen, was sich wiederum negativ auf die Legeleistung auswirken kann. Es gibt zwar keine Methode, um die Fliegenplage vollständig einzudämmen, aber die Verminderung und Kontrolle der Population senkt die von ihr ausgehenden Risiken.

MADENBEFALL

Leider tummeln sich in wärmeren Monaten und Klimagebieten überall dort, wo Tiere leben, auch Fliegen. Es ist wichtig, Strategien und Handlungsabläufe zu entwickeln, um diese Plage so weit wie möglich einzudämmen. Dies gilt vor allem im Hinblick auf eine besonders ekelhafte und potenziell tödlich verlaufende Erkrankung: den Madenbefall.

Madenbefall (auch bekannt als Myiasis) ist eine Infektion, die durch Fliegenmaden verursacht wird. Fliegen legen ihre Eier auf bzw. in der Haut eines lebenden Tieres ab; aus diesen schlüpfen Maden, die sich von toten Hautzellen ernähren. Wird der Befall nicht entdeckt und sofort behandelt, kann er ein tödliches Ende nehmen.

Alle Wunden sind unabhängig von ihrer Größe und Lokalisation überaus anfällig für Madenbefall, wobei die dunkle, warme und feuchte Kloake eines Huhns ein bevorzugter Ablageort für Fliegeneier ist. Sobald ein Huhn davon betroffen ist, spricht man von »Fliegenmadenbefall« oder »Fliegenlarvenbefall«.

Normalerweise genügen Staubbäder, um den Hygienestatus aufrecht zu erhalten. Aber wenn der Kot zu flüssig ist oder ein Huhn chronischen Durchfall hat und die Federn mit Kot verklebt sind, kann sich das Huhn durch Putzen nicht mehr ausreichend sauber halten (in diesem Fall sollten Sie das Huhn wenigstens in dem betroffenen Bereich baden). In chronischen Fällen sollten Sie den Kot auf Parasiten untersuchen lassen, die Federn im Kloakenbereich stutzen und die Darmgesundheit mit Probiotika unterstützen. Ist der Kloakenbereich mit Kot verschmiert, kann auch die Haut darunter leiden; dies übt sofort eine magische Anziehungskraft auf Fliegen aus – im Hotel »Fliegenmade« sind noch Zimmer frei!

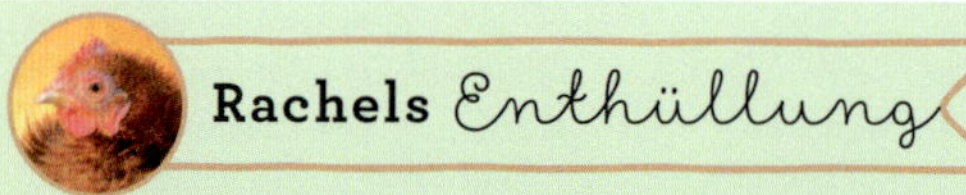

MYTHEN RUND UM DIE MINZE Minze, die rund um den Stall angepflanzt wird, schreckt keine Schadnager ab - ihr Geruch ist einfach nicht konzentriert genug, um potenzielle Eindringlinge zu stören oder zu vertreiben. Minzpflanzen - oder auch andere Kräuter, seien sie frisch oder getrocknet - wehren auch keine Fliegen, Mücken, Milben oder Läuse ab. Nimmt man speziell die Mäuse unter die Lupe, so konnte die Kräuterexpertin und langjährige Geflügelhalterin Susan Burek in zahlreichen YouTube-Experimenten mit Mäusen und frisch gepflückter Pfefferminze zeigen, dass die Mäuse sogar ihre Nester mit den Pfefferminzblättern auspolsterten! Ätherische Öle wie Kanadabalsam oder Pfefferminzöl in *sehr* hohen Konzentrationen schrecken möglicherweise *manche* Nagetiere ab, da der starke Duft ihren Geruchssinn und damit ihre Fähigkeit, Gefahren zu riechen, stört, aber wenn es ein Schadnager darauf anlegt, werden ihn ätherische Öle nicht von seinem Plan abbringen. Außerdem sind sie toxisch für Hühner.

Minze, die rund um den Stall angepflanzt wird, schreckt keine Schadnager oder Insekten ab.

Behandlung: Isolieren Sie das betroffene Huhn vom Rest der Gruppe, um Kannibalismus zu verhindern – die beschädigte Kloake ist nicht nur für Fliegen, sondern auch für andere Hühner ein willkommenes Angriffsziel. Am besten ist es, den Madenbefall tierärztlich behandeln zu lassen, aber wenn diese Möglichkeit nicht besteht, können einfache Fälle auch zuhause behandelt werden.

Baden Sie das Huhn und tauchen Sie den betroffenen Bereich vollständig ins Wasser, um zum einen das Ausmaß der Wunde festzustellen und zum anderen so viele Maden wie möglich zu ertränken. Entfernen Sie sichtbare Maden mit einer Pinzette und spülen Sie dann die Wunde mit Betadine®, einer Salzlösung oder Wasserstoffperoxid. Ist die Wunde sehr tief, nehmen Sie eine Spritze, um die Reinigungslösung in die Wundhöhle einzubringen. Verwenden Sie Wasserstoffperoxid nur beim ersten Mal – abgesehen von seinen antiseptischen Eigenschaften tötet es auch lebende Zellen ab.

Anschließend sollten Sie alle Federn abschneiden, die die Abheilung stören könnten, und eine antiseptische Wundheilungslösung wie z. B. Vetericyn® auf den betroffenen Bereich auftragen. Lassen Sie die Stelle dann an der Luft trocknen. Nehmen Sie keine Salben, da die Maden ein warmes, feuchtes und klebriges Milieu schätzen.

Lassen Sie das Huhn alleine sitzen und wiederholen Sie diesen Vorgang mindestens zweimal täglich, bis alle Maden verschwunden sind und die Wunde vollständig abgeheilt ist.

Ist die Infektion jedoch zu schwerwiegend, um sie zu Hause zu behandeln, oder verschlechtert sich der Zustand des Tieres nach der häuslichen Behandlung, sollten Sie den Geflügelgesundheitsdienst oder einen geflügelkundigen Tierarzt hinzuziehen. Dann muss entschieden werden, ob ein Behandlungsversuch mit Antibiotika begonnen oder das Huhn eingeschläfert wird. Ist das Huhn vollständig genesen, kann es wieder in die Gruppe integriert werden. Dies sollte mithilfe der Laufstall-Methode erfolgen (siehe Kapitel 9).

DER STALL MUSS SAUBER UND TROCKEN SEIN

Der Mist, der sich im und um den Stall herum ansammelt, bietet ideale Lebensbedingungen und Brutstätten für Fliegen. Da der Kot von Legehennen zu ca. 75 Prozent aus Wasser besteht, trägt ein sauberer und trockener Stall dazu bei, die Fliegenpopulationen zu reduzieren.

Einige der besten Möglichkeiten, Feuchtigkeit zu eliminieren, wurden bereits in Kapitel 2 sowie in den Abschnitten über Beutegreifer und Nagetiere in diesem Kapitel behandelt. Andere fallen unter die Rubrik »gesunder Menschenverstand«.

Wie in Kapitel 2 besprochen, empfehle ich dringend die Verwendung und tägliche Reinigung von Kotbrettern unter den Schlafplätzen. Außerdem sollte man möglichst keine Tränken in den Stall stellen und alle Tränken über Nacht aus dem Auslauf entfernen bzw. Nippeltränken verwenden, um die Einstreu trocken zu halten. Wenn Sie eine traditionelle Glocken-Tränke verwenden, überprüfen Sie diese häufig auf Undichtigkeiten und reparieren oder ersetzen Sie sie bei Bedarf.

Beseitigen Sie jegliches in der Einstreu verschüttetes Futter und entfernen Sie umgehend Schüsseln mit Resten von fermentiertem Futter. Wenn Sie den Hühnern Leckereien, wie z. B. Wassermelone, geben, lassen Sie keine Schalen im Gehege liegen.

Errichten Sie den Kompost- bzw. Misthaufen so weit wie möglich vom Hühnerstall und Auslauf entfernt. Fliegen lieben es warm, aber nicht heiß, deshalb sollten Sie die Temperatur im Kompost mithilfe von schwarzer Plastikfolie erhöhen und den Kompost regelmäßig wenden. Lagern Sie ihn vertikal in einem hohen, schmalen Haufen, um die Komposttemperatur zu erhöhen, die Zersetzung zu beschleunigen und die den Fliegen zugängliche Fläche zu minimieren.

Die wirkungsvollste Methode zur Kontrolle der auf Fliegen so anziehend wirkenden Feuchtigkeit im Hühnerhof ist die Verwendung von Sand als Einstreu im Stall und im Auslauf. Wie bereits in Kapitel 2 erläutert, trocknet Sand den Kot aus und reduziert gleichzeitig Gerüche und Feuchtigkeit. Und bei unangenehmem Wetter leitet Sand im Auslauf Wasser besser ab als jede andere Form der Einstreu. Wenn Sie eine andere Einstreuart verwenden, entfernen Sie diese sofort, wenn sie nass geworden ist.

Erwägen Sie die Installation von Ventilatoren im Sommerstall, um die Luftzirkulation zu verbessern – den Fliegen sind die dabei entstehenden Turbulenzen meist zu heftig, sodass sie in ruhigere Gefilde abwandern.

Die meisten Fliegenfallen sind mehr oder weniger wirksam, vermeiden Sie aber die Klebestreifen zum Aufhängen, die unweigerlich an den Federn eines Huhns haften bleiben. Außerdem schwören einige Hühnerhalter auf nach Vanille duftende, baumförmige Auto-Lufterfrischer, die im und um den Stall herum aufgehängt werden. Sie können nicht schaden, also versuchen Sie es einfach!

Vermeiden Sie Insektizide, außer bei extremem Befall und nur unter Anleitung eines Beraters des Geflügelgesundheitsdienstes. Selbst natürliche Insektizide wie Kieselgur in Lebensmittelqualität können nicht nur die Fliegen, sondern auch deren nützliche Feinde wie Käfer, Spinnen, Schlupfwespen und Ohrwürmer töten. Damit stören sie das ökologische Gleichgewicht, das die Fliegenpopulation im Hühnerhof auf natürliche Weise in Schach hält. Der Missbrauch von Insektiziden kann das Gegenteil der beabsichtigten Wirkung bewirken: die Erzeugung von »Superfliegen«, die gegen chemische Kontrollmaßnahmen resistent sind.

Doc Brown ist eine Polnische Weißhauben-Henne.

KAPITEL 4

Auswahl der Hühner

MIT SINN UND VERSTAND

HÜHNERHALTUNG MACHT SEHR VIEL MEHR SPASS, wenn man weiß, was auf einen zukommt. Daher sollte man bei der Auswahl der Rassen, Altersgruppen und Bezugsquellen von neuen Hühnern immer mit Bedacht vorgehen. Dies gilt für den blutigen Anfänger genauso wie für den Wiederholungstäter, der seine Hühnerschar vergrößern möchte. Nur so bekommt man glückliche und gesunde Hühner und vermeidet frustrierende Fehltritte.

Wenn man eine neue Hühnerschar aufbaut, kann die Vielfalt der verfügbaren Rassen überwältigend sein. Nimmt man sich jedoch die Zeit, eine wohlüberlegte Auswahl zu treffen, wird die Wahrscheinlichkeit einer Enttäuschung verringert. Männliches weißes Ameraucana-Küken.

Auswahl der Rassen

Wenn man eine neue Hühnerschar aufbaut, kann die Vielfalt der verfügbaren Rassen überwältigend sein. Nimmt man sich jedoch die Zeit, eine wohlüberlegte Auswahl zu treffen, wird die Wahrscheinlichkeit einer Enttäuschung verringert. Auch das Risiko, sich vor unnötige Haltungsprobleme gestellt zu sehen, wird dadurch gesenkt.

Der Prozess der Rasseauswahl ist der Auswahl eines Familienhundes nicht unähnlich, außer dass bei Hunden die Eierproduktion keine Rolle spielt und die meisten von uns sich wahrscheinlich nicht sechs bis zwölf Hunde auf einmal anschaffen. Wie bei den Hunden gedeihen auch einige Hühnerrassen in extremen Klimazonen nicht so gut. Einige sind weniger gefügig als andere, brauchen mehr Lebensraum oder kommen nicht gut mit kleinen Kindern zurecht. Die verschiedenen Hühnerrassen haben auch eine unterschiedliche Legeleistung. Denken Sie daran, dass nicht jede Henne jeden Tag ein Ei legt. Die Legeleistung wird von vielen Faktoren beeinflusst, einschließlich Rasse, Ernährung, Gesundheit, Alter und Stress – um nur einige zu nennen! (In Kapitel 11 finden Sie nähere Informationen zum Rückgang der Legeleistung.)

Nachdem Sie all diese grundlegenden Faktoren berücksichtigt haben, wird Ihre Liste geeigneter Rassen schon viel kürzer sein, und eine weitere Eingrenzung stellt ein viel weniger aufwändiges Unterfangen dar. Detaillierte Informationen zu den einzelnen Rassen finden Sie in dem Buch *Standard of Perfection for Standards and Bantams* der American Poultry Association. (In deutscher Sprache bietet beispielsweise *Der große Geflügelstandard in Farbe – Band 1* von Walter Schwarz dementsprechende Informationen; Anm. d. Verlags.)

GRUNDLEGENDE BEGRIFFE

Die meisten Hobby-Hühnerhalter wünschen sich Legehennen mit einer überdurchschnittlichen Legeleistung, und keine Hühner, die innerhalb weniger Monate geschlachtet und verzehrt werden. Letztere werden auch als Mastrassen oder Broiler bezeichnet. Zu ihnen zählen beispielsweise die Cornish Cross oder Cornish Rock, schnell wachsende Hybridrassen, die ausschließlich zur Fleischproduktion gezüchtet werden und nicht mit Legehennen verwechselt werden sollten, da ihre Lebenserwartung lediglich wenige Monate beträgt. Der Begriff

Der Prozess der Rasseauswahl ist der Auswahl eines Familienhundes nicht unähnlich, außer dass bei Hunden die Eierproduktion keine Rolle spielt und die meisten von uns sich wahrscheinlich nicht sechs bis zwölf Hunde auf einmal anschaffen. Abgebildet von links nach rechts sind eine Maran, eine Kolumbianische Wyandotte und eine Red Sex Link.

Wyandotten gelten aufgrund ihres dichten Gefieders und kleinen Rosenkamms als kälteunempfindlich.

Leghorns gelten aufgrund ihrer großen, einzelnen Kämme und der leichten Befiederung als hitzeunempfindlich. Sie gehören auch zu den besten eierlegenden Rassen.

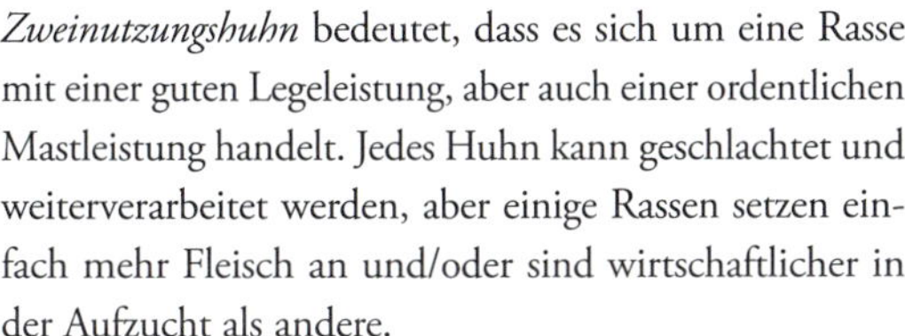

Zweinutzungshuhn bedeutet, dass es sich um eine Rasse mit einer guten Legeleistung, aber auch einer ordentlichen Mastleistung handelt. Jedes Huhn kann geschlachtet und weiterverarbeitet werden, aber einige Rassen setzen einfach mehr Fleisch an und/oder sind wirtschaftlicher in der Aufzucht als andere.

KLIMA

Rassen, die durch ihre starke Befiederung oder kleinen Kämme besser mit Kälte zurechtkommen, werden als »kälteresistent« bezeichnet, Rassen hingegen, die aufgrund ihres leichteren, kürzeren und/oder glatteren Gefieders oder ihrer großen, markanten Kämme in sehr warmen Klimazonen besser gedeihen, als »hitzetolerant«. Bei Rassen mit großen, hervorstehenden Kämmen ist bei sehr kaltem Klima eher mit Schäden durch Erfrierungen zu rechnen als bei Rassen mit kleineren, weniger auffälligen Kämmen.

Dies soll nicht heißen, dass eine kälteunempfindliche Rasse nicht in einem warmen Klima und eine hitzetolerante Rasse nicht in einem kalten Klima leben kann, aber bei Tieren, die eher für ein gemäßigtes Klima geeignet sind, müssen entsprechende saisonale Anpassungen in der Haltung vorgenommen werden.

TEMPERAMENT

Obwohl jedes Huhn ein Individuum mit einer eigenen und einzigartigen Persönlichkeit ist, können, ähnlich wie bei Hunderassen, allgemeine Aussagen zu den verschiedenen Rassen gemacht werden. Hühnerrassen werden oft als sanftmütig, flatterhaft, ruhig, freundlich oder als fähig, die Enge gut zu ertragen (oder auch nicht), charakterisiert. In einem Haushalt mit kleinen Kindern wird man wahrscheinlich einen sanftmütigen, freundlichen Hund bevorzugen, und ein lebhafter Chihuahua ist dann wohl nicht die beste Wahl; ebenso wäre ein Hamburger-Huhn nicht die ideale Rasse, wenn man ein ruhiges Schoßhuhn sucht.

BRÜTIGKEIT

Es gibt ein hormonell gesteuertes Verhalten bei Hennen, das auch als »Brütigkeit« bezeichnet wird. Es beschreibt eine Henne, die dazu angeregt wird, auf einem Nest zu sitzen und Eier auszubrüten. Brütige Hühner sitzen auf den Eiern, die sie selbst gelegt haben, aber auch auf Eiern, die andere Hennen gelegt haben, und sogar auf leeren Nestern.

Brütige Hühner hören auf, Eier zu legen, da sie Küken ausbrüten und aufziehen möchten. Wenn Ihr Ziel eine hohe Legeleistung ist, sind Rassen, die genetisch bedingt zu Brütigkeit neigen, nicht die beste Wahl. Wenn es jedoch wichtig ist, dass die Hennen Küken ausbrüten und aufziehen, sind Rassen wie Cochins, Orpingtons und Seidenhühner in der Regel eine ausgezeichnete Wahl.

Sanft oder lebhaft?

Sanftmütige Rassen

- Brahma
- Cochin
- Orpington
- Plymouth Rock
- Seidenhuhn
- Sussex
- Wyandotte

Flatterhafte Rassen

- Appenzeller Spitzhauben
- Fayoumi
- Hamburger
- Lakenfelder
- Leghorn
- Malaie
- Penedesenca

Eier

Hobby-Hühnerhalter suchen in der Regel Rassen, die zuverlässig Eier legen, aber Anfänger sind sich oft nicht bewusst, dass die meisten Hühner nicht jeden Tag ein Ei legen. Während einige Rassen produktive Legehennen sind, die vier oder mehr Eier pro Woche legen (z. B. Plymouth Rocks, Wyandotten und Hamburger), legen andere weniger häufig Eier (z. B. Seidenhühner und Sebrights). Wenn sich eine Familie auf die Eier aus ihrer Hühnerschar verlässt, sind Seidenhühner möglicherweise nicht die richtige Wahl. Mein Seidenhuhn hat erst mit 14 Monaten mit dem Eierlegen begonnen und danach in ihrer Blütezeit durchschnittlich fünf Eier pro Monat gelegt. Sie ist ein extremes Beispiel für eine sehr schlecht legende Henne innerhalb einer Rasse, deren Legeleistung ohnehin niedrig bis durchschnittlich ist.

Rechts oben: Seidenhühner und Cochins sind bekannt für ihre Neigung zu Brütigkeit.

Rechts Mitte: Rote Rhode Islands sind sehr legefreudig und gute Mütter. Sie legen braunschalige Eier.

Rechts unten: Petey ist eine schwarze Araucana-Henne. Man beachte die Ohrbüschel und das abgerundete Ende des Rückens, eine Besonderheit der Araucanas, die als »Rumpel« bezeichnet wird und durch das Fehlen eines oder mehrerer Schwanzwirbel entsteht.

EIFARBE

Jede Henne produziert aufgrund ihrer Genetik eine bestimmte Eierschalenfarbe. Die Farben reichen von Blau und Grün über Weiß bis hin zu dunklem Schokobraun und jedem Farbton dazwischen. Für einige Hühnerhalter ist ein farbenfrohes Spektrum von Eiern ein wichtiger Faktor bei der Rasseauswahl.

Meine Nachbarin besteht darauf, eine Henne in ihrer Herde zu halten, die weiße Eier legt, nur um jedes Jahr Ostereier färben zu können. Ich dagegen ziehe es vor, für den täglichen Eier-Regenbogen verschiedene Rassen zu halten.

Verwirrung um die Ostereier-Leger

Was ist der Unterschied zwischen einer Araucana und Ameraucana, und was ist ein Ostereier-Leger? Im Grunde genommen sind sowohl Araucanas als auch Ameraucanas Geflügelrassen, die blauschalige Eier legen und von der American Poultry Association (APA) anerkannt sind. Dagegen sind Ostereier-Leger Hybriden, die aus der Verpaarung einer braune Eier legenden Rasse mit einer blaue Eier legenden Rasse entstanden sind. Ostereier-Leger können Eier in jedem beliebigen Blau- oder Braunton und allem dazwischen legen. Zwei kurze Tipps, um zu erkennen, ob die verkauften Hühner Ostereier-Leger sind: Es steht keine Farbvariante zur Auswahl, und die Küken werden für weniger als fünf Euro verkauft.

Zu den Merkmalen der Ostereier-Leger gehören kleine oder fehlende Erbsenkämme und Kehllappen, und sie besitzen meist grünliche Beine und Bärte mit büschelartigen Behängen. Ostereier-Leger sind keine »echte Rasse«, d. h. reinrassige Küken ähneln nicht beiden Elternteilen. Ostereier-Leger sind in einer Reihe von Federfarben zu finden.

Araucanas wurden in den 1930er Jahren aus zwei nordchilenischen Rassen gezüchtet und erstmals 1976 von der APA anerkannt. Sie haben eine gelbe Haut, keinen Schwanz, keinen Bart und keine Bartbüschel. Sie können jedoch Ohrbüschel haben, sogenannte Bommeln oder Tuffs, das sind Federn, die aus einem schmalen, fleischigen Lappen direkt unter dem Ohr wachsen.

Die APA erkennt fünf Farbschläge der Araucanas an: Schwarz, Rot mit schwarzer Brust, Goldener Entenflügel, Silberner Entenflügel und Weiß.

Araucanas sind in den USA sehr selten, was wahrscheinlich auf die züchterische Problematik zurückzuführen ist. Das Büschel-Gen der Araucanas ist ein letales Gen, d. h. zwei Kopien des Gens verursachen fast 100 Prozent Sterblichkeit bei den Nachkommen (normalerweise in den Tagen 18 bis 21 der Bebrütung). Da keine lebende Araucana zwei Kopien des Büschel-Gens besitzt, bedeutet dies, dass bei der Verpaarung von zwei Trägern dieses Gens die Hälfte der ausgebrüteten Küken eine Kopie des Gens und damit auch Büschel trägt. Ein Viertel der Küken trägt keine Kopie des Gens und hat dementsprechend ein glattes Gesicht, und ein

Ostereier-Leger-Junghennen.

Blaue Ameraucana-Henne.

Jede Henne produziert aufgrund ihrer Genetik eine bestimmte Eierschalenfarbe. Für einige Hühnerhalter ist ein farbenfrohes Spektrum von Eiern ein wichtiger Faktor bei der Rasseauswahl.

Viertel der Embryonen stirbt noch in der Schale ab, da sie zwei Kopien des Gens tragen. Araucanas und Ameraucanas werden immer durch ihre Farbvarietät identifiziert – zum Beispiel eine schwarze Araucana oder eine blaue Ameraucana. Ein verräterisches Zeichen, dass ein Huhn ein Ostereier-Leger-Hybrid ist, ist das Fehlen einer definierten Farbvarietät.

Ameraucanas werden in den Vereinigten Staaten seit mindestens 1960 aus verschiedenen Araucana-Stämmen gezüchtet. Die APA erkannte Ameraucanas 1984 als eigenständige Rasse an. Ameraucana-Hühner haben Erbsenkämme, weiße Haut, volle Schwänze, buschige Bärte und schieferfarbene oder schwarze Beine; sie besitzen jedoch keine Ohrbüschel. Die APA erkennt die Farbschläge Schwarz, Blau, Blauweizen, Braunrot, Silber, Weizen und Weiß an. Die Begriffe »Americana« und »Americauna« sind unglückliche Marketing-Taktiken für den Verkauf von Ostereier-Leger-Hybriden mit Schreibweisen, die dem Namen der Rasse Ameraucana täuschend ähnlich sind.

Die ersten Hühner werden angeschafft

Fangen Sie klein an! Im Laufe der Zeit werden Sie unweigerlich weitere Tiere zukaufen (das ist ein Naturgesetz, das auch als »Hühnermathematik« bekannt ist), also lassen Sie erst einmal Zurückhaltung walten, um unnötige Herausforderungen zu vermeiden. Wenn die Eierproduktion der treibende Faktor bei Ihren Überlegungen ist, ist es ganz allgemein gesagt vernünftig, bei drei Hühnern von etwa vierzehn Eiern pro Woche auszugehen. Kaufen Sie nur so viele Hühner, wie Sie anfangs benötigen und planen Sie in Erwartung weiterer Zukäufe einen sehr viel größeren Stall, als für die ersten Hennen notwendig ist.

KÜKEN VERSUS JUNGHENNEN

Die meisten von uns bauen ihre Hühnerschar mit Küken auf. Es gibt zwar auch etwas ältere Junghennen zu kaufen, diese sind aber meist nicht so leicht verfügbar wie Küken. Die Küken werden innerhalb weniger Tage nach dem Schlupf erworben und beginnen nach etwa 6 Monaten mit der Eiablage. Junghennen hingegen werden von jemand anderem aufgezogen und stehen schon kurz davor, mit der Eiablage zu beginnen.

Ich empfehle immer, mit Küken zu beginnen. Die wenigsten von uns haben mit Engpässen bei der Beschaffung von Eiern für den Speiseplan zu kämpfen und können die 5 Monate warten, die es dauert, bis die Küken die Legereife erreichen. Außerdem sind die Risiken von Krankheiten und bereits bestehenden Verhaltensproblemen bei Küken im Vergleich zu Junghennen zu vernachlässigen. Und es ist unendlich viel einfacher, eine Bindung zu den Küken aufzubauen und sie zu sozialisieren!

Ein Nachteil bei Küken ist das Geschlecht bzw. genauer gesagt, die Bestimmung des Geschlechts bei den frisch geschlüpften Küken, das sogenannte »Sexen«. Da die Küken keine äußeren Geschlechtsorgane haben, ist die Geschlechtsbestimmung eine komplizierte Angelegenheit. Seriöse Brütereien sind normalerweise sehr versiert beim Küken-Sexen, aber es ist nicht idiotensicher. Bitte beachten Sie, dass einige Küken, die als »geschlechtsbestimmte« Weibchen verkauft werden, trotzdem männlich sein können, also haben Sie immer einen Plan für einen unerwarteten Hahn, den Sie nicht behalten können, in der Hinterhand (siehe »Geschlechtsbestimmung«, Kapitel 5).

Wo man seine Hühner am besten kauft

Der Kauf von Hühnern ist dank einer großen Vielfalt an lokalen und Online-Quellen einfacher denn je. Der Kauf von Vögeln von einem Verkäufer, der am National Poultry Improvement Plan (NPIP) teilnimmt, stellt sicher, dass der Bestand getestet wurde und frei von bestimmten ansteckenden Krankheiten ist. In Deutschland können Sie sich beim Zentralverband der Deutschen Geflügelwirtschaft nach guten Verkäufern erkundigen (Anm. d. Verlags).

Käufer, aufgepasst! Auktionen, Börsen, andere Hühnerzüchter, Geflügelschauen, Zeitungen und Anzeigenseiten im Internet sind allesamt höchst riskante Orte, um Hühner zu erstehen. Selbst Vögel, die gesund *erscheinen*, können Träger von latenten, übertragbaren Krankheiten sein. Obwohl auch viele gesunde Hühner in solchen Gefahrenzonen erwor-

Sollte man Küken *oder* Junghennen kaufen?

Vor- und Nachteile von Küken

+ Die Möglichkeit, schon sehr früh eine Bindung und den Sozialkontakt zum Menschen aufzubauen
+ Viel kostengünstiger in der Anschaffung als Junghennen
+ Keine bereits bestehenden Verhaltensprobleme oder Unarten
+ Sehr geringes Risiko, Krankheiten von einem anderen Hof oder Bestand mitzubringen
- Benötigen anfangs besondere Pflege und Ausstattung
- Längere Wartezeit, bis die ersten Eier gelegt werden
- Höhere Aufzuchtkosten bis zum Beginn der Eiablage
- Risiko, einen Hahn zu kaufen

Vor- und Nachteile von Junghennen

+ Nur kurze oder keine Wartezeit bis zum Beginn der Eiablage
+ Geringes Risiko, einen Hahn zu kaufen (wenn man bei einem anständigen Händler kauft)
+ Geringere Aufzuchtkosten bis zum Beginn der Eiablage
- Risiko, dass die Tiere älter als angegeben sind
- Keine Möglichkeit, eine Bindung und den Sozialkontakt zum Menschen in einem jungen Alter aufzubauen
- Risiko, dass sich bereits unerwünschte Verhaltensweisen oder Unarten entwickelt haben
- Höhere Anschaffungskosten
- Signifikantes Risiko, Krankheiten von einem anderen Hof oder Bestand mitzubringen

ben werden, sind schon etliche Hühnerscharen durch den Zukauf aus solchen Quellen vernichtet worden oder erkrankt. Die Zusammenführung von Vögeln aus vielen verschiedenen Quellen in einen Bestand ist Russisches Roulette vom Feinsten.

FUTTERMITTELHANDEL

Die Küken werden typischerweise ab Mitte Februar in den Futtermittelgeschäften zum Kauf angeboten. Beim Futtermittelhändler zahlt man nur einen geringen Preis pro Küken und hat die Möglichkeit, sich jedes Küken vor dem Kauf anzuschauen und auszuwählen. Nachteile sind hier eine meist begrenzte Auswahl an Rassen und in der Regel Mindestabnahmemengen (oft mindestens sechs Küken). Solche Mindestanforderungen schrecken impulsive Käufer ab, einfach ein paar Küken mitzunehmen, ohne die entsprechenden Voraussetzungen dafür geschaffen zu haben. Ich stelle immer wieder fest, dass Hühnerfreunde oft bereit sind, eine kleine Bestellung nach dem Kauf aufzuteilen, wodurch es möglich ist, dem eigenen Bestand nur einige wenige Küken hinzuzufügen, ohne gleich einen weiteren Hühnerstall bauen zu müssen.

Eine weitere mögliche Einschränkung beim Kauf im Futtermittelhandel ist, dass die Händler manchmal nicht wissen, wann die Küken ankommen oder welche Rassen geliefert werden. Manchmal funktioniert dieses Lotterie-Spiel gut, obwohl ich auch Rassen bekommen habe, von denen ich nie erwartet hätte, dass ich sie jemals in meine Hühnerschar integrieren würde, bis ich im Laden über sie stolperte. Gut, ich gebe zu, dass ich im Frühling vor den Geschäften der Tractor Supply Company auf der Lauer gelegen habe. Gehen Sie nicht zu hart mit mir ins Gericht.

Kleinere, unabhängige Futtermittelgeschäfte nehmen oft vor der Frühjahrsküken-Saison Bestellungen von Kunden entgegen, erhalten aber tendenziell weniger Küken als größere Händler oder Handelsketten. In der Regel beziehen sie die Küken aus den gleichen Brütereien, von denen Sie auch direkt kaufen können. Aber die Vorteile der Vorbestellung bei unabhängigen Futtermittelhändlern sind die große Auswahl an Rassen und die geringeren Kosten für Kleinbestellungen, als wenn man direkt bei der Brüterei bestellt und die Küken nach Hause geliefert bekommt.

Beim Futterhändler zahlt man nur einen geringen Preis pro Küken und hat die Möglichkeit, sich jedes Küken vor dem Kauf anzuschauen und auszuwählen.

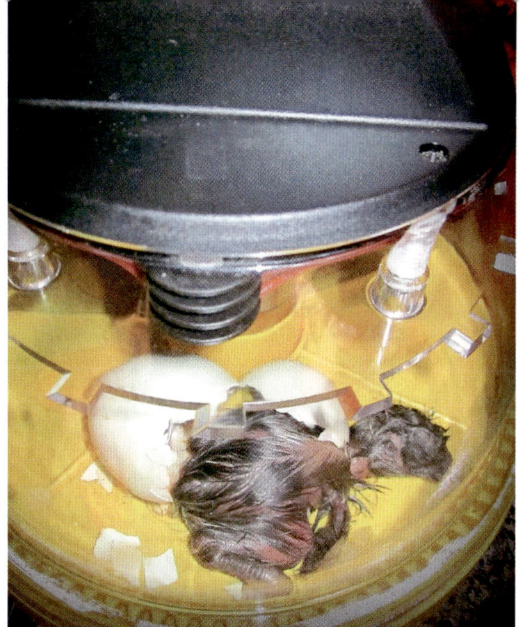

Das Ausbrüten von Eiern in einem Brutkasten kann eine lohnende Art sein, mit der Hühnerhaltung zu beginnen oder Neuzugänge heranzuziehen.

BRÜTEREIEN

Bei einigen lokalen Brütereien können die Küken abgeholt werden. Ansonsten bestellt man sie online oder telefonisch und lässt sie sich per Tierversand nach Hause liefern. Da ein Küken den Eidotter kurz vor dem Schlüpfen über den Nabel aufnimmt, ist seine Ernährung für mehrere Tage lang sichergestellt, was den Versand der Küken mit der Post ermöglicht.

Das Rasseangebot der Brütereien kann sehr umfangreich sein, und die Vorbestellung von Küken bereits in den Wintermonaten stellt ein möglichst breites Sortiment sicher. Wenn Sie sich für eine bestimmte Rasse entschieden haben, sollten Sie sich mit dem Bestellverfahren der Brüterei vertraut machen, um Ihre Chancen zu maximieren, dass Sie diese Rasse auch tatsächlich bekommen.

Einige Brütereien haben den Nachteil, dass man eine große Mindestbestellmenge abnehmen muss, oft fünfzehn bis fünfundzwanzig Küken, aber viele Brütereien bieten inzwischen auch kleinere Versandoptionen von drei bis zehn Küken an. Ein entscheidender Vorteil bei der Bestellung von großen Brütereien ist, dass sie sogenannte Sexer beschäftigen – Fachleute, die das Geschlecht der Küken bestimmen. Diesen Service bieten kleinere Anbieter nicht.

Wenn Sie online bestellen, sollten Sie sich bewusst sein, dass die meisten Online-Händler die von ihnen verkauften Küken nicht selbst ausbrüten, sondern Bestellungen entgegennehmen, die dann von den Brütereien oder Züchtern, welche die Küken auch an die Kunden versenden, ausgeführt werden. Überprüfen Sie die Online-Quelle, bei der Sie kaufen, und bringen Sie in Erfahrung, wo Ihre Küken tatsächlich geschlüpft sind und von wo sie verschickt werden. Wenn es eine Rückrufaktion aufgrund gesundheitlicher Probleme von einer bestimmten Brüterei gibt, oder wenn die Reiseroute der Küken von Unwettern bedroht ist, werden Sie wissen wollen, ob Ihre Küken betroffen sind.

ZÜCHTER

Erlaubt man einem Hahn, sich mit einer Henne im Hof zu paaren, wird man damit nicht automatisch zum Züchter. Wenn Sie eine lokale Bezugsquelle für eine bestimmte Rasse suchen, erkundigen Sie sich online bei den Züchterverbänden und Vereinen. Zugelassene Züchter werden in den Verzeichnissen dieser Gruppen aufgeführt und sollten NPIP-zertifiziert sein. Der größte Nachteil beim Kauf von Küken bei einem Züchter ist jedoch, dass eine Geschlechtsbestimmung in der Regel nicht möglich ist.

Kolumbianische Wyandotte und White-Orpington-Küken.

BRÜTEN SIE IHRE EIGENEN KÜKEN AUS

Das Ausbrüten von Eiern in einem Brutkasten kann eine lohnende Art sein, mit der Hühnerhaltung zu beginnen oder Neuzugänge heranzuziehen. Allerdings ist es am besten, dies erst anzugehen, wenn man sich mithilfe von geeigneter Lektüre belesen hat und weiß, welche Methoden man anwenden muss und welche Ausstattung man braucht, um das ganze Unterfangen auch erfolgreich zu bewältigen.

Eine tolle Alternative zur künstlichen Inkubation ist es, eine brütende Henne die ganze Arbeit für Sie erledigen zu lassen! Aber auch dies ist nicht so einfach, wie es sich anhört, machen Sie also Ihre Hausaufgaben und entscheiden Sie, ob Sie tatsächlich die Möglichkeiten haben, alles entsprechend umzusetzen (siehe Kapitel 9).

Die Auswahl gesunder Küken

Der Aufbau einer gesunden Hühnerschar beginnt mit der Auswahl der gesündesten Küken. Obwohl nicht alle Gesundheitsprobleme sofort erkennbar sind, können viele offensichtliche Anzeichen für ein krankes Küken bereits festgestellt werden, wenn es sich noch in der Kiste beim Verkäufer befindet. Der direkte Umgang mit den Küken ist wahrscheinlich nicht erlaubt. Bitten Sie daher immer einen Mitarbeiter oder eine Angestellte des Geschäfts, Ihnen bestimmte körperliche Merkmale der Küken zu zeigen, die Sie vielleicht kaufen möchten.

Woran erkennt man also ein gesundes Küken?

AKTIV UND WACH

Küken schlafen ziemlich viel, aber wenn sie wach sind, sind sie auch aktiv – sie fressen, setzen Kot ab, trinken, setzen Kot ab, erkunden ihre Umgebung und setzen Kot ab. Und setzen wieder Kot ab. Wenn man sich einem gesunden Küken nähert, reagiert es angemessen oder huscht weg. Ein unglückliches oder unpässliches Küken sondert sich oft von seinen Artgenossen ab, frisst oder trinkt schlecht, setzt unregelmäßig oder nur sehr wenig Kot ab und reagiert langsam auf Annäherung.

Schauen Sie sich die Augen des Kükens an, ob es einen wachen Blick hat. Die Augen eines gesunden Kükens sind offen und glänzend. Ein krankes Küken hat vielleicht einen abwesenden Blick, wirkt die meiste Zeit schläfrig oder hat verkrustete und geschlossene Augen.

BEINE, FÜSSE UND HALTUNG

Die Füße und Beine eines gesunden Kükens sind gerade und die Küken stehen und gehen ohne Probleme, humpeln nicht und grätschen auch nicht aus. Ein Küken mit krummen Zehen oder Beinen benötigt besondere Pflege, und obwohl es nicht unbedingt krank sein muss, können solche Missbildungen auf andere, nicht sofort erkennbare und möglicherweise nicht zu behebende Grunderkrankungen hinweisen.

Neben Schwierigkeiten beim Stehen oder Gehen kann sich ein krankes oder körperlich behindertes Küken auch zusammenkauern oder auf die Sprunggelenke hocken. Der Hals kann in den Körper zurückgezogen werden und der Schnabel zum Himmel zeigen oder sich nach hinten zum Rücken beugen.

KLOAKE UND NABEL

Die Kloake ist die Öffnung, über die ein Huhn seine Abfallprodukte ausscheidet und Eier legt. Die Kloake eines gesunden Kükens sollte sauber sein.

Ein verschmutztes Hinterteil kann bei einem Küken auftreten, wenn der Kot an den Daunen im Bereich der Kloake kleben bleibt. Küken, die im Handel verkauft werden, haben oft ein verklebtes Hinterteil, da sie durch den Versandstress und manchmal auch durch Infektionen belastet werden. Ein verschmutztes Hinterteil ist nicht unbedingt ein Zeichen für ein krankes Huhn, aber die Kotansammlung kann zu einer Blockade des Kotabsatzes und sogar zum Tode führen, wenn sie nicht entfernt wird (siehe Kapitel 5).

Der Nabel befindet sich direkt unter der Kloake. Genau wie bei einem Menschenbaby nach der Geburt hängt hier beim Küken nach dem Schlüpfen ein kleines Gewebestück, das austrocknen und von alleine vom Nabel des Kükens abfallen muss. Dieses getrocknete Gewebe darf nicht mit Kot verwechselt und niemals abgezupft werden. Der Nabel eines Kükens sollte vollständig geschlossen und sauber sein. Er sollte nicht rot, violett, nässend oder verkrustet sein, und es sollte kein Eidotter aus ihm hervorquellen.

RUHE

Ein gesundes Küken ist relativ ruhig. Zufriedene Küken, die es warm haben, dürfen leise piepsen, aber dies nicht ständig und auch keine klagenden Lautäußerungen von sich geben. Ein Küken, das friert, Schmerzen hat, hungrig, krank oder einsam ist, gibt ein schrilles *Piep, Piep, Piep* von sich.

IMPFUNGEN

Es ist wichtig zu wissen, ob ein Küken geimpft wurde und wenn ja, welche Impfung(en) es erhalten hat. Wenn ein Küken gegen Kokzidiose, eine häufige und oft tödliche Darmerkrankung, geimpft wurde, sollte es *kein* mit Medikamenten versetztes Starterfutter erhalten. Bei Küken, die gegen Kokzidiose geimpft wurden, kann der Rücken mit einem Farbstoff markiert werden, der nach der Behandlung noch vier bis fünf Tage sichtbar bleibt. Ein guter Futterhändler, eine Brüterei oder ein Züchter wird immer den Impfstatus eines Kükens kennen. Bestehen Sie darauf, diese wichtigen Informationen zu erhalten.

Ein krankes Crèvecoeur-Küken mit klassischer Sterngucker-Haltung. Die Sterngucker-Krankheit ist ein nicht behandelbarer Zustand, der das Nervensystem eines Kükens so schwer beeinträchtigt, dass es nicht mehr fressen oder trinken kann. Die Ursache ist unbekannt.

Die Kloake ist die Öffnung, über die ein Huhn seine Abfallprodukte ausscheidet und Eier legt. Die Kloake eines gesunden Kükens sollte sauber sein.

KAPITEL 5

Grundlagen der Kükenaufzucht

ICH WEISS NOCH, WIE NERVÖS ICH WAR, ALS ICH die erste Lieferung Küken per Tierversand erwartete. Die Vorstellung, für sie zu sorgen, war sehr fremdartig, wenn nicht sogar beängstigend für mich, und ich hatte Sorge, ob ich auch alles richtig machen würde. Ich wünschte, ich hätte damals schon gewusst, was ich heute weiß: Die Versorgung von Küken ist nicht so schwierig. Halten Sie es so einfach wie möglich: eine trockene und geräumige Aufzuchtkiste, Wärme, sauberes Wasser, gutes Futter und eine aufmerksame Pflegekraft sind alles, was Küken brauchen, um zu gedeihen!

Die Aussicht auf die Pflege von Küken mag auf den ersten Blick einschüchternd erscheinen, aber mit den richtigen Hilfsmitteln und Informationen ist nichts dabei!

Ein warmes, trockenes Plätzchen

Es ist wichtig, dass Sie die Aufzuchtkiste schon vor dem Einzug der Küken aufgestellt haben – ihre unmittelbaren Bedürfnisse werden Wärme und Wasser sein. Die Aufzuchtkiste sollte in einem temperaturkontrollierten und zugfreien Bereich aufgestellt werden. Im Idealfall hat dieser Bereich ein Fenster, um einen natürlichen Tag-/Nachtrhythmus zu gewährleisten. Küken leben in einer Aufzuchtkiste, bis sie bereit sind, in den Stall umzuziehen.

DIE AUFZUCHTKISTE

Der minimale Platzbedarf für ein Eintagsküken beträgt 15 Quadratzentimeter, aber mehr ist immer besser. Hühner wachsen erstaunlich schnell und Platzmangel erhöht die Wahrscheinlichkeit vermeidbarer Krankheiten und Verhaltensprobleme. Wenn sie ihre Flügel nicht ausstrecken können, ohne ein anderes Küken zu berühren, ist die Aufzuchtkiste zu klein.

Aufzuchtkisten sind nur durch Ihre Phantasie begrenzt. Ich bevorzuge starke Pappkartons, weil sie mit dem Wachstum der Küken erweitert werden können. Außerdem sind sie einfach zu bewegen, leicht zu bekommen und oft kostenlos!

Eine alte Badewanne, ein Vorratsbehälter, ein Kaninchenstall mit festem Boden, ein ausgedienter Laufstall und sogar ein Kunststoffplanschbecken funktionieren für eine begrenzte Zeit. Sie sollten in der Lage sein, die Aufzuchtkiste abzudecken, um die Küken drinnen und ungebetene Gäste (wie andere Haustiere der Familie) draußen zu halten. Selbst sehr junge Küken können aus einer nicht abgedeckten Aufzuchtkiste entkommen. Wenn Sie ein Stück Volierendraht darauf legen, verhindern Sie, dass die Küken herausspringen oder -flattern, aber eine sicherere Abdeckung ist notwendig, um Haustiere fernzuhalten.

Qualitätsmerkmale einer hoch funktionellen Aufzuchtkiste

- Geräumig: ausreichend Ellbogenfreiheit für jeden Bewohner oder erweiterbar, wenn die Küken wachsen
- Sicher: keine Brandgefahr, warm und trocken, hält Küken drinnen und ungebetene Gäste draußen
- Leicht umzustellen
- Leicht zu reinigen oder zu entsorgen (umweltfreundlich ist ein Bonus)
- Preisgünstig ist auch immer nett!

Die Küken leben in einer Aufzuchtkiste, bis sie bereit sind, in den Stall umzuziehen. Ein großer Pappkarton oder ein Welpenlaufstall mit Reißverschlussabdeckung eignen sich hervorragend als Aufzuchtkiste. Der gelbe Heizkörper, den Sie hier sehen, ist ein Heizstrahler, der die Küken darunter warm hält – genau wie eine Glucke.

EINSTREU IN DER AUFZUCHTKISTE

Der Boden der Aufzuchtkiste sollte sauber und trocken gehalten werden – trocken ist das Zauberwort. Die Einstreu sollte saugfähig sein und den kleinen Füßen Halt bieten. In den ersten Tagen sollte die Kiste mit Welpen-Trainingsunterlagen ausgelegt werden, auf die wiederum Papiertücher kommen, damit die Küken das Futter leicht erkennen können und die Möglichkeit der Aufnahme von Einstreu verringert wird. Die Küken fressen und koten viel, reinigen Sie die Kiste also immer, wenn die Einlage oder Einstreu vom Kot feucht geworden ist oder Wasser verschüttet wurde.

Nach fünf Tagen beginnen Sie mit Einstreu. Am häufigsten werden Kiefernholzspäne genommen, aber Einstreumischungen aus gehäckseltem Heu, Stroh und Zeolith eignen sich ebenso gut. Sand ist ebenfalls eine ausgezeichnete und kostengünstige Einstreu, die ich schon mit großem Erfolg in meinen Aufzuchtkisten eingesetzt habe.

Verwenden Sie niemals normales Stroh oder Zeitungspapier. Letzteres ist nicht ausreichend saugfähig, fördert Erkrankungen und ist rutschig, was wiederum zu Beinverletzungen führen kann. Gewöhnliches Stroh sollte grundsätzlich nicht bei Hühnern verwendet werden, egal welchen Alters, aber ganz besonders nicht bei Küken – es ist nicht saugfähig, kann Milben beherbergen und schimmelt leicht, sodass es ein gefährliches Milieu für die einzigartigen Atmungsorgane der Hühner darstellt.

Von der Verwendung von Wärmelampen rate ich ab, egal wie alt die Hühner sind. Neben der regelmäßigen Überhitzung von Küken verursachen sie jedes Jahr unzählige Brände und den Verlust von zahlreichen Menschen- und Tierleben.

Wärme: Mama weiß es am besten

Mit ihrer Kernkörpertemperatur von 40 bis 42 °C hält eine Hühnermutter die Küken unter ihrem Körper warm. Sie weiß, dass nicht jedes Küken zur gleichen Zeit den gleichen Wärmebedarf hat. Sie beobachtet das Verhalten der Küken beim Fressen, Trinken und Herumlaufen, und wenn sie nicht instinktiv unter ihr Gefieder huschen, wenn ihnen kalt wird, zieht sie sie mit ihrem Schnabel zu sich. Eine Glucke wärmt ihre Küken auch, wenn sie nachts unter ihr schlafen. Sie weiß, dass sie nach der ersten Lebenswoche weniger auf ihre Wärme angewiesen sind und lässt ihnen daher mehr Freiheit, ihre Umgebung zu erforschen. In der dritten Lebenswoche sind die Küken schon teilweise befiedert und fangen an, ihre Körpertemperatur selbst zu regulieren. In der sechsten Woche beginnt die Glucke, sich vollständig von ihren Küken zu distanzieren.

RISIKEN VON WÄRMELAMPEN

In Ermangelung einer Henne ist der Einsatz einer 250-Watt-Wärmelampe die herkömmliche Methode, um die Küken warm zu halten. Eine verbreitete Faustregel fordert eine Temperatur von 32° bis 35 °C in der ersten Lebenswoche, die danach jede Woche um 2,8 °C abnimmt. Ich glaube aber, dass mit dieser Formel eine viel zu hohe konstante Wärme über einen viel zu langen Zeitraum auf die Küken einwirkt.

Von der Verwendung von Wärmelampen rate ich grundsätzlich ab. Neben der Überhitzung von Küken verursachen Wärmelampen jedes Jahr unzählige Brände und den Verlust von zahlreichen Menschen- und Tierleben. Eine 260 °C heiße Glasfläche, die sich auf engstem Raum mit hochentzündlichen Materialien und flugfähigen Tieren befindet, ist eine tickende Zeitbombe, die nur darauf wartet, hochzugehen.

Außerdem erlauben Wärmelampen keinen normalen Hell-Dunkel-Schlafrhythmus und ihre Handhabung ist oft verwirrend. Wie hoch sollte die Temperatur heute sein? Wo sollte ich das Thermometer platzieren? Soll ich die Wärmelampe höher hängen? Ist es den Küken zu kalt … zu heiß … sind sie zu laut … zu leise? Oh je! Das reicht, um jeden Hühnerhalter in Angst und Schrecken zu versetzen. Wir *sollten* uns Sorgen machen, aber weniger um die Temperatur als um die unweigerlich von Wärmelampen ausgehende Brandgefahr.

SICHER UND WARM

Ich empfehle eine Strahlungswärmequelle, die speziell für Küken entwickelt wurde. Genau wie eine Glucke wärmt solch ein Heizstrahler die Küken darunter, ohne die Luft um sie herum zu erwärmen. Ein Thermometer zur Messung der Raumtemperatur in der Aufzuchtkiste ist unnötig, weil es nicht das Wohlbefinden der Küken unter der Wärmestrahlungseinheit widerspiegelt.

Solch ein Heizstrahler gibt kein sichtbares Licht ab, sodass die Küken im normalen Tag-/Nachtrhythmus erholsam schlafen können. Küken, die unter glühend heißen herkömmlichen Wärmelampen und ihrem konstanten Licht aufgezogen werden, leiden unter Stress, der Verhaltens- und Gesundheitsprobleme verursacht.

Heizstrahler müssen in einem Raum mit einer Umgebungstemperatur von mindestens 10 °C verwendet werden. Das Gerät wird an der einen Seite der Aufzuchtkiste angebracht, während sich Futter und Wasser auf der gegenüberliegenden Seite befinden. Nach einer Woche verbringen die Küken nur noch sehr wenig Zeit unter dem Strahler, belassen Sie ihn aber in der Aufzuchtkiste, bis sie mindestens drei Wochen alt sind. Hören Sie den Küken zu. Nur kalte, einsame oder gestresste Küken piepsen laut. Glückliche Küken hingegen sind ruhige Küken.

Zwar sind Heizstrahler etwas teurer als Wärmelampen, aber sie verbrauchen nur etwa ein Zehntel der Energie und sind vollkommen ungefährlich. Ich sehe in dem Preisunterschied eine Versicherungsprämie für die Haustiere, das Heim und die Familie. Auch wenn die sichere Aufzucht von Küken bedeutet, dass man in einem kleinen Badezimmer den Thermostat für ein paar Tage hochdrehen muss, nachdem man zwei Tage alte Küken mit nach Hause gebracht hat, sollte man lieber *das tun*, als eine Wärmelampe zu verwenden. Radikaler Vorschlag? Vielleicht, aber so werden Sie nicht Ihre Familie oder Ihre Hühner umbringen oder Ihr Haus niederbrennen.

Wasser: Sauber muss es sein!

Küken müssen jederzeit Zugang zu sauberem Wasser in sauberen Behältern haben. Gewöhnen Sie jedes Küken sanft an die Wasseraufnahme, indem Sie seinen Schnabel vorsichtig mit dem Wasser in Berührung bringen. Wenn die Küken in desolatem Zustand bei Ihnen ankommen, kann es hilfreich sein, reine Pedialyte®-Lösung anzubieten oder dem Wasser für ein oder zwei Tage eine Vitamin-/Elektrolytlösung hinzuzufügen.

Üblicherweise sind zwei Arten von Tränken erhältlich: Kükentränken aus Kunststoff und Nippeltränken.

Wenn man die Plastiktränken ein paar Zentimeter über dem Boden aufstellt, kann man verhindern, dass

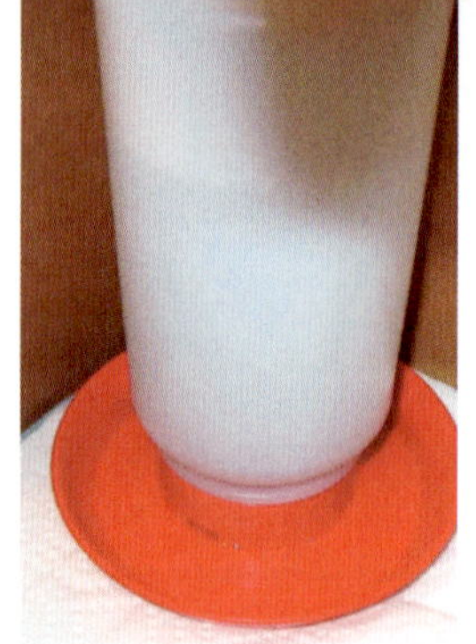

Üblicherweise sind zwei Arten von Tränken erhältlich: Kükentränken (links) aus Kunststoff und Nippeltränken (rechts). Um an das Wasser zu gelangen, pickt das Küken gegen einen Metallstift, der an einem Wasserbehälter befestigt ist, worauf ein Tropfen Wasser in den Schnabel abgegeben wird.

Einstreu ins Wasser fällt, aber der Kot findet immer seinen Weg hinein, was häufiges Reinigen und Desinfizieren erforderlich macht.

Nippeltränken beugen all diesen Unannehmlichkeiten vor. Um an das Wasser zu gelangen, pickt das Küken gegen einen Metallstift, der an einem Wasserbehälter befestigt ist, worauf ein Tropfen Wasser in den Schnabel abgegeben wird. Nippeltränken sollten nicht auslaufen oder tropfen. Eine flache, mit Einstreu gefüllte Schale unter der Nippeltränke fängt alle Wassertropfen auf, die neben den Küken landen. Ersetzen Sie sofort jegliche nasse Einstreu, um die Küken gesund zu erhalten.

Das richtige Futter muss es sein

Versorgen Sie Ihre Küken mit Starterfutter, das stets zugänglich ist. Ich benutze gerne eichhörnchensichere Hänge-Futterautomaten, die oben verschlossen sind, sodass die Küken das Futter nicht oben herauspicken und auch nicht hineinkoten können.

Starterfutter ist ernährungsphysiologisch ausgewogen und so aufbereitet, dass es in Verbindung mit Wasser leicht verdaulich ist. Es wird mit und ohne Zusatz von Medikamenten angeboten. Medizinalfutter enthält Amprolium, um die Küken vor Kokzidiose zu schützen, einer häufigen und meist tödlichen Darmerkrankung, die über den Kot verbreitet wird (mehr Informationen zu Kokzidiose siehe Kapitel 8).

Die Küken entwickeln eine Immunität gegen die parasitären Kokzidien-Einzeller, wenn sie in einer sauberen und trockenen Aufzuchtkiste allmäh-

Medizinalfutter enthält Amprolium, um die Küken vor Kokzidiose zu schützen, einer häufigen und meist tödlichen Darmerkrankung, die über den Kot verbreitet wird.

Ich benutze gerne eichhörnchensichere Hänge-Futterautomaten, die oben verschlossen sind, sodass die Küken das Futter nicht oben herauspicken und auch nicht hineinkoten können.

lich mit diesen in Kontakt kommen. Erfolgt die Aufzucht jedoch unter widrigen Bedingungen wie Schmutz, Nässe und Überfüllung, können sich die Kokzidien übermäßig vermehren, die Küken infizieren und möglicherweise in sehr kurzer Zeit töten.

Fragen Sie beim Kauf von geimpften Küken, *welche* Impfung(en) ihnen verabreicht wurde(n). Küken, die gegen Kokzidiose geimpft wurden, sollten kein medikamentenhaltiges Starterfutter bekommen, da das Medikament den Impfstoff wirkungslos und die Küken anfällig für die Krankheit macht. Außerdem dient dieses Futter nicht zur Behandlung von Kokzidiose (oder einer anderen Erkrankung); es hält die Kokzidienpopulation lediglich auf einem überschaubaren Niveau, während die Küken eine Immunität dagegen entwickeln. Küken hingegen, die gegen die Marek-Krankheit geimpft wurden, *dürfen* medikamentenhaltiges Starterfutter fressen.

Wenn sich Hühner im Laufe der Zeit allmählich mit den Einzellern auseinandersetzen, können sie eine Immunität gegen die in ihrer Umgebung lebenden Arten aufbauen. Fördern Sie die erworbene Immunität in den ersten Lebenswochen der Küken, indem Sie sie bei warmem Wetter für beaufsichtigte Ausflüge in den Hof bringen, oder kleine Mengen relativ sauberer Erde aus dem Hof in die Aufzuchtkiste geben. Ziehen Sie die Küken nicht auf Drahtböden auf – sie müssen in der Lage sein, die im Kot vorhandenen Oozysten aufzunehmen, um eine Immunität zu entwickeln.

Zu guter Letzt sollten Sie *niemals* Legehennenfutter an Küken verfüttern, da dieses einen viel zu hohen Kalziumgehalt aufweist, der ihre Nieren dauerhaft schädigen kann. Außerdem sollten Sie Küken, die nicht mit Starterfutter gefüttert werden, unbedingt Grit zuführen (mehr Informationen über Grit finden Sie in Kapitel 6).

Spiel und Spaß

Die Hauptaufgabe eines Kükens ist das Fressen – es muss nicht so unterhalten oder beschäftigt werden wie ein Hundewelpe. Nach ungefähr einer Woche ist es jedoch in Ordnung, ein paar bereichernde Aktivitäten in die Aufzucht einzubeziehen.

Bauen Sie in der 2. Lebenswoche eine kleine Sitzstange ein, um die Küken daran zu gewöhnen, einen erhöhten Schlafplatz aufzusuchen. Ein dicker Ast oder ein 2,5×5 cm dickes Stück Holz an jedem Ende ist ein guter Schlafplatz.

Glatte Hölzer und Stangen sind im Allgemeinen zu rutschig. Stellen Sie eine kleine Box auf, die ein paar Zentimeter hoch mit Universalsand gefüllt ist, damit die Küken ein Staubbad nehmen können. Machen Sie sich keine Sorgen, wenn die Küken ein bisschen Sand fressen – es ist ein natürliches Verhalten, das den Hühnern hilft, faserreiches Futter zu verdauen. Da die Küken jedes Gramm an Nährstoffen in ihrem Starterfutter benötigen, um ordentlich zu wachsen, verfüttere ich keine Leckereien an meine Küken – nicht einmal gesunde. Die Küken schlüpfen mit sage und schreibe zwölf Geschmacksknospen – sie nehmen wirklich keine Geschmacksvielfalt wahr und sind ohne Zusätze, die sie von ihrem ausgewogenen Futter ablenken, besser gestellt. Wenn Sie aber doch unbedingt Leckerlis anbieten müssen, verwenden Sie niemals Schnur zum Aufhängen, da

Kinder müssen bei der Versorgung der Küken immer beaufsichtigt werden. Bringen Sie ihnen bei, das Küken mit einer Hand unter den Füßen zu unterstützen und mit der anderen Hand sanft die Flügel zu umschließen, wobei darauf geachtet werden muss, dass die Küken nie gequetscht werden.

die Gefahr des Verhedderns und Verschluckens besteht; zusätzlich sollten Sie dann auch immer Grit zur Unterstützung der Verdauung anbieten.

Legen Sie niemals einen Staubwedel in den Brutapparat, um eine »Glucke« zu imitieren, da die Gefahr der Strangulation sehr groß ist.

Wenn Sie Küken im Haus haben, ist es wichtig, die Stressbelastung so niedrig wie möglich zu halten. Normale Haushaltsaktivitäten, bellende Hunde und laute Besucher können da schon zu viel sein. Auch sollten Sie die Küken nicht mehr als nötig hochnehmen oder anderweitig in Unruhe versetzen. Wenn Sie selbst etwas als stressig empfinden, können Sie sicher sein, dass es für die Küken, die gerade eifrig daran arbeiten, ihr Immunsystem aufzubauen, ebenfalls belastend ist.

Kinder müssen bei der Versorgung der Küken immer beaufsichtigt werden. Bringen Sie ihnen bei, das Küken mit einer Hand unter den Füßen zu unterstützen und mit der anderen Hand sanft die Flügel zu umschließen, wobei darauf geachtet werden muss, dass die Küken nie gequetscht werden.

Versuchen Sie alles zu vermeiden, was die Küken erschrecken könnte, beispielsweise indem Sie plötzlich oder lautstark in den Raum poltern und in die Kiste greifen, um die Küken hochzuheben. Legen Sie Ihre Hand mit der Handfläche nach oben langsam auf den Boden der Kiste und lassen Sie das Küken von alleine darauf klettern. Manche Hühner sind geselliger als andere – erzwingen Sie keine Interaktion, wenn sie nicht daran interessiert sind.

Häufige Gesundheitsprobleme

Wenn Sie die oben beschriebenen einfachen Schritte befolgen, können Sie die häufigsten Küken-Krankheiten vermeiden. Dennoch kann selbst ein Küken, das den bestmöglichen Start ins Leben hat, für eine der folgenden häufig auftretenden Erkrankungen anfällig sein.

VERKLEBTE KLOAKE

Dieser Zustand wird durch zu weichen Kot verursacht, der an den Daunen im Bereich der Kloake des Kükens haften bleibt. Diese kann dermaßen verkleben, dass das Küken sogar sterben kann, wenn er nicht entfernt wird, weil es keinen Kot mehr absetzen kann. Alle neu erworbenen Küken sollten sofort nach ihrer Ankunft daraufhin untersucht werden. Ist der Kloakenbereich bereits verklebt, müssen die Tiere sofort behandelt und engmaschig überwacht werden, um ein Wiederauftreten zu verhindern.

Meiner Ansicht nach ist das Abspülen unter lauwarmem, fließendem Wasser die effektivste Art, verklebte Kloaken zu behandeln. Arbeiten Sie zügig in einem warmen Raum, um ein Auskühlen zu verhindern. Wenn der Kot aufweicht, lösen Sie ihn vorsichtig von den Daunen ab, ohne daran zu ziehen, damit die Haut des Kükens nicht einreißt. Trocknen Sie das Küken mit einem Handtuch ab und verwenden Sie dann einen Föhn bei niedriger Hitze, um die Daunen vollständig zu trocknen. Wenn das Küken immer wieder verklebt, kann man vorbeugend Vaseline oder ein Dreifach-Antibiotikum in Salbenform auf die Daunen auftragen. Vermeiden Sie Öle, die ranzig werden können.

Zahlreiche Faktoren können zum Verkleben der Kloake führen, beispielsweise Kälte (sehr häufig bei Küken, die per Post verschickt werden). Umgekehrt kann auch übermäßige Hitze, z. B. durch Wärmelampen, dazu beitragen, ebenso wie Viren, Bakterien oder eine falsche Ernährung, die Durchfall verursacht. Einige Futtermittel können zu Verklebungen führen, ohne jedoch Durchfall auszulösen. Wenn keine andere Ursache festgestellt werden kann, versuchen Sie es mit einer Futterumstellung. Vermeiden Sie Überhitzung, indem Sie eine Wärmestrahlungsquelle anstelle einer Lampe verwenden. Fügen Sie dem Wasser Probiotika hinzu, um die Darmgesundheit zu fördern, und bieten Sie keine Leckerbissen an. Wenn doch, geben Sie immer auch Grit dazu. Dies kann Sand sein, ein Klumpen Unkraut, an dem noch Wurzeln und Schmutz haften, oder gemahlener Granit, der in Futtermittelgeschäften und im Internet zu beziehen ist. Füttern Sie niemals Austernschalen, die für Legehennen bestimmt sind.

Sollte es immer wieder zu Verklebungen der Kloake kommen, schlägt Gail Damerow in *The Chicken Health Handbook* vor, Rührei unter das Starterfutter zu mischen, und wenn das hilft, danach die Futtermittelmarke zu wechseln.

SPREIZBEINE

Spreizbeine sind eine Fehlstellung der Gliedmaßen frisch geschlüpfter Küken, die durch eine Beinschwäche verursacht wird. Charakteristisch für diese Erkrankung ist, dass die Füße und Beine zur Seite zeigen, anstatt das Küken von unten zu stützen. Sie lässt sich leicht korrigieren, kann aber zu einer dauerhaften Behinderung führen, wenn sie nicht umgehend behandelt wird.

Spreizbeine können durch Temperaturschwankungen während der Bebrütung, Schwierigkeiten beim Schlupf, Bein- oder Fußverletzungen, Überbesetzung im Brutkasten bzw. in der Aufzuchtkiste oder Vitaminmangel verursacht werden. Auch ein zu glatter Boden in der Aufzuchtkiste, der die Küken ausrutschen lässt, ist ein möglicher Auslöser. Vermeiden Sie die Verwendung von Zeitungspapier in der Auf-

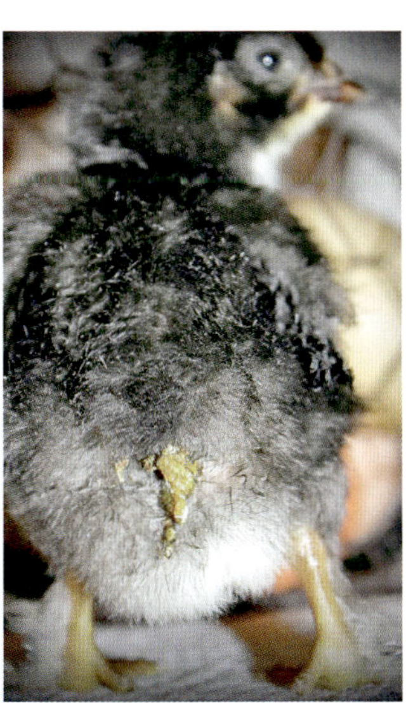

LINKS: Küken mit verklebter Kloake.

RECHTS: Ein Küken hat eine Kloake und einen Nabel, die nicht miteinander verwechselt werden sollten. Die Kloake ist die Öffnung, über die Ausscheidungen und Eier hinaus befördert werden. Der Nabel befindet sich direkt unter der Kloake. Genau wie bei einem Menschenbaby nach der Geburt hängt hier beim Küken nach dem Schlüpfen ein kleines Gewebestück, das austrocknen und von alleine vom Nabel des Kükens abfallen muss. Dieses getrocknete Gewebe darf nicht mit Kot verwechselt und niemals abgezupft werden, da Sie damit einen Vorfall der Eingeweide provozieren können!

Das Seidenhahnküken Ted E. Graham mit einem Spreizbein, das mit Bandagen korrigiert wurde.

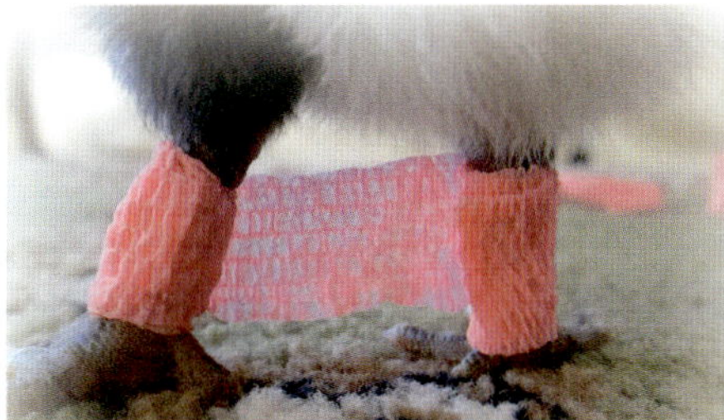

Bei der Behandlung von Spreizbeinen werden die Beine in der korrekten Position abgestützt, sodass sich die Knochen und Muskeln in der richtigen Stellung entwickeln können.

zuchtkiste. Sichere Optionen sind Papierhandtücher oder Gummimatten auf Kiefernholzspänen.

Die Behandlung besteht darin, die Beine in der korrekten Position zu fixieren und die Knochen und Muskeln in der richtigen Stellung zu stärken. Als Stütze kann eine Vielzahl von Materialien verwendet werden, vom Pflaster bis hin zum medizinischen Tape. Meine Vorliebe gilt dem elastischen Verband VetRap®. Er ist im Futtermittelhandel leicht erhältlich, bleibt ohne Klebeband sicher an Ort und Stelle, schränkt die Durchblutung nicht ein, beschädigt bei richtiger Anwendung weder Haut noch Federn und ist leicht zu entfernen.

Wickeln Sie zwei kleine Bänder aus VetRap® direkt unterhalb des Sprunggelenks um jedes Bein und achten Sie darauf, nicht zu fest zu wickeln. Als Nächstes schneiden Sie ein 15 bis 17,5 cm langes Stück VetRap® ab, um die Beine zusammenzubinden. Die Beine sollten unter dem Küken positioniert werden, etwas breiter als im normalen Stand, sodass ein kleiner Bewegungsspielraum zwischen den Beinen erhalten bleibt. Küken, die auf diese Weise behandelt werden, müssen in der Nähe von Wasser beaufsichtigt werden, damit sie nicht ertrinken.

Kurze Physiotherapie-Einheiten helfen, die Beinmuskulatur aufzubauen und das Gleichgewicht zu verbessern. Unterstützen Sie den Körper des Kükens, während es steht, und reduzieren Sie die Hilfe allmählich, bis es selbstständig stehen kann. Am ersten Tag sollte das Küken unbedingt sechs bis acht Mal jeweils eine Minute lang so behandelt werden.

Entfernen Sie den Verband einmal täglich, um den Fortschritt zu bewerten und die Beine bei Bedarf neu auszurichten. Wenn die Beine stärker werden, lassen Sie nach und nach mehr Spielraum zwischen den Beinen zu, bis keine Unterstützung mehr benötigt wird. Bei sofortiger Behandlung können die meisten Küken innerhalb von 24 bis 48 Stunden normal stehen.

KRUMME ZEHEN

Die meisten Ursachen für Spreizbeine können auch krummen Zehen zugrunde liegen. Krumme Zehen führen normalerweise nicht zu einer Entkräftung und lassen sich bei sofortiger Behandlung leicht korrigieren.

Um krumme Zehen zu begradigen, basteln Sie eine Kükensandale aus einem Stück Plakatkarton. Zeichnen Sie mit einem Stift einen Umriss des Fußes (in der Art eines Handschuhs) und schneiden Sie die Sandale aus. Befestigen Sie jede Zehe mit einem kleinen Stück VetRap® an der Sandale, wobei Sie darauf achten müssen, dass die Durchblutung nicht behindert wird. Die VetRap®-Bandage übt Zug auf die Zehe aus und ist einfacher zu handhaben als Klebeband oder Pflaster. Je jünger das Küken ist, desto schneller spricht es auf die Behandlung an. Die Zehen sollten nach ein oder zwei Tagen gerade bleiben.

Eine weitere Möglichkeit zur Behandlung von schiefen Zehen ist ein Verband. Schneiden Sie zwei Quadrate VetRap® aus, die ein klein wenig größer sind als der Fußabdruck des Kükens. Legen Sie das eine Quadrat auf eine flache Oberfläche und lassen Sie das Küken mit den Zehen in der korrigierten Stellung flach darauf stehen. Legen Sie nun das zweite VetRap®-Quadrat oben auf die so ausgerichteten Zehen. Drücken Sie die VetRap®-Stücke um jede Zehe herum zusammen, sodass sie zusammenkleben. Schneiden Sie mit einer kleinen Schere *vorsichtig* um die Zehen herum und drücken Sie die VetRap®-Stücke in Form von winzigen Verbänden sanft an den Zehenspitzen zusammen.

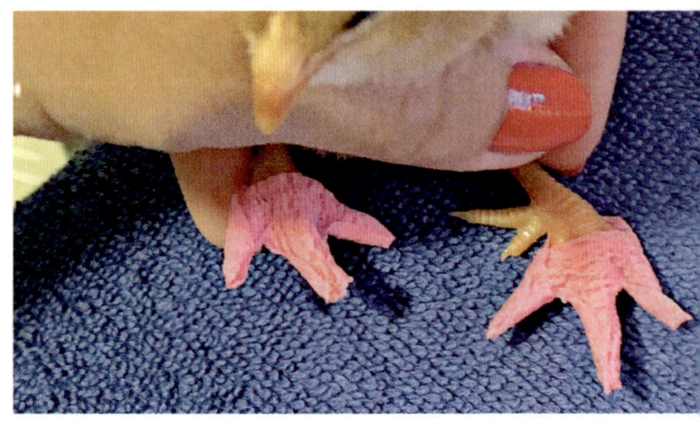

Krumme Zehen bei einem Dorking-Küken vor und nach dem Schienen.

VERDREHTES SCHIENBEIN UND PEROSE (FERSENKRANKHEIT)

Zwei Fehlbildungen, die oft mit dem Spreizbein verwechselt werden, sind das verdrehte Schienbein und die Perose (auch bekannt als Fersenkrankheit). Ein verdrehtes Schienbein zeigt sich innerhalb von ein oder zwei Tagen nach dem Schlüpfen, wenn ein oder beide Beine auf Höhe des Sprunggelenks zur Seite zeigen. Die Ursache ist unklar und die Erkrankung nicht behandelbar.

Die Perose wird durch einen Vitaminmangel verursacht, der die normale Knorpelentwicklung stört. Deshalb tritt sie auf, wenn das Küken mindestens eine Woche alt ist. Das Sprunggelenk erscheint abgeflacht, geschwollen und verdreht. Nach kurzer Zeit verrutscht die Sehne, sodass das Bein und der Fuß schräg hinter den Körper zeigen. Eine Korrektur der Ernährung des Kükens und die Zufuhr eines Vitamin-Präparates kann das Fortschreiten der Krankheit verhindern, aber ein eventuell bereits bestehender Schaden kann nicht rückgängig gemacht werden.

SCHERENSCHNABEL

Der Scherenschnabel, manchmal auch gekreuzter Schnabel oder krummer Schnabel genannt, ist ein Zustand, in dem die obere und untere Schnabelhälfte nicht richtig ausgerichtet sind. Dies kann genetisch bedingt sein oder durch eine Verletzung verursacht werden. Hat das Huhn keine Möglichkeit, die normale Schnabellänge und -form durch Wetzen des Schnabels an Steinen oder anderen harten Oberflächen zu erhalten, kann es auch zu dieser Fehlbildung kommen. Bei Küken kann man mit Sicherheit davon ausgehen, dass die Genetik schuld ist, und es wird nicht empfohlen, solche Tiere später in die Zucht aufzunehmen.

Die meisten Küken mit einem Scherenschnabel passen sich an ihren Zustand an, gedeihen und führen ein langes, glückliches Leben, aber in schweren Fällen verhindert diese Missbildung die selbstständige Futter- und Wasseraufnahme. Einige Hühner gewöhnen sich an, das Futter in die untere Hälfte ihres Schnabels zu schaufeln. Manchmal reicht es aus, das Futter in eine tiefe Schale zu geben, die bis auf Brusthöhe angehoben wird, um Hühnern mit Scherenschnäbeln das Fressen zu erleichtern. Einige Küken mit dieser Krankheit tun sich leichter damit, ein Futter zu fressen, dem Wasser zugesetzt wurde, sodass es die Konsistenz von Haferbrei bekommt. Für Hühner mit einem Scherenschnabel ist es auch einfacher, aus Nippeltränken zu trinken, weil ihnen hier das Wasser in den Schnabel tropft.

Dieser Ostereier-Leger hat einen Scherenschnabel.

Bei dieser Erkrankung muss sichergestellt werden, dass die anderen Hühner des Bestands dem betroffenen Vogel nicht den Zugang zum Futter verwehren.

Die Hühner behalten die Länge und Form ihres Schnabels bei, indem sie ihn während der Futtersuche an harten Oberflächen wetzen. Ein Scherenschnabel erschwert diese Aufgabe.

Kürzen Sie den Schnabel regelmäßig mit einer Krallenzange für Hunde, oder schleifen Sie ihn mit einem Dremel oder einem ähnlichen Werkzeug ab. Aber Vorsicht: Schnäbel sind gut durchblutet und bluten stark, wenn sie zu weit zurückgeschnitten werden. Wenn es zu einer Blutung kommt, tauchen Sie den Schnabel in Alaunsteinpulver und üben Sie sanften, aber festen Druck aus, bis die Blutung aufhört.

FEDERRUPFEN UND VERLETZUNGEN – VORBEUGENDE MASSNAHMEN

Federrupfen und Hautpicken sind schwerwiegende Verhaltensprobleme bei Hühnern, die unter Stress stehen. Sie können zu schweren Verletzungen bis hin zum Tod führen. Es ist entscheidend, dass man die Ursachen herausfindet und umgehend abstellt; auftretende Verletzungen müssen sofort behandelt werden.

Die anstrengendste Zeit im Leben eines Kükens sind die ersten Wochen. Betrachten Sie einmal die ersten Tage eines Kükens, das in einer Brüterei schlüpft. Tag 1: Schlüpfen, mit mehreren Tausend entfernten Verwandten zusammen trocknen, unangenehmes Kloaken-Sexen und Sortieren ertragen, wenig einfühlsam mit anderen Küken in eine Kiste gepackt und zur Post gebracht werden. Tag 2 und 3: Eine holprige, kalte, dunkle Fahrt in unbekanntes Terrain ertragen, in einem Futtermittellager ankommen, dort erneut inspiziert und gesäubert und dann in einen Metallbehälter unter einer grellroten Lampe gesteckt werden.

Der Platz ist knapp, der Konkurrenzkampf um das Futter gnadenlos, und das Trinkwasser ist mit Kiefernholzspänen und dem Kot anderer Leidensgenossen verschmutzt. Fremde Menschen defilieren vorbei und starren die Küken an, bevor diese wieder eingepackt und in eine neue Umgebung verfrachtet werden – dieses Mal mit kleinen Kindern, bellenden Hunden, klirrenden Töpfen und Pfannen und Fernsehlärm. Es ist ein Wunder, dass nicht *alle* Küken mit dem Federrupfen anfangen!

Wenn zu viele Hühner auf zu engem Raum zusammengepfercht sind, sind die Möglichkeiten, auf dem Boden zu picken und zu kratzen, sehr begrenzt, was zu aggressivem, impulsivem Picken und Rupfen an Federn und Haut führen kann. Kleine Wunden können sich bei Hühnern dann sehr schnell zu lebensbedrohlichen Verletzungen entwickeln. Schaffen Sie mehr Platz in der Aufzuchtkiste, wenn die Küken größer werden, damit sie genug Platz haben, um ihre Flügel auszubreiten, ohne ein anderes Küken zu berühren.

Hühner, die an einem Mangel an bestimmten Aminosäuren, Natrium oder anderen lebenswichtigen Nährstoffen leiden, neigen eher zu Federrupfen. Bekommen Hühner zu viele Leckerbissen, kann dies zu einem Nährstoffmangel führen, daher sollte nur ein vollwertiges Küken-Starterfutter gefüttert und die Gabe von Leckereien ganz unterlassen werden.

Ist die Aufzuchtkiste mit zu heißen oder zu hellen Lampen ausgestattet, kann dies ebenfalls stressbedingtes Rupfen auslösen. Küken, die unter Wärmelampen aufgezogen werden müssen, sollten eine geräumige Aufzuchtkiste bekommen, damit sie bei Bedarf der Hitze und dem Licht ausweichen können. Bei der Verwendung einer Wärmelampe sollte die Temperatur genau kontrolliert und der Einsatz der Lampe so schnell wie möglich beendet werden. Wärmestrahlungsquellen, die kein sichtbares Licht ausstrahlen, sind viel gesündere Alternativen zu den Wärmelampen mit ihrem konstanten Licht, ihrer Hitze und der stets drohenden Brandgefahr.

Um das Risiko für Kannibalismus auszuschließen, muss ein verletztes Huhn immer von anderen Vögeln getrennt werden, bis die Verletzung vollständig verheilt ist. Sobald ein verletztes Küken in Sicherheit gebracht wurde, ist die Wunde zu reinigen und bis zur Heilung auf Infektionen zu überwachen. Ich empfehle keine Produkte, welche die Haut blau, violett oder rot färben. Der Hauptbestandteil solcher Produkte ist Isopropylalkohol, der brennt, wenn er auf offene Wunden aufgetragen wird, und der Farbstoff kann das erste Anzeichen einer Infektion, die Rötung, verschleiern. Ich persönlich verwende das Wundspray von Vetericyn®.

Halten Sie verletzte Küken von den anderen getrennt, indem Sie die Aufzuchtkiste mit einem Stück Volierendraht unterteilen. Ist die Verletzung abgeheilt, können Sie das Küken ganz einfach wieder in die Gruppe integrieren, indem Sie den Draht herausnehmen.

Der Umzug von der Aufzuchtkiste in den Stall

Sie haben also einen räubersicheren Stall vorbereitet, und Ihre winzigen Flaumbällchen sind zu gefiederten Minisauriern herangewachsen. Wann sind Ihre Küken nicht mehr auf eine Wärmequelle angewiesen und bereit, von der Aufzuchtkiste in den Stall zu wechseln? Die kurze Antwort ist … es kommt darauf an.

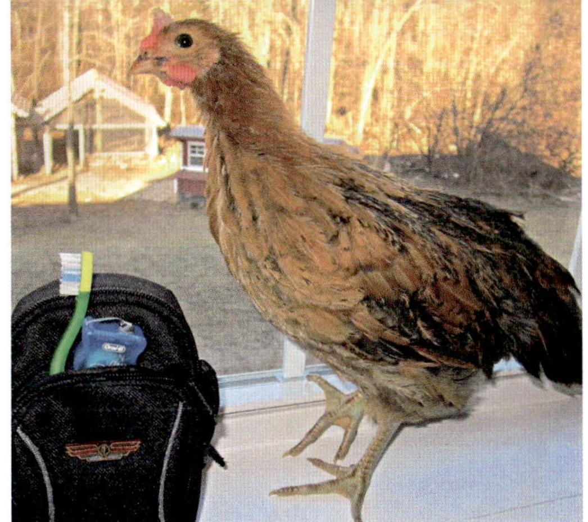

Ein sechs Wochen alter Hahn hat sein Köfferchen gepackt und ist bereit zum Auszug. Wenn bereits ältere Mitglieder der Herde im Stall leben, wartet man am besten, bis die Küken fast so groß sind wie die erwachsenen Tiere, bevor man damit beginnt, sie in die Herde zu integrieren.

Wenn bereits ältere Mitglieder der Herde im Stall leben, wartet man am besten, bis die Küken fast so groß sind wie die erwachsenen Tiere, bevor man damit beginnt, sie in die Herde zu integrieren. Kleinere Vögel können durch das normale Hackordnungsverhalten älterer und größerer Tiere ernsthaft verletzt werden.

Ein langsamer und gesteuerter Integrationsprozess wird dazu beitragen, Konflikte und Stress für alle Vögel zu minimieren. Ich empfehle dringend die Laufstallmethode, eine bewährte Technik für eine stressfreie, konfliktarme Zusammenführung (siehe Kapitel 9).

Abgesehen davon, dass die Tiere angemessen untergebracht und mit älteren Herdenmitgliedern zusammengeführt werden müssen, gilt es noch weitere Faktoren zu berücksichtigen.

KÖRPER- UND UMGEBUNGSTEMPERATUR

Obwohl Küken bereits mit 10 Tagen die Kernkörpertemperatur erwachsener Tiere haben, ist ihre Fähigkeit zur Temperaturregulation erst nach der vollständigen Ausbildung des Federkleids voll entwickelt. Im Allgemeinen sind die meisten Küken bereits nach sechs Wochen voll befiedert – ihre Daunen sind echten Federn gewichen, die es ihnen ermöglichen, ihre Temperatur besser zu regulieren, indem sie die warme Luft am Körper halten. Nicht alle Rassen oder einzelne Hühner sind im gleichen Alter voll befiedert, daher sollte immer die tatsächliche Befiederung berücksichtigt werden, nicht nur das Alter des Kükens. Doch selbst dann ist die Fähigkeit des Kükens, sich an schnelle Temperaturänderungen anzupassen, noch eingeschränkt, deshalb sollte es in einer Umgebung ohne heftige Temperaturschwankungen gehalten werden. Herrscht Sommerhitze, benötigen die Küken vielleicht nur ein paar Wochen lang zusätzliche Wärme; bei sehr kaltem Wetter kann es hingegen sein, dass sie diese deutlich länger brauchen.

Sobald man sieht, dass die Küken nur noch wenig Zeit in der Nähe ihrer Wärmequelle verbringen, kann diese in der Regel entfernt werden. Im Idealfall benötigen die Küken keine Wärmequelle im Stall. Wenn die Außentemperaturen über 18 °C liegen und die Küken mindestens fünf Wochen alt sind, können sie ohne zusätzliche Wärmezufuhr in den Stall ziehen. Aber falls die Küken umziehen müssen, wenn sie noch auf eine Wärmequelle angewiesen sind: Gibt es dann Strom im Stall? Wenn ja, kann dort sicher Wärme erzeugt werden? Wenn nicht, warten Sie mit dem Umzug, bis die Außentemperatur höher ist.

Sobald Ihre Neuzugänge im Stall angekommen sind, schauen und hören Sie zu. Teenager-Hühner, die sich an eine neue Bleibe gewöhnen müssen, sind aktiv und leise. Wenn sie sich zusammenkauern und laut piepsen, ist ihnen wahrscheinlich kalt.

Stress im Stall minimieren

Der Wechsel von einer Bleibe in eine andere ist für Hühner aller Altersgruppen extrem stressbehaftet. Einige wenige entscheidende Schritte können stressbedingte Verhaltensprobleme minimieren.

EIN GEMÜTLICHES HEIM SCHAFFEN

Wenn Küken umgesetzt werden, sind sie erst einmal verwirrt. Sie brauchen Zeit, um sich an die Vorstellung zu gewöhnen, dass der Stall nun ihr ständiger Wohnsitz und der Ort ist, an den sie nachts zurückkehren sollen. Ich empfehle, sie mindestens eine Woche, wenn nicht sogar mehrere Wochen, im Stall zu lassen, bevor sie Zugang zum Auslauf erhalten. Küken, denen diese erste Eingewöhnungszeit nicht gewährt wird, kehren in der Dämmerung oft nicht selbstständig in die Sicherheit des Stalls zurück, was für die Halter frustrierend und für die Vögel gefährlich sein kann.

KEIN ZUTRITT ZU DEN NESTBOXEN

Im neuen Zuhause ist der erste Impuls der gestressten Küken, sich zu verstecken. Nestboxen stellen einen natürlichen Zufluchtsort für verängstigte Küken dar. Anfangs ist die Gewohnheit, in den Nestboxen zu schlafen, zwar kein Problem, aber spätestens, wenn die Tiere mit der Eiablage beginnen, wird sie zu einem. Schlafende Hühner setzen Kot ab; dieser verschmutzt die frisch gelegten Eier und erhöht das Risiko, durch ihren Verzehr zu erkranken.

Ein Verhalten von Anfang an zu unterbinden ist viel einfacher als zu versuchen, eine Gewohnheit wieder abzustellen. Wenn man den Zugang zu den Nestboxen vor dem Einzug der Küken versperrt, verhindert man, dass sich die Küken daran gewöhnen, in den Nestboxen zu schlafen. Im Alter von 17 bis 18 Wochen können die Kästen dann für die Eiablage geöffnet werden.

Wenn bereits Legehennen im Stall wohnen, verschließen Sie die Nestboxen am Nachmittag, nachdem die Eiablage für den Tag beendet ist, und öffnen Sie sie morgens als Erstes wieder. Dies ermöglicht den Legehennen tagsüber den Zugang zu den Boxen und verhindert nächtliche Nestboxen-Pyjamapartys.

Geschlechtsbestimmung (Sexen)

Das Geschlecht der Hühner ist für viele Hühnerhalter sehr wichtig, da Hähne entweder nicht in der Nachbarschaft erlaubt sind oder in einer kleinen Hühnerschar nicht benötigt werden. Es gibt zahlreiche Methoden zur Bestimmung des Geschlechts in den verschiedenen Altersstufen. Auch wenn oft behauptet wird, dass diese oder jene Technik »immer funktioniert«, so ist das Ergebnis bei *fast jeder* Methode bestenfalls in der Hälfte der Fälle richtig! Es ist fast besser, eine Münze zu werfen, als Vertrauen in solche Ammenmärchen zu setzen.

Denken Sie beim Kauf von Hühnern aus einer Brüterei oder einem Futtermittelgeschäft daran, dass selbst die zuverlässigsten Methoden zur Geschlechtsbestimmung, die von kommerziellen Brütereien verwendet werden, eine gewisse Fehlerquote aufweisen, und die Küken auch manchmal einfach in den Sortierkästen verwechselt werden. Deshalb sollten Sie immer *einen Plan in der Hinterhand haben, was Sie mit Hähnen machen, die Sie nicht halten können!*

Einige Methoden zur Geschlechtsbestimmung bei Hühnern sollten geschulten Fachleuten überlassen

Auch wenn oft behauptet wird, dass diese oder jene Technik »immer funktioniert«, so ist das Ergebnis bei fast jeder Methode bestenfalls in der Hälfte der Fälle richtig! Es ist fast besser, eine Münze zu werfen, als Vertrauen in solche Ammenmärchen zu setzen.

Dieses »Showgirl«-Küken ist eigentlich ein Hahn. Er ist ein Hybride, der durch die Kreuzung eines Seidenhuhns mit einem Nackthalshuhn entstanden ist.

Ab einem Alter von 3 Wochen ist es in der Regel möglich, mit der Unterscheidung von körperlichen Merkmalen zu beginnen, die auf das Geschlecht eines Huhns hinweisen. Hier sehen wir verschiedene Rassen und Geschlechter. Die »Mama« ist Ellen deHeneres, halb Schwarzkupfer-Maran, halb Weizen-Maran.

werden; manche können nur unter bestimmten Umständen durchgeführt werden. Die meisten Methoden zur Geschlechtsbestimmung sind vom normalen Hobby-Hühnerhalter nicht umzusetzen, daher werde ich auf diese nur kurz eingehen.

SICHTBARE GESCHLECHTSUNTERSCHIEDE

Ab einem Alter von 3 Wochen ist es in der Regel möglich, mit der Unterscheidung von körperlichen Merkmalen zu beginnen, die auf das Geschlecht eines Huhns hinweisen. Ich finde es enorm hilfreich, mehrere Vögel desselben Alters und derselben Rasse zu haben, um sie miteinander vergleichen zu können. Einige äußerlich sichtbare Merkmale zur Bestimmung des Geschlechts sind:

Kamm und Kehllappen: Im Allgemeinen entwickeln die männlichen Küken früher Kämme und Kehllappen als die weiblichen Tiere, und diese sind auch auffälliger und dunkler.

Nackenfedern: Diese wachsen rund um den Hals eines Huhns und erscheinen mit Beginn der Geschlechtsreife (4 bis 6 Monate). Die Nackenfedern des Hahns sind lang und spitz, die der Henne kürzer und runder.

Sattelfedern: Hähne haben lange, spitze Federn auf dem Rücken, die zum Schwanz hin wachsen.

Größe der Beine und Füße: Hähne haben oft längere und dickere Beine und größere Füße als Hennen.

Schwanzfedern: Die Hähne der meisten Rassen haben lange, ausgefallene Schwanzfedern, die als »Sicheln« bezeichnet werden. Die Hauptsichelfedern sind die längsten gebogenen Federn an der Spitze des Schwanzes. Die gekrümmten kleineren Sichelfedern säumen beide Seiten des Schwanzes unterhalb der Hauptsicheln.

Krähen: Obwohl das Krähen bei jungen Hähnen normalerweise erst mit der Geschlechtsreife beginnt, variiert der Zeitpunkt je nach Rasse und sogar bei einzelnen Vögeln. Der jüngste Hahn, der in meiner Herde zu krähen begann, war gerade einmal 3 Wochen alt!

Haltung: Ich finde, dass die Haltung der Küken manchmal sehr aufschlussreich sein kann. Hähne stehen keck und aufrecht, wenn sie erschreckt werden oder wachsam sind.

Verhalten: Hähne geben sich manchmal schon in einem sehr jungen Alter durch ein selbstbewussteres oder sogar aggressiveres Verhalten zu erkennen, als man es gewöhnlich bei Hennen findet.

Das soll nicht heißen, dass Junghennen nicht aggressiv sein können – dies ist nur ein weiterer Faktor, der zusammen mit anderen körperlichen Anzeichen zu berücksichtigen ist.

LINKS: Bei einem Huhn mit geschlechtsspezifischen äußeren Merkmalen kann das Geschlecht bereits kurz nach dem Schlupf bestimmt werden. Küken wie dieses mit einer geschlechtsgebundenen Rotfärbung können durch Kreuzung verschiedener Rassen erzeugt werden. Die weiblichen Tiere sind gold- und die Männchen silberfarben.

Unterwürfiges Hinhocken: Wenn sich ein Hahn einer geschlechtsreifen Henne zur Paarung nähert, kauert diese sich hin. Dabei spreizt sie ihre Flügel zur Seite, um das Gleichgewicht besser halten zu können, und senkt ihren Schwanz. Wenn Sie ein Huhn im Alter von etwa 5 Monaten noch nicht als Junghenne identifiziert haben, ist diese Haltung ein sicheres Zeichen dafür, dass es eine Henne ist und bald ein Ei legen wird!

GESCHLECHTSBESTIMMUNG ANHAND DER FLÜGELFEDERN

GESCHLECHTSGEBUNDENE GESCHLECHTSBESTIMMUNG

Bei einem Huhn mit geschlechtsspezifischen äußeren Merkmalen kann das Geschlecht bereits kurz nach dem Schlupf bestimmt werden, z. B. durch die Daunenfarbe oder die Wachstumsrate bestimmter Flügelfedern. Auch auf die Gefahr hin, die Genetiker vor den Kopf zu stoßen, hier einige starke Vereinfachungen:

Manche Küken können anhand der Farbe ihrer Daunen beim Schlüpfen geschlechtsspezifisch bestimmt werden. Ein Beispiel für eine reinrassige Farb-Geschlechtsverbindung ist das Barred Plymouth Rock (BPR), das beim Schlüpfen aufgrund der Größe und Form eines hellen Flecks auf der Oberseite des Kopfes geschlechtsspezifisch differenziert werden kann: Männliche Küken haben einen großen weißen Fleck, weibliche dagegen einen kleineren, helleren und schmaleren Fleck. Insgesamt sind die BPR-Männchen auch heller gefärbt als die weiblichen Tiere. Diese Methode gilt zu etwa 80 Prozent als sicher.

Schwarze geschlechtsgebundene Hybriden entstehen durch die Kreuzung einer gebänderten Henne (z. B. einer Barred Plymouth Rock) mit einem roten Hahn. Alle daraus entstehenden Küken sind beim Schlüpfen schwarz, aber die männlichen Tiere haben einen weißen Fleck auf dem Kopf. Sie entwickeln in der Folge auch die Befiederung der Mutter, während die weiblichen Nachkommen einfarbig bleiben. Die einzige garantiert sichere Methode zur Geschlechtsbestimmung ist die Farbgeschlechtsbestimmung bei

Ernsthaft? Ammenmärchen zum Thema Geschlechtsbestimmung bei Hühnern

Da kommerzielle Brütereien und Züchter Geld verlieren, wenn sie männliche Küken ausbrüten bzw. aufziehen, liegt es in ihrem finanziellen Interesse, genaue Methoden zur Geschlechtsbestimmung anzuwenden. Jedes Mal, wenn jemand eine todsichere Methode für den Hausgebrauch zur Geschlechtsbestimmung von Küken vorschlägt, sollten Sie daran denken, dass diese, wenn sie nicht auch von kommerziellen Brütereien eingesetzt wird, entweder ungenau, astronomisch teuer oder einfach nur Schwachsinn ist.

Eiform: Die These? Spitzere Eier weisen auf weibliche Küken hin, abgerundete Eier auf Männchen. Diese Methode ist nicht treffsicher.

Nadel und Faden (oder Ring an einer Schnur): Die These? Wenn sich eine Nadel oder ein Ring, die bzw. der über einem Küken baumelt, gerade hin und her bewegt, ist das Küken männlich; wenn es sich kreisförmig bewegt, ist es weiblich. Dies ist harmlos, aber Quatsch.

Auf den Kopf stellen: *Bitte versuchen Sie das nicht!* Die These? Wenn man sie verkehrt herum hält, strampeln männliche Küken, um sich wieder aufzurichten, weibliche hingegen nicht. Das ist nicht nur falsch, sondern auch gemein.

Mit zwei Fingern im Nacken packen: *Nochmals, bitte tun Sie das nicht!* Die These? Wenn man ein Küken mit zwei Fingern am Hals hochhebt, zieht ein weibliches Küken die Beine an den Körper, ein männliches lässt die Beine baumeln. Das ist gefährlich und falsch.

Hybriden. Wenn Sie keine Hähne halten können, bestellen Sie geschlechtsgebundene Hybriden!

Rote geschlechtsgebundene Küken können durch die Kreuzung verschiedener Rassen erzeugt werden. Bei der häufigsten kommerziellen Kreuzung wird ein silbernes Weibchen (z. B. eine leichte Sussex-Henne) mit einem goldenen Hahn (z. B. einem Rhode Island Red) verpaart. Die weiblichen Nachkommen sind gold- und die Männchen silberfarben. Diese Methode gilt als zu etwa 80 Prozent genau.

Zu guter Letzt ist die Geschlechtsbestimmung von Hybridküken anhand des Aussehens ihrer Flügelfedern *nur dann* korrekt, wenn man weiß, dass der Vater des Kükens eine schnell befiedernde Rasse *und* die Mutter eine langsam befiedernde Rasse war, *und* die Geschlechtsbestimmung innerhalb von 3 Tagen nach dem Schlüpfen erfolgt.

Wenn langsam befiedernde Weibchen mit schnell befiedernden Männchen verpaart werden, sind die männlichen Nachkommen langsam befiedernd und der weibliche Nachwuchs schnell befiedernd. Wie sieht das aus? Die Weibchen haben zwei Reihen Flügelfedern (Haupt- und Deckfedern) von unterschiedlicher Länge, während die Federreihen der Männchen gleich lang sind.

GESCHLECHTSBESTIMMUNG ANHAND DER KLOAKE

Auch als Kloakeninspektion bekannt, ist diese Methode eine wahre Kunst, die nicht von Amateuren versucht werden sollte. In kommerziellen Brütereien beschäftigte hochqualifizierte, fachkundige Kloaken-Sexer inspizieren die Geschlechtsorgane in der Kloake eines Eintagskükens, um so das Geschlecht zu bestimmen. Die Unterschiede zwischen den Geschlechtsorganen frisch geschlüpfter Küken sind so subtil, dass selbst die Experten nur zu 90 bis 95 Prozent richtig liegen. Es klingt und erscheint einfach, aber eine unsachgemäße Technik kann zur Verletzung der Eingeweide und zum Tod führen. Amateure werden die anatomischen Gegebenheiten wahrscheinlich mit keiner größeren Genauigkeit erkennen, als wenn sie eine Münze werfen würden, deshalb: Überlassen Sie das lieber anderen!

DNA-TESTS

Jeder kann von bestimmten Labors nach dem Schlüpfen eines Kükens eine DNA-Analyse der Daunen, Federn, Eierschale oder des Blutes durchführen lassen, um das Geschlecht zu bestimmen, aber das kann schnell sehr teuer werden.

KAPITEL 6

Fütterung *und* Tränke

EINE AUSGEWOGENE ERNÄHRUNG IST ABSOLUT lebenswichtig für das Wachstum und die Gesundheit Ihrer Hühner ebenso wie für die Eierproduktion. Sicherlich können Hennen auch mit dem Futter überleben, das sie sich im Hinterhof zusammenschnorren. Sie sind dann jedoch nicht so gesund, wie sie sein sollten, werden nicht so lange leben, wie sie könnten, und ihre Legeleistung wird ebenso wie die Qualität ihrer Eier nachlassen.

Ob Sie es glauben oder nicht: Hennen benötigen in den verschiedenen Lebensabschnitten etwa *fünfzig* verschiedene Nährstoffe in genau abgemessenen Mengen. Das ist die silbergesprenkelte Hamburger Henne Stella.

Fütterungsplan für Hühner

Hühner benötigen in den verschiedenen Lebensabschnitten etwa fünfzig verschiedene Nährstoffe in sehr genauen Mengen. Jeder Nährstoff spielt eine spezifische Rolle, und viele von ihnen ergänzen sich in ihrer Wirkung. Die Ernährung von Geflügel funktioniert nicht nach einem einfachen Kochrezept – sie ist eine komplizierte Wissenschaft, und die Risiken, etwas falsch zu machen, sind weitreichend und manchmal tödlich. Wenn Sie so wie ich gestrickt sind, haben Sie keine Lust, einen Abschluss in Geflügelernährung zu machen, sondern wollen nur Ihre Hühner richtig füttern. Glücklicherweise entwickeln und überwachen kleine Armeen von Geflügelernährungsexperten, die für namhafte Futtermittelfirmen arbeiten, die Zutaten und Zusammensetzung von Komplettfutter für Hühner in den verschiedenen Entwicklungsstadien. Die Ergebnisse ihrer Arbeit sind in den Futtermittelgeschäften erhältlich.

Die Qualität der Inhaltsstoffe und der Nährstoffgehalt von Futtermitteln nehmen ab, wenn das Futter unsachgemäß oder zu lange gelagert wird. Kaufen Sie nur so viel Futter, wie Ihre Herde innerhalb eines Monats verbraucht, und lagern Sie es an einem kühlen, trockenen und vor Sonneneinstrahlung geschützten Ort in einem geeigneten Behälter. Von Schimmelpilzen produzierte Giftstoffe können schädlich, wenn nicht sogar tödlich sein. Servieren Sie daher niemals Futter, das nass geworden ist oder schimmelig erscheint. Verzinkte Mülleimer bieten einen gewissen Schutz vor der Witterung und sind großartige nagersichere Lagerbehälter.

Im Folgenden werden Richtlinien für die Fütterung von Legehennen unterschiedlichen Alters mit einem kompletten, kommerziell hergestellten Futter gegeben. Befolgen Sie immer die Anweisungen des Futtermittelherstellers, wenn Sie von den folgenden allgemeinen Angaben abweichen.

Abrupte Änderungen in der Fütterung können sich negativ auf die Population der nützlichen Mikroflora im Darm und damit die Verdauungsgesundheit auswirken. Daher sollte immer ein allmählicher Übergang von einem Futtermittel zu einem anderen über einen Zeitraum von 7 bis 10 Tagen erfolgen,

Dankenswerterweise entwickeln und überwachen Geflügelernährungsexperten die Zutaten und Zusammensetzung von Komplettfutter für Hühner in den verschiedenen Entwicklungsstadien. Die Ergebnisse ihrer Arbeit sind in den Futtermittelgeschäften erhältlich. Diese Light-Brahma-Henne ist zusammen mit solch einem Komplettfutter abgebildet.

wobei dem alten Futter zunehmende Mengen des neuen Futters zugemischt werden.

STARTERFUTTER: 1. TAG BIS 8 WOCHEN (KÜKEN)

Starterfutter enthält den höchsten Prozentsatz an Eiweiß (Protein), den eine Legehenne jemals aufnehmen wird, was angesichts ihrer astronomischen Wachstumsrate in den ersten Lebensmonaten auch sinnvoll ist.

Starterfutter wird in medikamentösen und nichtmedikamentösen Varianten verkauft. Medizinalfutter enthält Amprolium zum Schutz der Küken vor Kokzidiose, einer häufigen und tödlichen Darmerkrankung, die sich über den Kot verbreitet. Amprolium ist *kein* Antibiotikum. Hühner bauen allmählich eine natürliche Immunität gegen die parasitären Kokzidien-Einzeller auf, und Amprolium-haltiges Medizinalfutter hilft, währenddessen die Kokzidien in Schach zu halten. Mit medizinischem Starterfutter kann eine Kokzidien-Infektion oder eine andere Krankheit jedoch nicht behandelt werden. Küken, die in der Brüterei gegen Kokzidiose geimpft wurden, sollten *nicht* mit medikamentösem Starterfutter gefüttert werden – das Amprolium macht den Impfstoff unwirksam und die Küken anfällig für die Krankheit.

Die meisten frischgebackenen Hühnerhalter fragen sich, in welchem Alter ein Küken Leckerbissen bekommen kann. Die Antwort lautet, dass es kein bestimmtes Alter gibt, in dem Leckereien angemessen

Bis zu acht Wochen alte Küken fressen Starterfutter (links). Vergleichen Sie es mit den Pellets (rechts), die an ältere Hühner verfüttert werden.

sind. Die Küken sind winzig klein und Leckereien ersetzen einen gewissen Prozentsatz der essentiellen Nahrung in der Starter-Ration, den ihre schnell wachsenden Körper aber benötigen. Ich füttere meine Küken nicht mit Leckereien, weil das Risiko, damit einen Nährstoffmangel heraufzubeschwören, zu groß ist. Bevor Sie also losstürzen, um überflüssige Hühner-Leckerlis zu kaufen, sollten Sie bedenken, dass junge Küken nur etwa zwölf Geschmacksknospen haben, verglichen mit den fast zehntausend eines Menschen und den dreihundert eines erwachsenen Huhns. Daher sind Leckereien nicht nur nicht im Interesse der Küken, sondern werden von diesen auch nicht geschätzt.

Sollten Sie sich entscheiden, den Küken etwas anderes als das Starterfutter anzubieten, muss es mit Grit ergänzt werden, um die Verdauung zu fördern.

AUFZUCHTFUTTER: 8 BIS 18 WOCHEN

Heranwachsende Legehennen (Junghennen) sollte eine Ration erhalten, die auf das Wachstum ausgelegt ist. Es ist wichtig, vom Starter- zum Aufzuchtfutter überzugehen, um sicherzustellen, dass die heranwachsenden Körper der Junghennen nicht vorzeitig in die Eiproduktion getrieben werden, was zu Fruchtbarkeitsproblemen führen kann. In manchen Gegenden ist diese Art von Futter nicht ohne weiteres erhältlich. In diesem Fall sollten Sie das Starterfutter weitergeben, bis die Teenager für den Wechsel zur Legehennenration bereit sind.

LEGEHENNENFUTTER: 18 WOCHEN UND ÄLTER

Legehennenfutter enthält zusätzliches Kalzium für die Eierschalenbildung und hat einen geringeren Proteingehalt als Starter- und Aufzuchtfutter. Legehennen sollten ab einem Alter von 18 Wochen bzw. ab der ersten Eiablage (je nachdem, was zuerst eintritt) Legehennenfutter bekommen. Hennen, die jünger als 18 Wochen sind, sollten hingegen kein Legehennenfutter erhalten, es sei denn, sie hätten bereits mit der Eiablage begonnen. Der Grund dafür ist, dass es Kalzium enthält, welches die Nieren dauerhaft schädigen, Nierensteine oder Gicht verursachen, die Gesamtlegeleistung verringern und sogar die Lebenszeit einer Henne verkürzen kann.

Legehennenfutter ist am häufigsten in Granulat- und Pelletform erhältlich. Beide Bezeichnungen beziehen sich dabei auf die *Größe* der Futterpartikel. Pellets sind eine vollwertige Mischung aus Futtermittelzutaten, die durch einen Extruder gepresst werden (man denke an eine Nudelmaschine. Granulat hingegen besteht aus zerkleinerten Pellets – gleiche Zutaten, unterschiedliche Größen und Formen. Eine dritte Form ist Legemehl, eine Mischung aus Futtermittelzutaten, die grob gemahlen, aber nicht pelletiert wurden.

Oft leben Hühner in verschiedenen Entwicklungsstadien zusammen, was die Frage aufwirft, wie sie alle jeweils das richtige Futter bekommen. Die Lösung besteht darin, allen Starter- oder Aufzuchtfutter ohne Medikamentenzusatz zu geben, und den Legehennen zusätzlich Muschelschalenkalk zur Verfügung zu stellen. Der höhere Proteingehalt im Starter- oder Aufzuchtfutter schadet den Legehennen nicht, wenn es einige Wochen lang gegeben wird, aber das Kalzium im Legehennenfutter könnte für die Junghennen schädlich sein.

Weitere ernährungsphysiologische Bedürfnisse

Hühner benötigen aufgrund ihrer einzigartigen biologischen und physischen Eigenschaften einige wenige Ergänzungen zu ihrem normalen Futter.

GRIT

Da Hühner keine Zähne haben, um faserige Nahrung aufzubrechen, wird diese Aufgabe in ihrem Verdauungstrakt vom sogenannten Muskelmagen übernommen. Dazu dienen ihm Körnchen, die auch als Grit bezeichnet werden. Es handelt sich dabei einfach um kleine Steine, Granit- oder Sandkörner, die ein Huhn aufpickt, und die im Muskelmagen ähnlich wie ein Mörser und Stößel den Inhalt, beispielsweise ganze Körner, Insekten, Gräser und mehr, zermahlen. Hühner, die ausschließlich mit granuliertem oder pelletiertem Handelsfutter gefüttert werden, benötigen keinen Grit, da sich das Futter unter Zusatz von Wasser und Verdauungsenzymen leicht auflöst. Hühner, die auf einem Auslauf oder Hof eingesperrt sind, sollten mit Grit versorgt werden, wenn ihnen noch etwas anderes als pelletiertes oder granuliertes Futter angeboten wird.

Hühner in Freilandhaltung nehmen auf ihren Streifzügen auf natürliche Weise Grit auf. Kommerzieller Grit ist überall erhältlich, wo Hühnerfutter verkauft wird.

MUSCHELSCHALEN

Obwohl Legehennenfutter bereits etwas Kalzium enthält, sollten den Legehennen zusätzlich zerkleinerte Muschel- oder Austernschalen in einer separaten Schale neben dem Futter zur Verfügung gestellt werden. Verschiedene Hennen haben einen unterschiedlichen Kalziumbedarf und werden so viel Muschelschalenkalk aufnehmen, wie sie jeweils brauchen. Das Einmischen von sauberen, luftgetrockneten Eierschalen in die Austernschalen ist in Ordnung, aber Eierschalen allein sind *keine* ausreichende Kalziumquelle für Legehennen.

Von etwa 25 Stunden, die für die Herstellung eines Eis benötigt werden, sind allein 18 bis 20 Stunden der Schalenbildung gewidmet. Diese findet über Nacht statt, während die Henne schläft. Eine Legehenne benötigt täglich 4 bis 5 Gramm Kalzium im Futter, um die Eierschale zu bilden, die zu 94 Prozent aus Kalziumkarbonat besteht. Legehennenfutter enthält zerkleinerten Kalkstein, der als eine schnell verfügbare Kalziumquelle angesehen werden kann, da er klein ist und leicht und schnell absorbiert wird – die meisten Futterpartikel passieren ein Huhn in etwa 90 Minuten.

Austernschalen hingegen setzen das Kalzium langsam frei, da ihre Partikel groß sind und im Muskelmagen liegen, wo sie nach und nach zermahlen und von der Henne aufgenommen werden. Dadurch erhalten

OBEN: Grit im Inneren des Muskelmagens wirkt wie Mörser und Stößel, um den Abbau von faserigen Nahrungsmitteln zu unterstützen.

RECHTS: Die im Muskelmagen liegenden Austernschalen setzen das Kalzium langsam frei, da sie nach und nach zermahlen werden und das Kalzium im Laufe der Nacht von der Henne im Zuge der Eierschalenbildung allmählich absorbiert wird.

Körnerfutter besteht hauptsächlich aus Mais und ist kein Hühnerfutter! Betrachten Sie es als ein Bonbon für Hühner, ohne das Ihre Herde die meiste Zeit besser gestellt ist.

die Hennen so viel Kalzium, wie sie benötigen, um die ganze Nacht über Eierschalen zu bilden. Muschelschalen sollten jedoch niemals an Küken verfüttert werden, da sie die Knochenentwicklung stören und Organschäden verursachen können.

KÖRNERFUTTER

Körnerfutter ist kein Hühnerfutter und sollte nicht mit einem Komplettfutter gemischt werden. Es besteht hauptsächlich aus aufgeschlossenem Mais und Getreide und ist keine gute Vitamin-, Mineral- oder Proteinquelle. Betrachten Sie es als ein Bonbon für Hühner, ohne das Ihre Herde die meiste Zeit besser gestellt ist. Bei kaltem Wetter verbrauchen Hühner zusätzliche Energie, um sich warm zu halten. Eine *kleine* Menge Körnerfutter kurz vor der Dämmerung ist eine gute Energiequelle für die Nacht, aber zu viel kann zu Fettleibigkeit und dadurch bedingten Todesfällen führen. Deshalb sollten Sie es nur in den kältesten Winternächten anbieten.

Fermentiertes Futter

Immer mehr Hobby-Hühnerhalter erkennen die Vorteile von fermentiertem Hühnerfutter. Die Fermentation verbessert den Nährwert des Futters, da verschiedene Komponenten für das Huhn besser verwertbar sind. Außerdem wird dadurch der Proteingehalt erhöht. Fermentiertes Futter ist auch leichter verdaulich; es unterstützt die Verdauungsgesundheit und das Immunsystem mit Probiotika, die ungünstige Mikroorganismen im Darm reduzieren.

Darüber hinaus spart die Fermentation Kosten ein, da sich das Volumen des Futters durch die Fermentation fast verdoppelt. Fermentiertes Futter sättigt die Hühner schneller und hat einen höheren Nährwert als Trockenfutter, sodass die Herde letztendlich weniger verbraucht. Es hat sich gezeigt, dass Hühner, denen fermentiertes Futter gegeben wird, größere Eier mit besserer Schale produzieren.

Bei kaltem Wetter sollten Sie erwärmtes fermentiertes Futter als Alternative zu anderen warmen Lebensmitteln wie z. B. Haferbrei in Erwägung ziehen, die zwar hübsch anzusehen, aber weniger nahrhaft für Hühner sind.

WIE MAN FUTTER INNERHALB VON DREI TAGEN FERMENTIERT

Die Fermentation von Hühnerfutter ist unglaublich einfach. Für alle, die es einmal ausprobieren möchten: Hier ist die Anleitung!

1. Geben Sie das Hühnerfutter in einen sauberen, lebensmittelechten Kunststoff-, Glas- oder Kera-

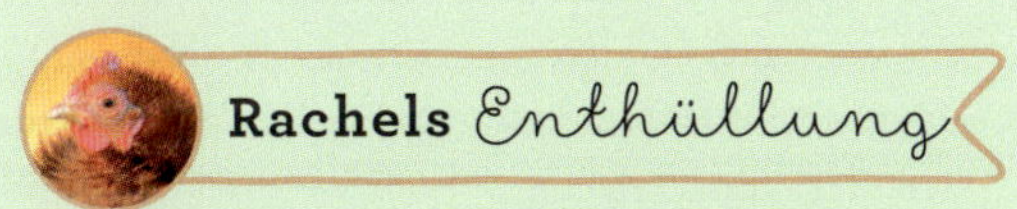

EIERSCHALEN WERDEN IM SCHLAF GEMACHT

Legehennen lagern Kalzium in speziellen Abschnitten ihrer Knochen ein, die als »Markraum« bezeichnet werden. Stellen Sie sich einen schwammartigen Bereich innerhalb eines harten, hohlen Knochens vor, der mit Kalzium gefüllt ist. Kalziumkarbonat muss im Darm der Henne in seine Bestandteile zerlegt werden (Kalzium und Karbonat), bevor das Kalzium in den Blutkreislauf aufgenommen werden kann. Von dort aus wird das Kalzium entweder in den Knochen gespeichert oder direkt zur Schalendrüse geleitet. Eine Henne kann das Kalzium, das in ihrem Blutkreislauf zirkuliert, über Nacht bis zu hundert Mal verwenden und ersetzen! Wenn der Kalziumbedarf von Legehennen nicht ausreichend gedeckt wird, greifen sie auf den Kalziumvorrat in ihren Kortikalknochen zurück, um weiterhin Eierschalen bilden zu können. Dieser Kalzium-Diebstahl kann zu brüchigen Knochen und in sehr schweren Fällen dazu führen, dass die Hennen nicht mehr stehen können (auch bekannt als »Käfighennen-Erschöpfung«).

mikbehälter und bedecken Sie es mit nicht gechlortem/entchlortem Wasser.

2. Rühren Sie die Mischung zwei- bis dreimal täglich um, wobei Sie nach Bedarf Wasser hinzufügen, um die Mischung bedeckt zu halten. Blasenbildung ist ein gutes Zeichen – es bedeutet, dass eine Gärung stattfindet!
3. Behalten Sie am 3. Tag etwas Flüssigkeit für die nächste Charge zurück und servieren Sie den Rest in einer breiten, flachen Schale.

Wie bereits erwähnt, setze ich am 3. Tag eine zweite Charge mit etwas Flüssigkeit aus der ersten Charge an. Am nächsten Tag wiederum setze ich eine dritte Charge mit einem Teil der Flüssigkeit aus der zweiten Charge an, sodass ich ständig drei Behälter in verschiedenen Fermentationsstadien habe. Die erste Charge muss anfangs ein wenig mehr arbeiten als die nachfolgenden Chargen, da hier die Gärung mit Hefepilzen aus der Luft gestartet wird, aber durch die Verwendung von Flüssigkeit aus der vorherigen Charge beginnt die Fermentation in den nachfolgenden Chargen viel leichter (es ist das gleiche Prinzip wie bei der Herstellung von Sauerteigbrot).

Verwenden Sie zum Fermentieren das hochwertigste kommerzielle Hühnerfutter, das Sie sich leisten können. Es enthält alle notwendigen Komponenten im richtigen Verhältnis für Ihre Hühnerschar. Es können entweder Pellets oder Granulat verwendet werden.

Einige abschließende Anmerkungen zur Fermentation:

Fermentiertes Futter, servierbereit.

- Bieten Sie tagsüber zusätzlich zu fermentiertem Futter immer auch normales Trockenfutter für Legehennen an.
- Lassen Sie das Futter nicht länger als 5 Tage fermentieren.
- Rühren hilft, den Prozess zu beschleunigen und verhindert Schimmelbildung.
- Servieren Sie es in einer haferbreiähnlichen Konsistenz, nicht als Suppe.
- Ein saurer, würziger Geruch an Tag 2 oder 3 ist normal.
- Entfernen Sie die Futterbehälter am Ende des Tages aus dem Hühnergehege, um Schimmelbildung zu vermeiden.
- Hühner sind von Natur aus misstrauisch gegenüber Veränderungen, wenn sie das Futter also anfangs ablehnen, bieten Sie es weiterhin an – sie werden lernen, es zu lieben!
- Fermentiertes Futter kann Hühnern jeden Alters angeboten werden, wenn Sie das altersgemäße kommerzielle Futter verwenden.
- Servieren Sie es bei kaltem Wetter warm, nicht heiß.

Unbeschränkte Fütterung vs. rationierte Fütterung

Eine durchschnittliche Henne frisst 120 bis 180 Gramm Futter pro Tag (ca. ⅔ Tasse), das sie in kleinen Mengen über den Tag verteilt aufnehmen können sollte. Das Futter sollte daher während der gesamten wachen Zeit im Hühnerhof zugänglich sein, damit die Tiere in Ruhe fressen können (siehe auch den Abschnitt »Fettleibigkeit« auf Seite 75). Mit dieser Fütterungsmethode geben Sie Ihren Vögeln etwas zu tun. Kratzen und Picken nach kleinen Futterstücken sollte ihre hauptsächliche tägliche Aktivität sein – es hält sie beschäftigt und beugt Untugenden wie Federrupfen und Eierfressen vor.

Ein eingeschränktes oder zeitlich begrenztes Fütterungsregime erzeugt Stress und Futterneid; werden Hühner in bestimmten Abständen gefüttert, bekommen diejenigen, die einen niedrigen Rang in der Hackordnung einnehmen, unter Umständen nicht genügend Futter. Oft sind sie nicht schnell genug oder werden von den anderen Hühnern nicht an den Futtertrog gelassen.

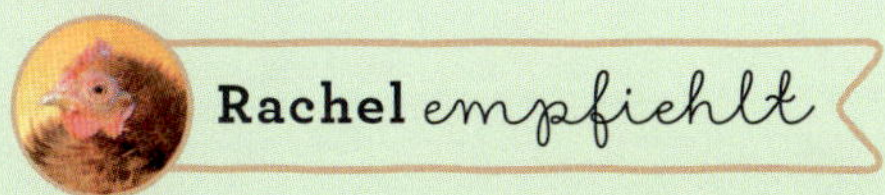

Rachel *empfiehlt*

TRET-FUTTERAUTOMATEN Ich verwende Tret-Futterautomaten aus verzinktem Stahl, die einen freitragenden Deckel über dem Futtertrog haben. Dieser hebt sich an und gibt das Futter frei, wenn ein Huhn auf die zugehörige Plattform tritt, und schließt sich, wenn das Huhn von ihr heruntergeht. Tret-Futterautomaten verhindern, dass Nagetiere, Spatzen, Eichhörnchen und andere Wildtiere das Futter fressen und es verunreinigen. Sie verhindern auch, dass die Hühner hineinkoten und das Futter hinaus auf den Boden schaufeln, diesen so verschmutzen und Nagetiere für die anstehenden Reinigungsarbeiten anlocken. Tret-Futterautomaten sind teurer als herkömmliche Futterautomaten, aber wenn man überlegt, was man an verschwendetem, gestohlenem und verunreinigtem Futter einspart, ist ein qualitativ hochwertiger Tret-Futterautomat sein Gewicht in Gold wert.

Der Schlüssel zur Nagetierbekämpfung liegt darin, ihnen den Zugang zu Futter und Wasser zu verwehren. Tret-Futterautomaten, wie der hier gezeigte, und Geflügel-Nippeltränken beseitigen diese Verlockungen für Mäuse und Ratten.

Finger weg von Ergänzungsfuttermitteln

Wenn es um die Ernährung von Geflügel geht, nehmen Sie bitte um Himmels willen niemals von irgendjemandem Ratschläge an, der im Internet verbreitet, wie die Rationen zusammengesetzt sein sollen. Dies ist ein Bereich, wo Halbwissen wirklich gefährlich ist. Es ist nicht ratsam, Hühnerfutter mit Sachen aus der Speisekammer aufzupeppen. Es ist schädlich, dem Hühnerfutter nach Lust und Laune Küchenkräuter beizufügen. Und es ist nicht klug, in einer Zeitung einen kurzen Artikel über Versuche mit kommerziell gehaltenem Mastgeflügel zu lesen und dann zu versuchen, das Gelesene auf die eigenen im Garten gehaltenen Hühner anzuwenden.

Viele der kostenlosen Ratschläge, die heutzutage verfügbar sind, sind etwa so viel wert, wie Sie dafür bezahlen – nichts. Sie stammen von Menschen, die nicht mit den Tränen leben müssen, die Sie vergießen, wenn Ihre Hühner aufgrund schlechter Ratschläge von einer unqualifizierten Person leiden oder sterben. Es ist einfach am besten, wenn Sie Ihr Hühnerfutter von einem seriösen Futtermittelhersteller beziehen, dessen kleine Armee von Geflügelernährungsexperten dafür verantwortlich ist, dass das vermarktete Futter auch wirklich das Richtige ist.

In den letzten 10 Jahren kam es zu einem wahren Boom in der Hobbyhaltung von Hühnern. Irgendwann wurden zunehmend Fehlinformationen verbreitet, wonach gesunde Hühner Ergänzungsfuttermittel, Kräuter, Blumen oder andere Futterzusätze benötigen, um ein starkes Immunsystem aufrecht zu erhalten. Meine lieben Freunde, das ist völliger Unsinn. Machen Sie sich nicht zum Narren, indem Sie das bereits *vollständige* und ausgewogene Futter Ihrer Hühner mit unnötigen Zutaten ergänzen.

Gesunde Hühner brauchen *keinen* Schnickschnack, um ihr Immunsystem zu erhalten oder zu »boosten«. Halten Sie es einfach!

Sorgen Sie für sauberes Wasser in sauberen Behältern, ein ausgewogenes und vollständiges Legehennenfutter, einen geräumigen, sauberen und trockenen Lebensraum, und Ihre Hühner werden gedeihen. Hennen reagieren sehr emp-

Gesunde Hühner wie diese Partridge Plymouth Rock-Henne brauchen keinen Schnickschnack, um ihr Immunsystem zu erhalten oder zu »boosten«.

findlich, wenn ihr Futter nicht ausgewogen ist. Es können sich Gesundheitsprobleme entwickeln, lange bevor das Verhalten, die Eiqualität oder die Legeleistung beeinträchtigt werden. Die unnötige Zugabe von Zutaten zum Hühnerfutter kann Hühnern schaden und sie sogar töten, so Dr. Annika McKillop, eine praktizierende Geflügeltierärztin in Maryland, die auch Hausbesuche bei Geflügelhaltern macht. Sie hat schon viele tragische Fälle erlebt, wo zahlreiche Hühner todkrank wurden, weil ihr Futter mit ungeeigneten Zusätzen angereichert worden war. Wenn wir die Lehren aus solchen Fällen beherzigen, können wir ähnliche Verluste bei unseren eigenen Hühnern und den damit verbundenen Kummer vermeiden.

Wenn Dr. McKillop zu einem Hausbesuch kommt, beurteilt sie die Lebensbedingungen der Herde und das Verhalten jedes einzelnen Vogels. Zusätzlich holt sie von den Hühnerhaltern Informationen zur Vorgeschichte ein.

Einmal wurde Dr. McKillop gerufen, um sich eine kleine Hühnerschar anzusehen, die noch nicht einmal zwei Jahre alt war. In den letzten Tagen waren bereits vier Hennen gestorben. Eine

Die Zugabe unnötiger Bestandteile zu einem kompletten Hühnerfutter kann die Gesundheit und das Leben von Hühnern in Hobbyhaltung gefährden. Diese Mille Fleur d'Uccle-Henne namens Daisy genießt eine ausgewogene Ration, die von Geflügelwissenschaftlern formuliert wurde.

Henne zeigte aktuell ein gedämpftes Verhalten, zerrupfte Federn, Appetitlosigkeit und blutigen Durchfall – alles Symptome, die auch die verstorbenen Vögel vor ihrem Tod gezeigt hatten. Die kranke Henne wurde eingeschläfert, und eine vor Ort durchgeführte Sektion ergab einen verfärbten Darm, der aufgebläht, mit Schleim gefüllt und mit kleinen Blutungen gesprenkelt war.

Dr. McKillop führte auch eine Kotuntersuchung durch und fand heraus, dass zwar keine Parasiten oder Kokzidien-Oozysten vorlagen, aber eine massive Überwucherung mit *Clostridium perfringens*, einem Bakterium, das Wundbrand und nekrotische Enteritis verursacht. Um festzustellen, was die tödliche nekrotische Enteritis ausgelöst haben könnte, schaute sich Dr. McKillop die Vorgeschichte der Herde genau an und stieß dabei auf ein »Futterrezept« des Besitzers. Die Hühner waren einige Tage vor Erkrankungsbeginn auf dieses Futter umgestellt worden. Dr. McKillop stellte fest, dass dieses »Futterrezept« die Ursache für die nekrotische Enteritis und die Todesfälle war.

Es bestand aus einem Sack mit Legehennenfutter, herkömmlichem Hafer, aufgeschlossenem Mais, Sonnenblumenkernen, einem Leinsamen-Futterzusatz, Bierhefe, Knoblauchpulver, einem probiotischen Pulver, Kieselgur in Lebensmittelqualität, Seetang und einer Handvoll gemischter, getrockneter Kräuter.

Die drastische Änderung der Ernährung der Hühner veränderte die Zusammensetzung der Bakterienpopulation im Darm, wodurch sich die *Clostridium*-Bakterien stark vermehren konnten. Obwohl diese Bakterien in geringer Anzahl normal sind, produzieren große Populationen schädliche Giftstoffe, die den Darm schädigen und zu Malabsorption, Blutungen und Tod führen. Die Behandlung für die Überlebenden bestand in der Rückkehr zu einem unveränderten, kompletten Legehennenfutter und einem Rezept über Chlortetracyclin zur Bekämpfung der krankmachenden Bakterien.

Der Geflügel-Ernährungswissenschaftler Dr. Patrick Biggs erläuterte weiterhin die Auswirkungen der zusätzlichen Inhaltsstoffe auf die Herde. »Zunächst einmal würde ich sagen, dass dies eine Menge unnötiger Arbeit und Kosten bedeutet«, erklärte er mir. »Die meisten Unternehmen, die ausgewogenes Legehennenfutter herstellen und verkaufen, nehmen diese Inhaltsstoffe bereits in den richtigen Mengen in ihre Rezepturen mit auf.« Dr. Biggs stellte fest, dass das Rezept den Nährwert der Gesamtration um 17 Prozent, den Energie- bzw. Kaloriengehalt um 5 Prozent und den Kalziumgehalt um 15 Prozent senkte.

Fazit: Das Hinzufügen unnötiger Zutaten zu einem vollständigen und ausgewogenen Hühnerfutter kann die Gesundheit und das Leben Ihrer gesamten Hühnerschar gefährden. Wenn Geflügel-Ernährungswissenschaftler fast ein Jahrhundert lang in die Forschung zur Bestimmung der richtigen Nährstoffbilanz für Legehennen investiert haben, gibt es keinen Grund, Zweifel an ihren Ergebnissen zu hegen.

Leckereien, Küchenabfälle und gesunde Snacks

Ausgewachsene Hühner haben etwa dreihundert Geschmacksknospen und mit zunehmendem Alter weniger. Küken haben noch weniger. Denken Sie also daran, dass Hühner nicht so ein subtiles Geschmackempfinden wie wir Menschen haben. Sicher, unsere Herzen schlagen höher, wenn unsere Hühnerschar beim Anblick der Leckerli-Behälter angelaufen kommt, um uns zu begrüßen. Aber die falschen Leckereien – und vor allem Leckerbissen im Übermaß – können unbeabsichtigte negative Folgen haben. Wir sollten uns bewusst sein, welche Leckereien sie haben dürfen und welche nicht, und wie viel *zu* viel ist.

Richtlinien zum Thema Leckereien

Wenn Hühner Leckereien bekommen, wozu auch gesunde Snacks und Küchenabfälle zählen, nehmen sie weniger von dem Futter auf, das ihre eigentliche Hauptnahrungsquelle darstellt. Leckerlis ersetzen einen Teil der essentiellen Nahrungsbestandteile im Futter und sollten auf *nicht mehr als* fünf Prozent der Futterration eines Huhns oder *gelegentlich* zwei Esslöffel pro Huhn pro Tag beschränkt werden. Die übermäßige Gabe von Leckerbissen kann zu Übergewicht, verminderter Legeleistung, Windeiern, Kloakenvorfall, Proteinmangel, Federrupfen, Fettlebersyndrom, Hitzschlag und Herzproblemen führen.

Eine gute Faustregel ist, dass Ihre Hühner nichts fressen sollten, was Sie selbst nicht essen sollten. Lassen Sie sich bei der Auswahl der Leckereien von Ihrem gesunden Menschenverstand leiten. Die Arten von Lebensmitteln, die wir zur optimalen Erhaltung unserer eigenen Gesundheit benötigen, sind die Lebensmittel, die wir auch als Leckereien für unsere Hühner in Betracht ziehen sollten: eiweißreiche, salz- und zuckerarme Lebensmittel, Vollkorn, Obst und Gemüse.

Milchprodukte bilden eine Ausnahme von dieser allgemeinen Regel, weil Vögel nicht mit den Enzymen ausgestattet sind, die für die richtige Verdauung des Milchzuckers notwendig sind. Denken Sie einmal darüber nach: Vogelmütter säugen ihre Jungen nicht.

Die meisten kennen die Vorteile, die Bakterienkulturen im Joghurt für unsere eigene Verdauungsgesundheit mit sich bringen. Zwar geben einige Hühnerhalter ihren Hühnern Joghurt, aber die Geflügeltierärztin Dr. Annika McKillop rät davon ab. Ein wenig Joghurt mag gelegentlich in Ordnung sein, aber ein Übermaß an Milchprodukten kann zu Verdauungsstörungen und Durchfall führen. Besser ist es, das Futter mit Probiotika zu ergänzen. Probiotika sind lebende, nicht-krankmachende Bakterien, die zur Gesundheit und zum Gleichgewicht der Mikroflora im Darmtrakt beitragen. Sie können das Immunsystem stärken und die Verdauungsgesundheit fördern. Viele Hühnerfuttermittel enthalten bereits Probiotika; ist das bei Ihrem Futtermittel nicht der Fall, können Sie überall im Futtermittelhandel entsprechende Präparate erhalten.

Wie sieht es mit Leckereien für Küken aus? Angesichts ihrer winzigen Größe und ihres schnellen Wachstums können selbst kleine Mengen gesunder Leckereien ihr Wachstum, ihre Entwicklung und ihre

Leckerlis ersetzen einen Teil der wesentlichen Nahrungselemente im Hühnerfutter. Sie sollten auf *nicht mehr als* gelegentlich zwei Esslöffel pro Vogel und Tag beschränkt werden.

Ich gebe meinen Küken keine Leckereien, weil ich glaube, dass der potenzielle Schaden für ihre Gesundheit ein zu hoher Preis für die Unterhaltung ist – für sie oder für mich. Außerdem können Küken mit nur etwa einem Dutzend Geschmacksknospen viele Geschmacksrichtungen gar nicht schätzen. Das ist das männliche Serama-Küken Caesar.

Abwehrkraft beeinträchtigen. Ich gebe meinen Küken keine Leckereien, weil ich glaube, dass der potenzielle Schaden für ihre Gesundheit ein zu hoher Preis für die Unterhaltung ist – für sie oder für mich. Wenn die Küken nicht nur Starterfutter bekommen, sollte ihnen Grit angeboten werden, um die Verdauung zu unterstützen.

Hühner-Leckerlis Mythen und Fakten

Mythos: Hühner sollten keine Avocados fressen.
Fakt: Hühner können Avocadofleisch in Maßen fressen, aber die Kerne und die Schale enthalten Persin, das in größeren Mengen giftig sein kann. Machen Sie sich also keine Sorgen, wenn Sie ein wenig Avocado mit Ihren gefiederten Freunden teilen wollen!

Mythos: Hühner sollten keine rohen Kartoffeln oder Kartoffelschalen fressen.
Fakt: Hühner sollten keine *grünen* Kartoffelschalen essen, genauso wenig wie wir. Die grüne Farbe weist auf das Vorhandensein von Solanin hin, einem Gift, welches das Nervensystem schädigt, wenn es in großen Mengen verzehrt wird. Der durchschnittliche, gesunde Mensch müsste 4½ Pfund auf einmal essen, um neurologische Symptome zu entwickeln. Ein Huhn müsste ebenfalls große Mengen im Verhältnis zu seinem Körpergewicht verzehren, um negative Auswirkungen zu erfahren.

Mythos: Hühner sollten niemals Zwiebeln fressen.
Fakt: Hühner können Zwiebeln, Schnittlauch und Knoblauch in kleinen Mengen von den Resten des gestrigen Abendessens bekommen.

GESUNDE LECKEREIEN, WELCHE DIE AKTIVITÄT FÖRDERN

Ich versuche nicht, die Spaßpolizei zu sein – ich bin für gelegentliche gesunde Leckereien, und wenn die Hühner dabei beschäftigt und aktiv sind, umso besser! Denken Sie daran, dass ein Mensch etwa zehntausend und ein Huhn nur schätzungsweise dreihundert Geschmacksknospen hat. Ihre Hühner werden Sie genauso freudig begrüßen, wenn Sie mit einem Beutel Legehennenfutter in Granulatform ankommen, wie wenn Sie eine Tüte mit Leckerlis mitbringen. Dennoch gibt es einige Möglichkeiten, gesunde Leckereien anzubieten, die auch Spaß machen können.

Gekeimte Getreidekörner oder Sonnenblumenkerne: Stellen Sie mehrere kleine Behälter mit Sprossen bereit, damit jedes Huhn etwas abbekommt und Kämpfe vermieden werden (siehe Kapitel 9).

Hängende Leckereien: Verschiedene Obst- und Gemüsesorten (Gurken, Zucchini, Äpfel, Grünkohl usw.) können nach Art einer Piñata aufgereiht werden, um bei schlechtem Wetter auf nahrhafte Weise für Unterhaltung zu sorgen und Langeweile zu vertreiben. Warnung: Wenn ein Huhn die Schnur frisst, kann diese sich im Verdauungstrakt verheddern und einen medizinischen Notfall oder Schlimmeres auslösen. Verwenden Sie immer robustes Material wie eine dicke Sisalschnur oder einen Blumendraht der Stärke 22, der nicht reißt. Befestigen Sie die Leckerei gut an der Aufhängung und entfernen Sie sie sofort, wenn das Interesse nachlässt.

Hühnerfußball: Bohren Sie Löcher von gut einem Zentimeter Durchmesser in leere Plastik-Wasserflaschen und füllen Sie diese mit Legehennenfutter in Granulatform. Schrauben Sie die Flaschen wieder zu und lassen Sie die Spiele beginnen! Stellen Sie mehrere Flaschen zur Verfügung, um Konflikte und Kämpfe zu vermeiden.

Ein Mensch hat etwa zehntausend und ein Huhn nur schätzungsweise dreihundert Geschmacksknospen. Ihre Hühner werden Sie genauso freudig begrüßen, wenn Sie mit einem Beutel Legehennenfutter in Granulatform ankommen, wie wenn Sie eine Tüte mit Leckerlis mitbringen.
Diese Black Copper Maran-Hennen vergnügen sich gerade mit einer aufgehängten Gurke.

Gesunde Leckerbissen für Hühner

Proteine: gar gekochte Bohnen, Rindfleisch, gekochte Eier, Fisch, Insekten, Mehlwürmer, Schweinefleisch, Sonnenblumenkerne mit Schale

Obst: Äpfel, geschälte Bananen, Beeren, Kokosnussfleisch, Trauben, Melone, Pfirsiche, Birnen, Granatäpfel, Rosinen, Erdbeeren

Gemüse: Spargel, Rote Bete, Brokkoli, Kohl, Karotten, Blumenkohl, Mais, Gurken, Auberginen, grüne Blattsalate, Erbsen, Paprika, Kürbis

Vollkorngetreide: Vollkornbrot, Haferflocken (gekocht oder roh), Nudeln, Getreidesprossen

Gelegentliche Leckerbissen

Avocadofleisch (aber keine Schale oder Kerne), Kartoffeln (aber keine grünen), Tomaten in kleinen Mengen

Niemals!

Lebensmittel, die Zucker, Salz oder Schimmel enthalten; Schokolade; Kaffee; ungekochte, getrocknete Bohnen (diese enthalten Phytohämagglutinin, das für Mensch und Tier hochgiftig ist)

Wasser: Sauber und außerhalb des Stalles

Die Bedeutung von sauberem Wasser in sauberen Behältern kann nicht hoch genug eingeschätzt werden. Wasser ist für alle Aspekte des Hühnerstoffwechsels von entscheidender Bedeutung; ohne Wasser können Hühner weder ihr Futter verdauen noch ihre Körpertemperatur regulieren oder Eier produzieren. Als ihre Pfleger sind wir es unseren Hühnern schuldig, ihnen jederzeit Zugang zu sauberem Wasser in sauberen Behältern zu gewähren. Wasserzusätze sind kein Ersatz für die regelmäßige Reinigung und Desinfektion der Wasserbehälter.

Bei warmem Wetter kann sich der Wasserverbrauch verdoppeln oder vervierfachen, und Studien zeigen, dass Hühner lieber verdursten und austrocknen, als warmes Wasser zu trinken (siehe Kapitel 9).

Bei kaltem Wetter halten sich die Vögel zum großen Teil dadurch warm, dass sie mehr Futter verbrauchen, um ihre inneren Öfen zu befeuern. Der Zugang zu Wasser ist entscheidend für ihre Fähigkeit, Nahrung zu verdauen und sich warm zu halten. Das Einfrieren von Wasser bei kalten Temperaturen zu verhindern kann eine große Herausforderung sein, aber es gibt einige todsichere Wege, um winterliche Wasserprobleme zu überleben (siehe Kapitel 9).

Nippeltränken-Systeme

Mit traditionellen Glockentränken oder offenen Behältern lässt sich fast unmöglich verhindern, dass die Hühner das Wasser mit Einstreu und Kot verschmutzen. Das bedeutet, dass das Wasser genauestens auf Sauberkeit überwacht und täglich desinfiziert werden muss. Stellt man diese Art von Tränken etwas erhöht auf Ziegel- oder Betonsteine, kann dies helfen, den Eintrag von Einstreu und Kot zu verringern. Aber die Hühner werden es sich trotz Ihrer Bemühungen zur Aufgabe machen, das Wasser zu verschmutzen.

Ich verwende und empfehle Geflügel-Nippeltränken, weil sie das Trinkwasser frei von Einstreu und Kot halten. Es gibt viele erschwingliche Nippeltränkensysteme, von selbst gebauten Tränken bis hin zu automatischen, schlauchgefüllten Springbrunnen. Hühner

Do-It-Yourself Geflügel-Nippeltränke

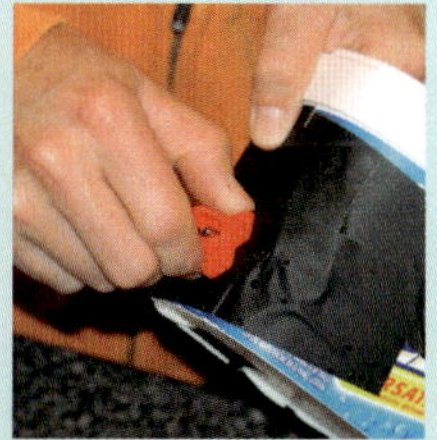

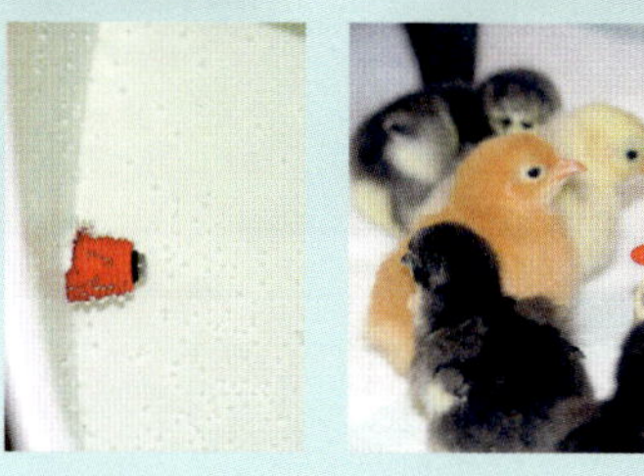

Eine Nippeltränke für Geflügel ist sehr einfach zu bauen, wenn man einen Nippel aus Edelstahl zum Schrauben und einen sauberen Behälter verwendet. Meiner Erfahrung nach gewöhnen sich Küken leichter an vertikale Nippel als an die oben gezeigten horizontalen Nippel.

Material

- Plastikbehälter mit Deckel
- Horizontaler Geflügelnippel aus Edelstahl zum Einschrauben (1 Stück für je zwei oder drei Vögel)
- Bohrer und ⅜"-Bohraufsatz

Aufbau

Schritt 1. Bohren Sie ein Loch in die Seite des Behälters in einer Höhe von 5 cm vom Boden aus gemessen. Bohren Sie in die Oberseite ein kleines Loch, damit Luft eindringen kann (sonst funktioniert das Gerät nicht richtig).

Schritt 2. Schrauben Sie den Geflügelnippel sicher in das untere Loch.

Schritt 3. Zeigen Sie den Hühnern die Funktionsweise der Nippeltränke, indem Sie mit einem Finger auf den Stift klopfen. Die Aufmerksamkeit der Hühner wird auf den Wassertropfen gelenkt, und sobald ihn ein Huhn untersucht und getestet hat, werden andere folgen. Da die Umstellung einige Zeit dauern kann, ist es am besten, bei gemäßigtem Wetter damit zu beginnen. Wenn Küken das Prinzip nicht sofort begreifen, lassen Sie eine zweite Wasserquelle in der Aufzuchtkiste, bis sie die Nippeltränke routinemäßig benutzen.

picken einfach gegen das Ende eines Metallstiftes, um Wasser aus dem Behälter direkt in den Schnabel tropfen zu lassen. Um ein Einfrieren bei kalten Temperaturen zu verhindern, müssen ein Tauchsieder installiert und die Edelstahlstifte durch Kupferstifte ersetzt werden, da diese die Wärme besser leiten. Alternativ könnte man für die Wintermonate auf eine herkömmliche Tränke umsteigen.

Mit ein paar preiswerten Materialien und der nachstehenden Anleitung können Ihre Hühner von einer Nippeltränke profitieren. Diese kann aus einer Vielzahl von Behältern hergestellt werden, von Wasserflaschen bis hin zu 20-Liter-Eimern, von PVC-Rohren bis hin zu Kunststoff-Saftflaschen. Der Gestaltung sind nur durch Ihre Phantasie Grenzen gesetzt! Der Schlüssel zu einer guten Nippeltränke besteht darin, sicherzustellen, dass die Stifte nicht auslaufen. Also lassen Sie bei der Beschaffung der Materialien Sorgfalt walten.

Fettleibigkeit (Adipositas)

Trotz all der Aufmerksamkeit und Sorgfalt, die wir unseren Hühnern widmen, und so sehr wir uns auch wünschen, dass sie ein langes und gesundes Leben führen, tragen wir vielleicht unbeabsichtigt zu ihrem vorzeitigen Ableben bei. Fettleibigkeit (oder auch Adipositas) ist ein ernst zu nehmendes Problem bei Hühnern in Hobbyhaltung. Glücklicherweise kann man die Entstehung von Übergewicht durch einige wenige vernünftige Veränderungen in der Haltung verhindern und kontrollieren.

Die meisten Haushühner weiden heutzutage nicht mehr den lieben langen Tag auf saftigen Wiesen. Gründe dafür sind entweder Platzmangel oder der Wunsch ihres Halters/ihrer Halterin, sie vor Beutegreifern zu schützen. Daher legen sie keine weiten Strecken mehr zurück, und ihre Ernährung wird von uns und nicht von ihnen selbst kontrolliert. Wir überfüttern sie

Hühner können ohne sauberes Futter und Wasser keine optimale Gesundheit oder Produktivität aufrechterhalten. Ich empfehle Tret-Futterautomaten (siehe Kapitel 3) und Nippeltränken für Geflügel, weil sie Futter und Wasser frei von Einstreu und Kot halten.

unbeabsichtigt, ohne uns der Konsequenzen bewusst zu sein. Wenn wir uns über die Notwendigkeit von ausgewogenem Futter, einer nur moderaten Gabe von Leckerbissen und möglichst großer Bewegungsfreiheit im Klaren sind, können wir die Gesundheit unserer Haustiere maximieren und ihnen die besten Chancen für ein langes Leben bieten.

Eine ausgewachsene Henne sollte nicht weiter an Gewicht zunehmen, aber wenn sie mehr Kalorien aufnimmt, als sie verbraucht, wird sie diese in Form von zusätzlichem Gewicht speichern. Die ersten Orte, an denen dies geschieht, sind das Abdomen (der Bauch) und die Leber. Nimmt die Henne noch weiter an Gewicht zu, wird ein Fettpolster zwischen der Spitze des Kiels und der Kloake sicht- und tastbar. Zu diesem Zeitpunkt ist bereits ein ernsthafter Leberschaden entstanden.

Mit überschüssigem Bauchfett wird heißes Wetter lebensbedrohlich. Ohne Schweißdrüsen ist die Henne auf die Atmung angewiesen, um ihre Körperinnentemperatur zu regulieren. Wird durch das Bauchfett bei hohen Temperaturen ihre Fähigkeit, richtig zu atmen, eingeschränkt, kann sie innerhalb weniger Minuten an einem Hitzschlag sterben.

Adipositas kann zu verminderter Fruchtbarkeit, Legenot und Kloakenvorfällen führen. Die beiden häufigsten durch Übergewicht bedingten Todesursachen bei Legehennen sind der Hitzschlag und das hämorrhagische Fettlebersyndrom. Laut Dr. Mike Petrik, einem Fachtierarzt für Legehennen in Ontario, Kanada, »verursacht Adipositas plötzliche Todesfälle durch das »hämorrhagische Fettlebersyndrom«, bei dem sich die Leber mit Fett füllt, brüchig wird, platzt und den Vogel verbluten lässt.«

Es lässt sich fast unmöglich verhindern, dass Hühner das Wasser in traditionellen Glockentränken oder offenen Behältern verschmutzen, was bedeutet, dass das Wasser genau überwacht und täglich desinfiziert werden muss. Zusatzstoffe sind kein Ersatz für die regelmäßige Reinigung und Desinfektion der Behälter.

Der Schlüssel, um Fettleibigkeit bei Hühnern in Hobbyhaltung zu verhindern, liegt in einer bekannten Formel: eine gesunde Ernährung mit einem ausgewogenen Komplettfutter und stark eingeschränkten Leckereien in Verbindung mit viel Bewegung. Bei Hennen, die in erster Linie auf einen Auslauf beschränkt sind, sollte dieser möglichst groß sein, um ihren Aktivitätsradius zu maximieren. Pro Vogel sollten mindestens drei Quadratmeter Auslauffläche zur Verfügung stehen, aber es gilt: je mehr, desto besser.

Gewichtsveränderungen bei einer ausgewachsenen Henne sind ein Anzeichen für ein Problem. Wiegen Sie die Hennen regelmäßig. Warten Sie damit, bis die Hühner nach Einbruch der Dunkelheit ihre Schlafplätze aufsuchen, denn sie sehen bei Nacht schlecht und widersetzen sich weniger der Handhabung. Dokumentieren Sie die Ergebnisse und vergleichen Sie sie mit früheren Wiegevorgängen. Wenn die Hühner Gewicht verlieren, liegt ein Problem vor. Nehmen sie zu, werden sie überfüttert. Dann sollte man ihre tägliche Nahrungsaufnahme um 5 bis 10 Prozent reduzieren und ihnen mehr Möglichkeiten bieten, sich zu bewegen, bis ihr Zielgewicht erreicht ist.

Wenn eine ausgewachsene Henne mehr Kalorien aufnimmt, als sie verbraucht, wird sie dieses zusätzliche Gewicht zuerst in ihrem Bauch und ihrer Leber speichern. Kate ist eine gesprenkelte Sussex-Henne.

KAPITEL 7

Gesund-erhaltung Teil 1:

WOHLBEFINDEN

URGROSSMUTTERS HÜHNER WAREN REINE Nutztiere und ihre Tage gezählt. Ihr Hauptzweck bestand darin, die Familie mit Eiern und Fleisch zu versorgen. Sie bekamen weder einen Namen noch wurden sie sonderlich wertgeschätzt. Wenn ihre besten Tage der Eiablage vorbei waren, füllten sie die Gefriertruhe für die Mahlzeiten des kommenden Jahres. Waren sie krank oder verletzt, wurden sie zum Ehrengast beim Sonntagsessen. Doch die Zeiten haben sich geändert.

Viele Hühnerhalter würden ihren Hühnern gerne die gleiche tierärztliche Versorgung angedeihen lassen wie ihren anderen Haustieren. Leider besteht jedoch seit jeher ein Mangel an Nachfrage im Hinblick auf die Gesundheitsfürsorge bei kleinen Geflügelherden. Dies hat zur Folge, dass es nicht genügend entsprechend ausgebildete und erfahrene Geflügeltierärzte gibt. Petey ist ein weibliches Black-Araucana-Küken.

Wenn unsere Hühner krank sind und wir nicht wissen, an wen wir uns wenden sollen, ist es verlockend, dem Rat von jemandem zu vertrauen, der ein klein wenig mehr Erfahrung hat als wir. Lassen Sie sich nicht von fadenscheinigen Behauptungen täuschen, Sie könnten mit Knoblauch, Kräutern, Kieselgur oder Essig Krankheiten vorbeugen oder gar heilen. Es gibt keine Abkürzungen in Sachen Gesundheit, auch nicht bei Hühnern.

Heutzutage werden Hühner in Hobbyhaltung hauptsächlich als Haustiere und zum Eierlegen gehalten. Sie erhalten Namen und die Möglichkeit, ein natürliches Leben als geliebte Familienmitglieder zu leben, ohne dass ihre abnehmende Produktivität darauf Einfluss hat. Wenn sie krank oder verletzt sind, kümmern sich ihre Halter liebevoll um sie und setzen alle Hebel in Bewegung, um qualifizierte medizinische Hilfe zu finden. Viele Hühnerhalter würden Ihren Hühnern gerne die gleiche tierärztliche Versorgung angedeihen lassen wie ihren anderen Haustieren. Leider besteht jedoch seit jeher ein Mangel an Nachfrage im Hinblick auf die Gesundheitsfürsorge bei kleinen Geflügelherden. Dies hat zur Folge, dass es nicht genügend entsprechend ausgebildete und erfahrene Geflügeltierärzte gibt. Nur sehr wenige praktizierende Tierärzte, einschließlich der Fachtierärzte für Vögel, absolvieren Kurse in Anatomie, Physiologie oder Krankheiten des Geflügels. Derzeit gibt es weniger als dreihundert vom American College of Poultry Veterinarians (ACPV) zertifizierte Tierärzte, die fast alle in der Regierung, an einer Hochschule oder in der kommerziellen Geflügelindustrie arbeiten. Die Forschungsarbeiten zur Gesunderhaltung und Produktivität kommerziell gehaltener Geflügelherden haben zu einer Fülle wissenschaftlicher Erkenntnisse hinsichtlich der besten Methoden der Herdenhaltung in kommerziellen Geflügelfarmen geführt. Es wurden aber nur sehr wenige Ressourcen für die Untersuchung von Fragen eingesetzt, die speziell kleine Legebestände betreffen.

Aber es gibt Grund zur Hoffnung! Quellen der ACPV zufolge darf man optimistisch sein, dass in den nächsten 5 bis 10 Jahren sehr viel mehr Tierärzte anfangen werden,

Das weiße Seidenhuhn Freida mit dem von ihr adoptierten Küken.

sich routinemäßig auch mit Hühnern in Hobbyhaltung zu befassen. Bis dahin werden wir selbst die wichtigsten Fürsprecher sein, wenn es um die Gesundheitsfürsorge für unsere Hühner geht.

In den letzten 15 Jahren hat die Anzahl von hühnerhaltenden Haushalten in den USA stetig zugenommen. Aufgrund des gleichzeitig bestehenden Mangels an kompetenter tierärztlicher Betreuung kam es zur Verbreitung von vermeintlichen Weisheiten aus Laienkreisen, welche die Lücke in der Gesundheitsvorsorge beim Geflügel füllen sollten. Es gibt zahllose selbsternannte »Geflügel-Schamanen«, die zweifelhaften oder unbeabsichtigt gefährlichen Rat anbieten. Wenn unsere Hühner krank sind und wir nicht wissen, an wen wir uns wenden sollen, ist es verlockend, dem wohlklingenden Rat von jemandem zu vertrauen, der ein klein wenig mehr Erfahrung hat als wir. Lassen Sie sich nicht von fadenscheinigen Behauptungen täuschen, Sie könnten mit Knoblauch, Kräutern, Kieselgur oder Essig Krankheiten vorbeugen oder gar heilen. Es gibt keine Abkürzungen in Sachen Gesundheit, auch nicht bei Hühnern.

Bis das Angebot an Geflügeltierärzten die Nachfrage nach ihren Dienstleistungen deckt, müssen sich Hobby-Hühnerhalter etwas intensiver bemühen, jemanden für die Gesundheitsversorgung ihrer Tiere zu finden. Wenden Sie sich an alle Tierärzte in Ihrer Gegend und fragen Sie, ob diese auch Hühner behandeln. Darüber hinaus steht eine Reihe von staatlichen und bundesstaatlichen Einrichtungen zur Verfügung, um Hobby-Hühnerhalter in den verschiedenen Bereichen zu unterstützen. Dazu gehören Amtstierärzte, veterinärmedizinische Diagnoselabors, staatliche Geflügelexperten und Geflügeltierärzte, die über den Zentralverband der Deutschen Geflügelwirtschaft vermittelt werden können.

In wenigen Schritten zu gesunden Hühnern

Unabhängig davon, ob wir einen Geflügeltierarzt an der Hand haben oder nicht, *können* wir die Gesundheit unserer Hühner erheblich beeinflussen, indem wir uns auf die Grundprinzipien einer guten Herdenhaltung konzentrieren. Es gibt keine Spielereien oder Abkürzungen, um Hühner gesund zu erhalten und Krankheiten zu verhindern. Das bedeutet konkret: eine vollständige kommerzielle Ration zu füttern, Leckereien und Stress einzuschränken, sauberes Wasser in sauberen Behältern anzubieten, reichlich sauberen, trockenen Lebensraum zur Verfügung zu stellen, und eine gute Biosicherheit zu praktizieren. Ausführlichere Erläuterungen und Empfehlungen zu jedem dieser Themen finden Sie in den entsprechenden Kapiteln.

Der Begriff *Biosicherheit* bezieht sich auf die Maßnahmen, die wir ergreifen, um unsere Herden vor Infektionskrankheiten zu schützen.

Jeder Mensch geht unterschiedlich mit dem Thema Biosicherheit um, wobei er sich meist von der persönlichen Risikobereitschaft leiten lässt. Allerdings kann die Umsetzung allein der grundlegendsten Biosicherheitsmaßnahmen potenzielle Gesundheitsgefahren für eine Hühnerherde erheblich einschränken.

Das komplexe Immunsystem eines Huhns verteidigt es gegen mögliche Krankheitserreger. Wie gut sein Immunsystem auf einen Angriff reagiert, hängt vom Alter und Gesundheitszustand des Vogels sowie von der Stärke und Konzentration der jeweiligen Krankheitserreger ab. Verschiedene Arten von

Als Biosicherheitsmaßnahme nehme ich zur Desinfektion von Schuhen und Ausrüstung unaktiviertes Oxine® (Chlordioxid) in einem Verhältnis von ¼ Teelöffel pro 4 Liter Wasser. Alternativ dazu verwende ich auch ¼ bis ½ Tasse Bleichmittel der Marke Clorox® pro 4 Liter Wasser. Dies ist Marilyn, eine weiße Orpington-Henne.

Stress schwächen die Fähigkeit des Immunsystems, Infektionen zu bekämpfen. Stress kann in Form von Überbelegung, Futtermangel, extremen Temperaturen, Missbrauch von Medikamenten oder Futterergänzungsmitteln, grobem Umgang und Raubtierangriffen auftreten.

Aber selbst gesunde Hühner haben keine Chance, gesund zu bleiben, wenn wir Krankheitserreger in ihren Hof schleppen. Zu den potenziellen Krankheitsüberträgern gehören Sie und andere Geflügelhalter, Kleidung, Schuhe, Ausrüstung (Schaufeln, Traktoren, Schubkarren, Autoreifen) und alle Wildtiere, einschließlich Raubtiere und Schädlinge. Beschränken Sie den Zugang potenzieller Krankheitsüberträger zu Ihrem Hühnerhof, insbesondere wenn diese von Orten mit hohem Risiko kommen, wie z. B. von anderen Hühnerhöfen, Geflügeltauschbörsen, Geflügelschauen, Viehauktionen, Bauernhöfen, Messen und Futtermittel-Lagern.

DIE BESTEN BIOSICHERHEITSMASSNAHMEN

- Verlangen Sie von Besuchern aus Risikozonen, dass sie sich die Hände waschen, ihre Kleidung wechseln und die Schuhe desinfizieren oder spezielles Schuhwerk mit Gummisohlen verwenden, bevor sie Ihren Hof betreten. Treffen Sie die gleichen Vorsichtsmaßnahmen, wenn Sie von Orten mit hohem Risiko nach Hause zurückkehren, und nachdem Sie Hühner versorgt haben, die von den anderen isoliert werden mussten.
- Desinfizieren Sie regelmäßig die Futtertröge und Tränken.
- Leeren, reinigen und desinfizieren Sie die Ställe mindestens einmal jährlich.
- Locken Sie keine Wildvögel mit Vogelfutter oder Vogeltränken in das Gebiet.
- Kontrolle der Nagetier-, Fliegen- und Wildvogelpopulationen im und um den Hühnerhof herum.
- Durchführung von Sektionen, wenn Vögel aus unbekannter Ursache sterben.
- Fügen Sie Ihrem Bestand niemals Vögel hinzu, die Krankheitssymptome aufweisen.
- Hühner von anderen Höfen können unerkannte Krankheitsüberträger darstellen. Am sichersten ist es, sie überhaupt nicht in Ihre Herde zu bringen, aber wenn es unbedingt sein muss, sollten Sie sie ordnungsgemäß unter Quarantäne stellen.

Es ist am sichersten, überhaupt keine neuen Vögel in eine Herde zu bringen. Wenn Sie dennoch bereit sind, das Risiko zu tragen, ist es sehr wichtig, eine ordnungsgemäße Quarantäne durchzuführen. Ein Huhn, das völlig gesund erscheint, kann ein Krankheitsüberträger sein. Darüber hinaus können in stressigen Zeiten, z. B. beim Umzug von einem Hof zum anderen, latente Krankheiten aktiviert werden, sodass die Vögel Krankheitssymptome zeigen, Krankheitserreger ausscheiden und andere Hühner aktiv infizieren.

Eine Quarantänezeit bietet die Möglichkeit, Parasiten und Krankheitssymptome zu erkennen, bevor die übrige Herde angesteckt werden kann. Die Nichteinhaltung der Quarantäne kann zum Tod der gesamten Herde führen. Für eine ordnungsgemäße Quarantäne sollten Sie die nachstehenden Empfehlungen befolgen:

- Halten Sie neue Vögel mindestens 12 Meter von der bestehenden Herde entfernt. Einige Krankheitserreger, wie zum Beispiel *Mycoplasma gallisepticum* (MG), können sich über die Luft verbreiten.
- Halten Sie neue Vögel in einem speziellen Stall, Verschlag oder einem anderen geeigneten Bereich eingesperrt und isoliert.
- Verwenden Sie nicht dieselbe Ausrüstung, Kleidung, Schuhe, Futter- oder Tränkevorrichtungen für die neuen Vögel und den bestehenden Bestand. Füttern Sie also beispielsweise nicht erst die neuen Hühner und gehen Sie dann in denselben, nicht desinfizierten Schuhen durch die bestehende Herde.
- Je länger sich ein Vogel in Quarantäne befindet, desto größer ist die Chance, dass sich Krankheiten manifestieren und entdeckt werden. Drei Wochen ist die absolute Mindestempfehlung; 30 bis 60 Tage sind besser.
- Während der Quarantäne können Tests durchgeführt werden (z. B. Kotproben auf Würmer, Blutuntersuchungen auf andere übertragbare Krankheiten). Ebenso kann ein Läuse- oder Milbenbefall erkannt und behandelt werden.
- Beobachten Sie neue Vögel auf die folgenden Krankheitsanzeichen: Husten, Niesen, Gurgeln,

rote, geschwollene oder tränende Augen, Augen- oder Nasenausfluss, Lähmung der Beine und/oder Flügel, verfärbte Kämme/Kehllappen, Schläfrigkeit oder Depression, unkoordinierte Bewegungen, Appetitlosigkeit oder Probleme beim Trinken und ungewöhnliche Exkremente (Blut, Würmer, Durchfall).

- Fügen Sie niemals Vögel mit Krankheitsanzeichen zu einer bestehenden Gruppe hinzu.
- Wenn die Quarantänezeit abgelaufen ist und alle neuen Vögel gesund erscheinen, können sie nach und nach in den Bestand integriert werden (siehe Kapitel 9).

Selbst wenn all diese Vorsichtsmaßnahmen getroffen werden, sind sie immer noch nicht narrensicher, da Hühner, die an verschiedenen Orten aufgezogen werden, unterschiedliche Immunitätslagen entwickeln können. Ein vollkommen gesundes Huhn, das in der einen Herde aufgezogen wurde und dann in eine andere Herde umgesetzt wird, kann eine Krankheit (gegen die es selbst eine Immunität entwickelt hat) auf die neue Herde übertragen (der mangels vorheriger Exposition dieselbe Immunität fehlt) und umgekehrt.

Krankheiten und Verletzungen erkennen

Ohne einen Tierarzt, der Ihr krankes Huhn untersucht, ist es sinnlos, sich über alle Möglichkeiten Gedanken zu machen. Zum Beispiel haben fast ein Dutzend Atemwegserkrankungen ähnliche Symptome, die selbst ein Geflügeltierarzt ohne Laboruntersuchungen nicht unterscheiden kann.

Anstatt Sie also auf eine Tour durch »Krankheitsstadt« mitzunehmen, sollten wir uns auf das konzentrieren, was Ihrer Herde *tatsächlich* nützt: Ihre Fähigkeit, ein Problem

Impfungen

von Dr. Mike Petrik

Jeder Hühnerhalter sollte sich über das Thema Impfungen Gedanken machen. Allerdings ist die Materie recht kompliziert, und es gibt keine einfache Antwort auf die Frage, welche Strategie die beste ist. Impfstoffe enthalten Viren, die entweder von Natur aus sehr schwach sind, oder in einem Labor abgeschwächt (attenuiert oder modifiziert) bzw. abgetötet (inaktiviert) wurden. Sie schützen den Körper, indem sie ihm vorgaukeln, er sei mit der voll ausgebildeten Krankheit infiziert worden. Der Körper baut nun eine Immunität gegen den Erreger auf, und wenn er erneut damit infiziert wird, erkennt er ihn und kann ihn mit den entsprechenden Immunzellen bekämpfen.

Hier ist eine Metapher, die ich nützlich finde: Stellen Sie sich Ihre Henne als eine Stadt am Meer vor. Um die Stadt zu schützen, müssen Sie entweder eine hohe Mauer bauen, an der sich die Wellen brechen, oder die Wellen niedrig halten. Beide Wege sind effektiv. Impfen ist wie der Bau einer Mauer, und die Menge an Krankheiten, die Ihren Vogel zu infizieren versucht, ist das Meer. Sie müssen sich entscheiden, welche Philosophie Sie im Hinblick auf Ihre Herde verfolgen wollen: Niedrigwasser oder hohe Mauer. Idealerweise wählen Sie beides. Schützen Sie Ihre Hühner so weit wie möglich und reduzieren Sie die Belastungen, denen sie sich stellen müssen. Das Hauptrisiko für die Einschleppung von Krankheiten in Ihren Bestand besteht in der Aufnahme neuer Vögel – man kann nie sicher sein, was sie in sich tragen, selbst wenn sie völlig gesund aussehen.

Wenn Sie neue Vögel aufnehmen, sollten Sie deren Impfstatus kennen – wogegen und womit wurden sie geimpft, und wie lange ist das her? Je mehr Zeit seit der letzten Impfung vergangen ist, desto mehr bricht die Schutzmauer allmählich zusammen. Es ist meist schwierig, den Impfstatus zugekaufter Vögel zweifelsfrei in Erfahrung zu bringen, es sei denn, Sie kaufen Eintagsküken. Fragen Sie trotzdem nach.

Versuchen Sie, die beiden Gruppen so gut wie möglich zusammenzubringen. Wenn die neuen Vögel einer Krankheit ausgesetzt waren, die Ihre Hühner nicht hatten, finden Sie heraus, ob Sie Ihre Hühner 2 oder 3 Wochen vor der Ankunft der neuen Vögel impfen können. Umgekehrt sollten Sie auch sicherstellen, dass Neuankömmlinge vor Viren, mit denen Ihre Hühner infiziert sind, geschützt sind.

Stellen Sie die Neuankömmlinge dann unter Quarantäne. Vögel scheiden viel mehr Viren aus, wenn sie unter Stress stehen. Können Sie sie an Ihren Stall, das Wasser, das Futter und die Haltung gewöhnen, bevor Sie sie in Ihre bestehende Herde integrieren, können Sie die Virusausscheidung deutlich reduzieren.

Konzentrieren wir uns darauf, was Ihrer Herde *tatsächlich* nützt: Ihre Fähigkeit, ein Problem zu erkennen, zu wissen, wie man kranke und gesunde Vögel schützt, und wenn nötig, professionelle Hilfe zu finden. Diese Schwarzkupfer-Maran-Henne zeigt das typische Aussehen eines kranken Huhns.

zu erkennen, zu wissen, wie man kranke und gesunde Vögel schützt, und wenn nötig, professionelle Hilfe zu finden. In Kapitel 8 geht es um spezifische Probleme und deren Behandlung.

WIE MAN EIN HUHN HÄLT

Wenn Sie ein Huhn richtig halten, können Sie es leicht untersuchen und fixieren. Außerdem bleibt so das kotausscheidende Ende des Vogels so weit wie möglich von Ihnen entfernt!

Der Schnabel des Huhns soll zu Ihnen zeigen. Mit gespreizten Fingern und nach oben gerichteter Handfläche schieben Sie Ihren Zeigefinger zwischen die Beine des Huhns. Lassen Sie den Kiel auf Ihrer Handfläche und Ihrem Unterarm ruhen. Umfassen Sie mit dem kleinen Finger, dem Ringfinger und dem Mittelfinger den einen Oberschenkel, während der Daumen den anderen Oberschenkel hält.

Es ist am einfachsten, ein Huhn nach Einbruch der Dunkelheit zu untersuchen, wenn es auf der Stange sitzt. Ich benutze eine Stirnlampe und hole mir, wann immer möglich, Hilfe von einem Partner. Ein Bad ist eine weitere gute Gelegenheit, um einen genaueren Blick auf das Tier zu erhaschen. Hühner sind zwar meist erst etwas perplex, wenn sie ins Wasser gesetzt werden, aber dann finden die meisten doch Gefallen daran (obwohl sie nur bei Bedarf gebadet werden sollten). Wenn beides nicht geht, halten Sie den Vogel ruhig, indem Sie ihn locker in ein Handtuch wickeln, Kopf und Augen bedecken und gleichzeitig für ausreichend Luft zum Atmen sorgen.

KÖRPERLICHE UNTERSUCHUNG

Hühner sind Meister darin, Krankheiten und Verletzungen so lange zu verbergen, bis sie sich in einer absoluten Notlage befinden. Wenn Sie sich aber die Zeit nehmen, Ihre Vögel zu beobachten und sich mit ihnen zu beschäftigen, können Sie schon sehr früh subtile Anzeichen erkennen. Ein gesundes Huhn ist aufmerksam und aktiv, es frisst und trinkt, kratzt und pickt den ganzen Tag über, wobei es zwischendurch im Staub badet und sich ausruht. Es sitzt nicht stundenlang an derselben Stelle oder reagiert nicht, wenn man sich ihm nähert. Ein gesundes Huhn sollte nicht

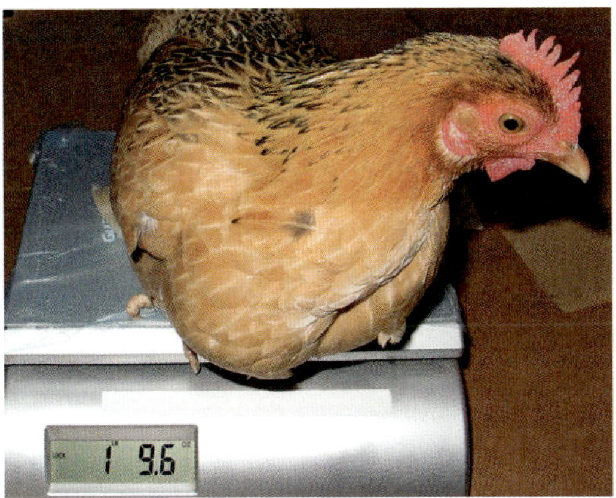

Oben: Benutzen Sie eine kleine Waage, um Ihre Hühner regelmäßig zu wiegen, und notieren Sie das Gewicht für zukünftige Vergleiche. Ein ausgewachsenes Huhn wie diese Serama-Henne sollte ein konstantes Gewicht haben.

Rechts: Diese kolumbianische Wyandotten-Henne hat einen roten Kamm und Kehllappen, klare, feuchte, runde Augen und saubere Nasenlöcher ohne Ausfluss.

hinken, schwer atmen, das Futter meiden, übermäßig trinken, Gewicht verlieren oder sich verstecken. Gehen Sie jeder Abweichung vom normalen Verhalten und Aussehen auf den Grund.

Angenommen, eines Ihrer Hühner verhält sich nicht normal. Was nun? Beginnen Sie mit einer Untersuchung von Kopf bis Fuß nach folgendem Schema:

1. Gewicht: Benutzen Sie eine kleine Waage, um Ihre Hühner regelmäßig zu wiegen, und notieren Sie das Gewicht für zukünftige Vergleiche. Ein ausgewachsenes Huhn sollte ein konstantes Gewicht haben. Gewichtsverlust kann auf Krankheit, Würmer, Kokzidiose, Unterernährung oder Mobbing durch andere Hühner, die den Zugang zum Futter versperren, hinweisen. Gewichtszunahme deutet auf Überfütterung hin, in der Regel durch Leckereien, Snacks und Küchenabfälle.

2. Kämme und Kehllappen: Die Kämme und Kehllappen sollten rot und der Rasse entsprechend ausgebildet sein. Steht der Kamm eines Huhns normalerweise aufrecht, sollte er nicht umgeklappt sein; ist er normalerweise voll oder prall, sollte er nicht faltig und klein sein. Der Kamm und die Kehllappen sollten nicht blass, violett oder aschfarben sein, und auch keine Läsionen oder Schorf aufweisen, die auf Geflügelpocken, Erfrierungen, Pickverletzungen oder eine als Favus bekannte Pilzinfektion hinweisen können. Ein blasser Kamm kann allerdings bei einer brütenden Henne, einem sich mausernden Huhn, sehr kaltem Wetter oder einer Junghenne, die noch nicht mit der Eiablage begonnen hat, normal sein.

3. Augen: Die Augen sollten klar, glänzend, rund und feucht sein. Die Pupillen sollten rund und gleich groß sein und auf Licht reagieren. Die Augen sollten nicht eingesunken, geschwollen oder getrübt sein, keine Krusten, Bläschen, vermehrten Tränenfluss oder anderen Ausfluss aufweisen.

4. Die Nasenlöcher: Die Nasenlöcher eines Huhns sollten sauber und frei von Ausfluss oder Verkrustungen sein.

5. Schnabel: Ein normaler Schnabel ist glatt, hat keine Risse und ist die meiste Zeit geschlossen. Ein offener Schnabel kann auf Stress oder Überhitzung hinweisen. Der Oberkiefer ist etwas länger als der Unterkiefer und sollte direkt darüber ausgerichtet sein. Jede plötzliche Änderung der Stellung ist anormal. Abgeplatzte oder gebrochene Stellen sowie übergroße Schnäbel sollten durch Abschleifen und Feilen wieder in Form gebracht werden. Der Scherenschnabel (auch bekannt als gekreuzter Schnabel) ist eine häufige Verformung, die nicht plötzlich auftritt (siehe Kapitel 5).

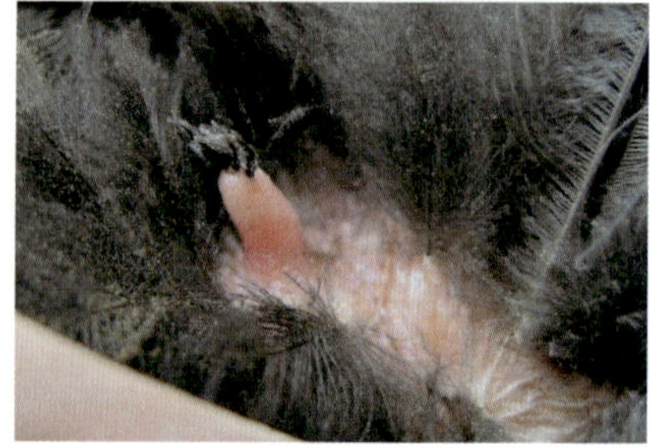

OBEN: An der Stelle, wo der Schwanz auf den Rücken trifft, sollte die Bürzeldrüse nicht verstopft oder geschwollen erscheinen. Die umgebende Haut sollte parasitenfrei sein.

LINKS: Buff-Orpington-Henne. Das Gefieder sollte glänzend sein und der Körperkontur folgen, außer bei Vögeln mit einem genetischen Merkmal für gekräuselte Federn, die herauswachsen und lockig vom Körper abstehen.

6. Die Schnabelhöhle: Es sollte kein Schaum, Ausfluss, Quietschen, Giemen oder erschwertes Atmen auftreten. Das Innere der Schnabelhöhle sollte frei von Belägen, Läsionen und Verfärbungen sein. Geflügelpocken und Schimmelpilzintoxikation sind häufige Ursachen für käsig aussehende Läsionen im Inneren des Schnabels. Der Atem sollte nicht übel riechen, was ein üblicher Indikator für weichen Kropf wäre. Das Gaumendach ist gespalten, und der Spalt im harten Gaumen (die Choanenspalte) sollte frei und nicht verlegt sein.

7. Federkleid: Das Gefieder sollte glänzend sein und der Körperkontur folgen, außer bei Vögeln mit einem genetischen Merkmal für gekräuselte Federn, die herauswachsen und lockig vom Körper abstehen. Gebrochene, blutige oder ausgefranste Federn können auf Verhaltensprobleme in der Herde, Stress, Parasiten, Ernährungsdefizite oder Probleme mit Nagetieren hinweisen. Eine Hochleistungs-Legehenne kann gegen Ende ihres Legezyklus zerzauste Federn haben, bis sie sich mausert. Sie sollten wissen, wie die Mauser aussieht (siehe Kapitel 9), in welchem Alter und welcher Jahreszeit sie auftritt, und wie Stiftfedern aussehen.

8. Haut: Scheiteln Sie die Federn am ganzen Körper, um die Haut zu untersuchen. Diese sollte frei von Milben, Läusen, Maden, Schorf, Risswunden, Knötchen und Prellungen sein.

9. Brust und Kiel: Die Brust sollte fest sein und keine Blasen aufweisen. Der Kiel ist der Knochen zwischen den Brustmuskeln; er sollte gerade sein und nicht hervorstehen (was auf eine Gewichtsabnahme hindeuten kann), aber auch nicht schwer zu fühlen oder mit Fett gepolstert sein.

10. Flügel: Die Flügel eines Huhns sollten keine Schnitte, Schwellungen oder sonstigen Verletzungen aufweisen. Der Achselbereich unter dem Flügel sollte frei von Insekten sein.

11. Bauch (Abdomen): Der Bauch sollte fest, aber nicht hart, geschwollen oder schwammig wie ein Wasserballon sein. Ein abnorm dicker oder harter Bauch kann ein Hinweis auf eine Eidotterperitonitis, Eileiterinfektion, Herzinsuffizienz oder eine Reihe anderer ernstzunehmender Probleme sein, die eine tierärztliche Behandlung erfordern.

12. Bürzeldrüse: Diese sitzt an der Stelle, wo der Schwanz in den Rücken übergeht, und sollte nicht verstopft oder geschwollen sein. Die umgebende Haut sollte frei von Parasiten sein.

13. Kloake: Bei einer Legehenne sollte diese Öffnung sauber und feucht, aber nicht nass sein. Sie sollte weder Schorfbildung, Insektenbefall, Blutungen oder Ausfluss aufweisen noch mit Kot verklebt sein.

14. Beine, Füße und Zehen: Die Schuppen an den Beinen und Füßen eines Huhns sollten glatt und flach anliegen. Erhabene, abschilfernde oder krustig ausse-

Badetag für Hühner: Wann und wie

Hühner halten ihre Hygiene normalerweise durch Staubbaden aufrecht, aber es gibt Zeiten, in denen ein Wasserbad notwendig sein kann. Teilbäder in bestimmten Bereichen sind in der Regel ausreichend, wenn die Federn beispielsweise im Bereich der Kloake mit Kot verschmutzt sind oder eine blutige Verletzung eine Reinigung und Untersuchung erfordert.

Das Baden eines Huhns ist ähnlich wie das Baden eines Säuglings oder eines Hundes - das Wichtigste ist, das Ertrinken zu verhindern und gleichzeitig die Aufgabe mit angemessener Geschwindigkeit zu erledigen. Ich bade meine Hühner gerne in einer Badewanne oder einem Waschbecken mit einer Sprühdüse, aber zwei große Becken oder Eimer reichen auch aus - eines zum Waschen und eines zum Spülen. Legen Sie den Boden der Becken mit einem Handtuch oder einer Gummimatte aus, um ein Ausrutschen zu verhindern, und füllen Sie die Becken mit lauwarmem Wasser.

Halten Sie den Vogel zwischen den Fingern einer Hand und die Flügel sicher gegen den Rücken, um ein Flattern zu verhindern. Lassen Sie den Vogel langsam in das Wasser hinab und weichen Sie das betroffene Gebiet wenn nötig ein, um etwaige Verklebungen und Verschmutzungen zu lösen.

Verwenden Sie keine Produkte wie Spülmittel oder Essig, die das Fett aus den Federn ziehen, die Haut austrocknen und die Federn brüchig machen. Arbeiten Sie eine kleine Menge eines milden Shampoos für Haustiere oder Babys sanft in die Federn und die Haut ein. Mit klarem Wasser gut ausspülen. Machen Sie sich darauf gefasst, dass in Kürze eine extreme Entspannung eintritt; viele Hühner baden so gerne, dass sie einnicken! Halten Sie den Kopf des Huhns über Wasser.

Teilbäder in bestimmten Bereichen sind in der Regel ausreichend, wenn beispielsweise die Federn im Bereich der Kloake mit Kot verschmutzt sind oder eine blutige Verletzung eine Reinigung und Untersuchung erfordert. Dieser Araucana-Hahn war mit einem anderen Hahn aneinander geraten.

Wenn der Vogel sauber ist, drücken Sie das überschüssige Wasser vorsichtig aus den Federn und wickeln Sie ihn sicher in ein großes Handtuch. Bei sehr warmem Wetter kann das Huhn an der Luft trocknen; andernfalls trocknen Sie es mit einem Haartrockner bei geringer Hitze. Die meisten Vögel lieben den gesamten Vorgang!

Desinfizieren Sie die Wannen, wenn Sie fertig sind.

hende Schuppen können auf ein Milbenproblem hindeuten. Die Füße und Beine sollten frei von Schwellungen, Läsionen und Schorf sein. Die Krallen sollten eine angemessene Länge haben und geschnitten oder gefeilt werden, wenn sie das Laufen behindern.

15. Kot: Eine Veränderung der Kotbeschaffenheit ist häufig eines der ersten Anzeichen für ein Gesundheitsproblem. Normaler Hühnerkot umfasst eine breite Palette von Farben und Strukturen, was es schwierig machen kann, unnormalen Kot zu identifizieren.

FAKTEN RUND UM DAS THEMA KOT

Wenn wir begreifen, welchen Weg die Nahrung durch den Körper eines Huhns nimmt, können wir das Endergebnis besser einschätzen. Nahrung und Wasser wandern vom Schnabel durch die Speiseröhre in den Kropf, wo sie gespeichert werden, bevor sie in den Magen (Proventriculus) gelangen. Dort werden der Nahrung Säure und Verdauungsenzyme hinzugefügt, bevor sie in den Muskelmagen (Ventriculus) weitertransportiert wird. Hier wird sie zermahlen und gelangt von dort aus in den Darm.

Die vom Dünndarm abzweigenden Blinddärme absorbieren das in der Nahrung enthaltene Wasser.

DER VERDAUUNGSTRAKT VON HÜHNERN

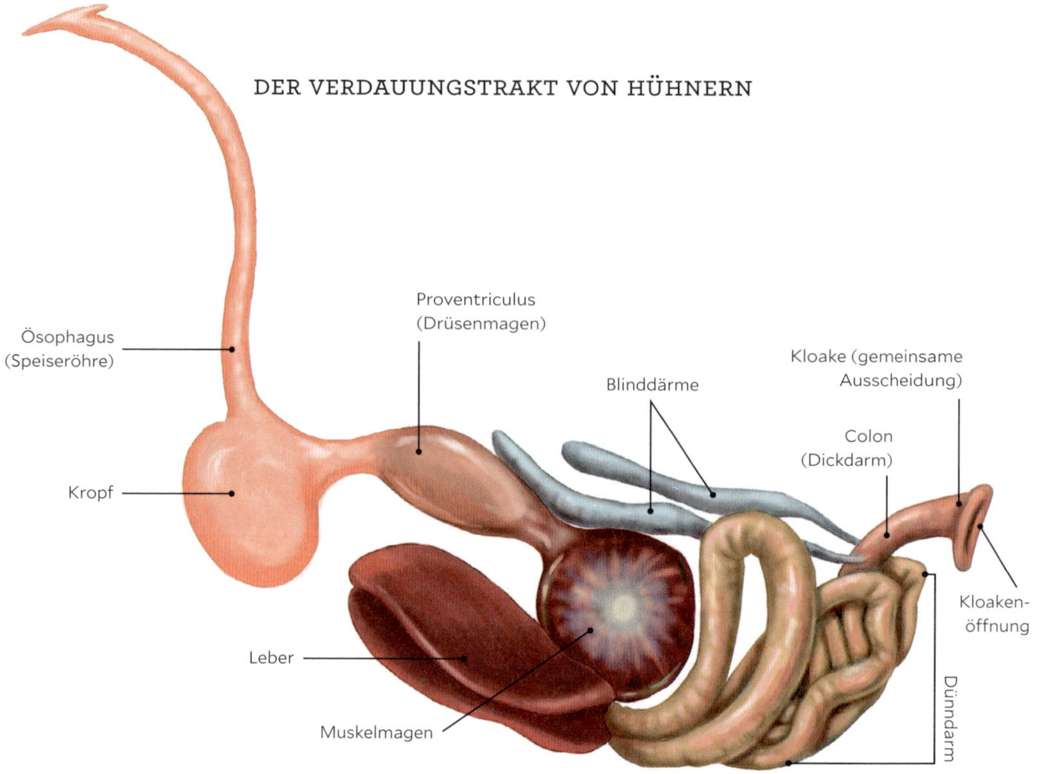

Ösophagus (Speiseröhre)

Kropf

Proventriculus (Drüsenmagen)

Blinddärme

Kloake (gemeinsame Ausscheidung)

Colon (Dickdarm)

Kloaken-öffnung

Leber

Muskelmagen

Dünndarm

NORMALER HÜHNERKOT

Normal

Normaler Blinddarmkot

Normal, nach Rotkohl

Normal, bei 32 °C

Normale morgendliche Kotanhäufung auf dem Kotbrett

UNNORMALER HÜHNERKOT

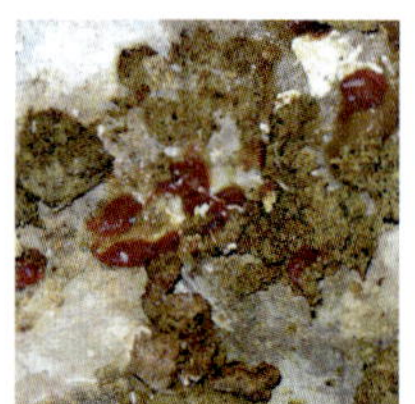

Beispiele für unnormalen Hühnerkot.

Der Blinddarmkot wird im Verdauungstrakt nicht weiter abgebaut, sondern mehrmals täglich entleert. Er ähnelt einem wirklich ekligen und stinkenden Pudding und seine Farbe reicht von gelb bis schwarz.

Die letzte Station im Verdauungstrakt ist die Kloake. Hier verbinden sich die im Darm gebildeten Abfallprodukte mit dem Urin. Da Hühner keine Blase haben, scheiden sie die Abfallprodukte des Harnsystems in Form von Harnsäure aus, die als weiße Kappe oben auf dem Kot erscheint. Diese Abfallprodukte verlassen den Körper durch die Kloake (ebenso wie die Eier).

Ungewöhnliche Exkremente können auf Krankheiten oder Parasiten hinweisen oder durch irgendetwas im Futter verursacht werden. Zu viel Eiweiß im Futter kann zu Durchfall führen. Die Aufnahme großer Wassermengen verursacht wässrigen Kot, was nur bei heißem Wetter normal ist. Schwarze Sonnenblumenkerne können zu einer Schwarzfärbung, und Rotkohl zu einer Blaufärbung des Kotes führen.

Eine brütende Henne verlässt ihr Nest nur ein- oder zweimal am Tag, um sich zu erleichtern, anstatt ein Dutzend oder mehr Toilettenpausen über den Tag verteilt zu machen. Folglich sind die abgesetzten Kotmengen geradezu gigantisch.

Das gelegentliche Auftreten von rosa Gewebestückchen im Kot einer erwachsenen Henne ist normalerweise die Folge der regulären Erneuerung der Darmschleimhaut, aber Blut im Kot ist nie normal. Gelber, schaumiger, fettig aussehender, wässriger oder dunkelgrüner Kot ist immer unnormal und sollte auf Parasiten getestet werden (siehe Kapitel 8).

KRALLEN UND SPORNE SCHNEIDEN

Die Krallen von Hühnern und Hähnen sind den Nägeln von Menschen und Hunden ähnlich, da sie immer weiter wachsen und gepflegt werden müssen. Hühner in Hobbyhaltung können ihre Krallen normalerweise durch ihre täglichen Aktivitäten kurz halten. Einige Hühner hingegen sind dazu nicht in der Lage, sei es aufgrund ungünstiger anatomischer Gegebenheiten oder weil sie auf Drahtböden oder weicher Einstreu gehalten werden. In solchen Fällen ist ein Beschneiden, Kürzen oder Feilen erforderlich, um Lahmheiten oder Verletzungen zu vermeiden.

Die grundlegenden Werkzeuge, die für die Krallenpflege benötigt werden, sind Alaunsteinpulver, Papierhandtücher, eine Nagelfeile und eine Krallenschere für Hunde – entweder ein Guillotine- oder ein Zangenschneider mit Schutzvorrichtung.

Die Krallen von Hühnern enthalten Adern, die bluten, wenn eine Kralle zu stark gekürzt wird. Schneiden Sie immer vorsichtig, um eine Verletzung der Blutgefäße zu vermeiden, und halten Sie Alaunsteinpulver griffbereit.

Ich schneide gerne die Krallen, wenn die Hühner nachts auf der Stange schlafen. Ich trage dabei eine preiswerte Stirnlampe und bitte eine zweite Person, den Vogel zu halten. Man hält den Fuß fest in einer Hand und schneidet ein Viertel bis ein Drittel der Krallenlänge ab. Blutet es, tauchen Sie die Kralle sofort in Alaunsteinpulver und üben Sie mit einem Papiertuch leichten Druck aus, bis die Blutung aufhört. Feilen Sie alle scharfen oder gezackten Kanten ab.

Sporne sind hornartige, knöcherne Fortsätze, die aus der rückwärtigen Seite des Unterschenkels eines Hahns wachsen. Sie dienen zur persönlichen Verteidigung und zum Schutz der Herde. Stellen Sie sich den Sporn wie einen Daumen vor, der vollständig von einem dicken, scharfen Fingernagel bedeckt ist. Die Sporne eines Hahns wachsen genauso weiter wie seine Krallen und können, wenn sie nicht kontrolliert werden, seine Gehfähigkeit beeinträchtigen. Zudem kann er damit sich selbst, aber auch andere verletzen. Gekürzte und stumpfe Sporne sind für alle sicherer. Auch einigen Hennen können Sporne wachsen. Seien Sie also nicht überrascht, wenn auch eine Ihrer älteren Hennen einen Spornschnitt benötigt!

Um eine angemessene Länge beizubehalten, kann die Kappe des Sporns abgeschnitten oder entfernt werden, ein Vorgang, der als Entkappen bezeichnet wird. Ich entkappe die Sporne meiner Hähne nicht, denn wenn die harte äußere Schicht des Spornes entfernt wird, kann das freiliegende Knochengewebe bluten, und es ist bei Berührung schmerzhaft und infektionsanfällig. Es ist so ähnlich, als würde man vom eigenen Finger den Nagel abreißen. Ich kann mich einfach nicht mit diesem Verfahren anfreunden.

Beim Beschneiden der Sporne gilt dasselbe wie für Krallen: Halten Sie sich vom lebenden Gewebe unter der Spornkappe fern, schneiden Sie vorsichtig nur das

Bestimmte Rassen, wie Dorkings und Seidenhühner wie Freida (oben), haben zusätzliche Zehen, die in die verschiedensten Richtungen wachsen, was es den Vögeln unmöglich macht, die Krallen kurz zu halten. In solchen Fällen müssen die Krallen regelmäßig geschnitten werden.

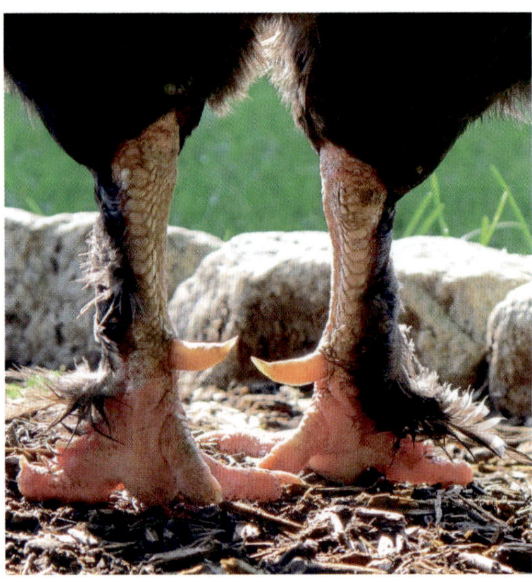

Sporne sind hornartige, knöcherne Fortsätze, die zur persönlichen Verteidigung und zum Schutz der Herde dienen.

erste Viertel bis zu einem Drittel des vorstehenden Gewebes mit einer sehr scharfen, großen Hundekrallenschere ab und feilen Sie alle scharfen Kanten ab. Die Spornkappen werden wieder nachwachsen.

Vorbereitungen für zukünftige Krankheiten und Verletzungen

Die meisten von uns verbringen viel Zeit damit, sich auf die Ankunft der ersten Hühner vorzubereiten, aber nur wenige von uns machen sich Gedanken darüber, wie wir mit schweren Krankheiten oder Verletzungen umgehen sollen. Nichts lässt einen Hühnerhalter sich machtloser fühlen, als nicht zu wissen, wie man einem Mitglied der Herde in Not helfen kann. Aber eine gute Vorbereitung kann die ohnehin schwierige Zeit etwas einfacher machen. Planen Sie eine Krankenstation, bevor sie benötigt wird, und halten Sie Erste-Hilfe-Material bereit.

KRANKENSTATION

Eine Krankenstation für Hühner sollte in einem warmen, ruhigen, räubersicheren Bereich abseits der Herde gelegen sein, der eine häufige Beobachtung des Patienten ermöglicht. Ein kleiner Kaninchenstall oder eine zusammenfaltbare Hundehütte eignen sich gut und erlauben eine ausgezeichnete Sicht. Es können auch Bereiche für Futter und Wasser darin eingerichtet werden. Sie sollte mit Einstreu wie z. B. Kiefernholzspänen oder weichen Handtüchern ausgekleidet und groß genug sein, damit das Huhn aufstehen und sich darin umdrehen kann. Außerdem sollte es einen Bereich fernab von Futter und Wasser geben, in dem sich das Huhn erleichtern kann.

ERSTE-HILFE-SET

Zusätzlich zu einer Krankenstation sollten Sie einen Erste-Hilfe-Kasten für Hühner bereithalten. Ein Plastikbehälter mit Deckel eignet sich hervorragend für die Aufbewahrung der Utensilien. Bewahren Sie den Erste-Hilfe-Kasten nicht im Hühnerstall auf, da ext-

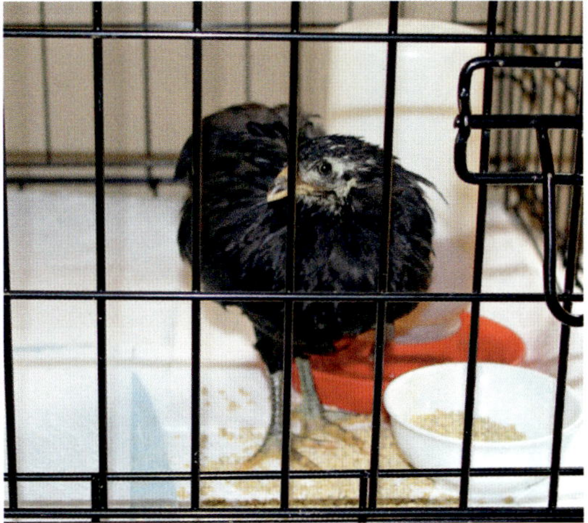

Planen Sie eine Hühnerkrankenstation ein – einen Raum in einem warmen, ruhigen, räubersicheren Bereich, der von der Herde entfernt liegt. Petey ist ein Araucana-Hähnchen.

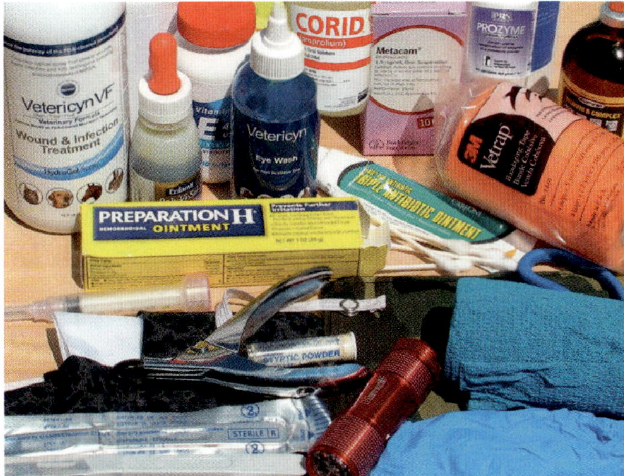

Bewahren Sie keine Erste-Hilfe-Utensilien im Hühnerstall auf – extreme Temperaturen beeinträchtigen und verringern die Wirksamkeit vieler Produkte.

reme Temperaturen die Wirksamkeit vieler Produkte beeinträchtigen und verringern. Folgende Artikel sollten Sie vorrätig haben:

- Vitamine und Elektrolyte (gegen Schock und Austrocknung)
- Pipettenflasche oder Spritze (für die manuelle Zufuhr von Wasser, Medikamenten und Flüssignahrung)
- Pulverisierte Babynahrung für Vögel (für die Fütterung von Hand)
- Bittersalz (zum Einweichen einiger Verletzungen)
- Nicht klebende Mullbinden
- VetRap® – selbstklebende Verbände (für Spreizbein und Wundverbände)
- Einweghandschuhe
- Pinzette
- Krallenschere für Hunde (zum Beschneiden von Schnäbeln, Spornen und Krallen)
- Blutungsstillendes Pulver (für blutende Krallen und Schnäbel), z. B. Alaunsteinpulver
- Antibiotische Salbe
- Sekundenkleber (für Schnabelbrüche)
- LED-Stirn- oder Taschenlampe
- Vetericyn® Geflügel-Pflegespray (für Wunden)
- Aspirin® (*kein* Baby-Aspirin®)
- Hühnersattel (für Hennen mit Federverlust durch übermäßig häufige Paarung)
- ProZyme®-Pulver (verdauungsfördernde und ernährungsphysiologische Unterstützung für kranke Hühner; ¼ Teelöffel auf 1 Tasse Futter streuen)
- Alte Handtücher (zur Beruhigung eines Huhns während eines Eingriffs und als Einstreuersatz für sehr kranke Vögel)
- Telefonnummern des Tierarztes, des Geflügelgesundheitsdienstes und des staatlichen Veterinäruntersuchungsamtes

KAPITEL 8

Gesunderhaltung Teil 2:

BEHANDLUNG VERLETZTER UND KRANKER HÜHNER

EGAL, WIE AUFMERKSAM WIR ALS HÜHNERHALTER sind oder wie gut wir unsere Hühner halten, in jeder Herde werden irgendwann Gesundheitsprobleme auftreten.

Serama-Hahn und -Henne Caesar und Portia.

Was in einer Gesundheitskrise zu tun ist

Anstatt eine entmutigende Liste von Geflügelkrankheiten und den damit verbundenen Symptomen abzuarbeiten, ist es meiner Meinung nach hilfreicher, Sie mit den Maßnahmen vertraut zu machen, die während einer Gesundheitskrise zu ergreifen sind. Ich möchte Ihnen aufzeigen, was Sie selbst bei einigen häufig auftretenden Erkrankungen machen können, wenn keine tierärztliche Hilfe zu bekommen ist.

ISOLATION

Bei kranken oder verletzten Hühnern ist die erste entscheidende Maßnahme, sie in Sicherheit zu bringen. Die Absonderung schützt das Tier vor anderen Herdenmitgliedern und die Herde vor einer möglichen Ansteckung. Das betroffene Huhn kann unter Schock stehen, Angst haben oder verwirrt sein, wenn man sich ihm nähert. Das lockere, aber sichere Einwickeln in ein großes Handtuch kann helfen, den Vogel zu beruhigen, und Verletzungen während des Transports zu vermeiden. Bringen Sie ihn dann in Ihre speziell dafür vorgesehene Krankenstation (siehe Kapitel 7, »Krankenstation«).

FLÜSSIGKEITSZUFUHR

Sorgen Sie für eine ausreichende Flüssigkeitszufuhr, auch wenn das bedeutet, dass Sie dem Huhn häufig Wasser mit einer Spritze oder einer Pipette anbieten müssen. Wasser ist an jedem Aspekt des Stoffwechsels eines Huhns beteiligt, und wenn es ausgetrocknet ist, hat es keine Chance auf Genesung. Die Zugabe von Elektrolyten zum Trinkwasser über ein oder zwei Tage kann bei Austrocknung, Schock oder Hitzestress helfen.

KEINE VERÄNDERUNGEN

Wenn das Huhn normal frisst und trinkt, ändern Sie nichts an seiner Ernährung, indem Sie ihm Futter oder Ergänzungsmittel anbieten, die es normalerweise nicht bekommt. Dies kann die Beurteilung erschweren und den Zustand eines kranken Huhns genauso verschlimmern wie eine wahllose Verab-

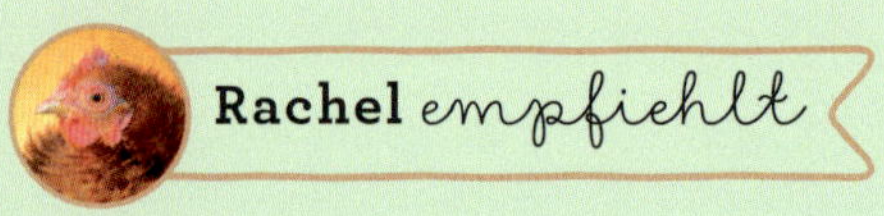

KEINE FARBSTOFFE! Ich empfehle aus verschiedenen Gründen keine Antiseptika auf Alkoholbasis oder solche mit blauen, violetten oder roten Farbstoffen. Erstens brennt ein Antiseptikum auf Alkoholbasis wie Feuer in einer Wunde. Zweitens verhindert das Einfärben von Haut und Federn eines Huhns entgegen der landläufigen Meinung *weder* weitere Verletzungen durch Herdenmitglieder *noch* Kannibalismus. Hühner können sehr gut Farben sehen, und wenn überhaupt, dann *lenkt* die Farbe die Aufmerksamkeit auf die Wunde. Verletzte Hühner sollten immer bis zur vollständigen Heilung isoliert und nicht wie ein Osterei gefärbt und dann unter Kannibalen sich selbst überlassen werden. Schließlich erschweren färbende Inhaltsstoffe eines Antiseptikums die Wahrnehmung eines der ersten Anzeichen einer Infektion: Rötung. Versuchen Sie es mit sanfteren und wirksameren Wundpflegeprodukten, die für die Verwendung bei lebensmittelliefernden Tieren zugelassen sind.

Doc Brown ist eine Polnische Weißhauben-Henne.

Wenn das Huhn normal frisst und trinkt, ändern Sie nichts an seiner Ernährung, indem Sie ihm Futter oder Ergänzungsmittel anbieten, die es normalerweise nicht bekommt. Marilyn Monroe ist eine weiße Orpington-Henne.

Sobald der Flüssigkeitshaushalt wieder im Lot ist, kann das Huhn, wenn es immer noch nicht selbstständig frisst, mit einem Löffel, einer Pipette oder einer Spritze mit Flüssignahrung gefüttert werden.

reichung von Medikamenten. Versuchen Sie, nicht in Panik zu geraten und sich gezwungen zu fühlen, *irgendetwas* zu tun. Behandeln Sie nicht mit Medikamenten oder irgendwelchen »Naturheilmitteln«, wie z. B. Wurmkuren, Antibiotika, Joghurt, Knoblauch, Essig, Melasse oder Kräutern. Wenn pflanzliche oder andere Nahrungsergänzungsmittel nicht bereits Teil der üblichen Ration eines Huhns waren, sollten sie während einer Krankheit nicht angeboten werden. Sie können *nach* der Genesung am Aufbau eines gesunden Immunsystems arbeiten. Bekommt ein krankes Huhn die falschen Medikamente, kann sich nicht nur sein Zustand verschlimmern, sondern es können sich auch resistente Stämme von Krankheitserregern entwickeln.

Sobald der Flüssigkeitshaushalt wieder im Lot ist, kann das Huhn, wenn es immer noch nicht selbstständig frisst, mit einem Löffel, einer Pipette oder einer Spritze mit Flüssignahrung gefüttert werden.

Küken- oder Legehennenfutter kann mit warmem Wasser zu einem Brei verrührt werden. Die direkte Eingabe in den Kropf mithilfe eines Schlauches ist möglich, bedarf aber einer entsprechenden Anleitung. Die Geflügeltierärztin Dr. Annika McKillop empfiehlt ProZyme®, das die Verdauung fördert, indem es die Nährstoffe im Futter für kranke Vögel besser bioverfügbar macht. Fügen Sie ¼ Teelöffel pro 1 Tasse Futter hinzu.

Äußerliche Verletzungen und Beschwerden

Die häufigsten Verletzungen, die in Hobby-Hühnerhaltungen auftreten, entstehen durch miteinander kämpfende oder sich gegenseitig pickende Hühner, sowie durch Angriffe von Raubtieren (siehe Kapitel 3) und Haustieren der Familie. Es ist entscheidend, dass man die Ruhe bewahrt, wenn man ein verletztes Huhn entdeckt. Weiß man außerdem, was zu tun ist, ist es einfacher, gelassen zu bleiben. Ergreifen Sie bei einer äußeren Verletzung die nachstehenden Maßnahmen:

Die Blutung unter Kontrolle bringen: Wann immer möglich, sollten Sie bei der Behandlung eines blutenden Huhns Handschuhe tragen. Üben Sie mit einem sauberen Handtuch, Gaze oder einem Papiertuch festen und gleichmäßigen Druck auf die blutende Verletzung aus, bis die Blutung zum Stillstand kommt. Blutungsstillender Puder kann auf oberflächliche Wunden aufgetragen und dort belassen werden, bis die Blutung stoppt.

Beurteilen und reinigen: Verletzungen erscheinen oft viel schlimmer, als sie eigentlich sind, bis man die Blutung kontrolliert und den Bereich gereinigt hat. Federn verdecken oft die Wunden, und das Baden des Vogels kann das Auffinden von Verletzungen erleichtern. Zur Reinigung kann Wasser mit Betadine®, 2-prozentiges Chlorhexidin-Spray, Wasserstoffperoxid oder Vetericyn®-Geflügelpflegespray verwendet werden. Bei sehr tiefen oder schmutzigen Wunden spülen Sie diese mithilfe einer Spritze mit 2 %iger Chlorhexidin-Lösung oder einer frisch angemischten Dakin-Lösung. Diese wird durch Zugabe von 1 Esslöffel Bleichmittel und 1 Teelöffel Backpulver auf 4 Liter Wasser hergestellt und sollte täglich frisch angesetzt werden.

Halten Sie die Wunde sauber, während sich der Vogel erholt.

Ich selbst verwende zwei- oder dreimal täglich Vetericyn®-Spray, bis die Verletzung abgeheilt ist, aber stattdessen kann auch eine dreifach-antibiotische Salbe benutzt werden. Beobachten Sie den Wundbereich auf Anzeichen einer Infektion wie Rötung und Schwellung. Wenn Antibiotika notwendig erscheinen, wenden Sie sich an Ihren Tierarzt oder den Geflügelgesundheitsdienst, um weitere Informationen zu erhalten.

Schmerzkontrolle: Ihre unglückliche Lage am unteren Ende der natürlichen Nahrungskette verlangt den Hühnern ein stoisches Verhalten ab, wenn sie krank oder verletzt sind, um keine unerwünschte Aufmerksamkeit zu erregen. Verwechseln Sie diesen Stoizismus nicht mit einem Mangel an Schmerzen – Hühner *fühlen* Schmerzen! Wenn keine inneren Verletzungen vorliegen, können Sie dem Huhn für maximal 3 Tage eine Aspirin®-Trinkwasserlösung im Verhältnis von 5 Aspirin®-Tabletten (325 mg insgesamt) auf 4 Liter Wasser anbieten. Meloxicam 1,5 mg/ml orale Lösung – ein für Hühner sicherer Entzündungshemmer – wird ebenfalls häufig verwendet, muss aber von einem Tierarzt unter Angabe der Dosierung und der Wartezeit für die Eier verschrieben werden. Wie Gail Damerow in *The Chicken Health Handbook* schreibt, entspricht die Wartezeit der empfohlenen Mindestzahl von Tagen, die ab dem Zeitpunkt verstreichen muss, an dem ein Huhn kein Medikament mehr erhält. Erst dann sind die in den Eiern oder im Fleisch verbliebenen Medikamentenreste auf ein Niveau gesunken, das nach den Standards des USDA (Landwirtschaftsministerium der USA, Anm. d. Verlags) als sicher für den menschlichen Verzehr gilt.

BALLENABSZESS/BALLENGESCHWÜR

Wenn die Haut an der Unterseite eines Hühnerfußes verletzt ist, können Bakterien eindringen und eine Infektion verursachen, die auch als Ballenabszess oder Ballengeschwür bezeichnet wird. Der infizierte Fuß ist in der Regel rot und geschwollen, und der Ballen zwischen den Zehen ist mit einem dunklen Schorf bedeckt. Es kann den Anschein erwecken, als hätte der Vogel eine große Murmel unter der Haut.

Häufige Ursachen: Solche Verletzungen können von Splittern oder wiederholten, harten Landungen auf den Schlafplätzen herrühren, insbesondere bei schweren Rassen und fettleibigen Hühnern. Meine bescheidene Meinung ist, dass Ballenabszesse meist auf kleine Schnitte oder Schrammen zurückzuführen sind, die beim normalen Kratzen und Herumlaufen entstehen. Ein hinkendes Huhn sollte auf Ballengeschwüre untersucht werden. Unbehandelt können schwere Fälle auf das umliegende Gewebe und die Knochen übergreifen.

Behandlung: Durch regelmäßige Untersuchungen der Füße aller Hühner einer Herde kann man eine Infektion zum frühestmöglichen Zeitpunkt feststellen.

Die Behandlung ist schmerzhaft und zeitaufwändig und kann sich ohne Mitwirkung eines Tier-

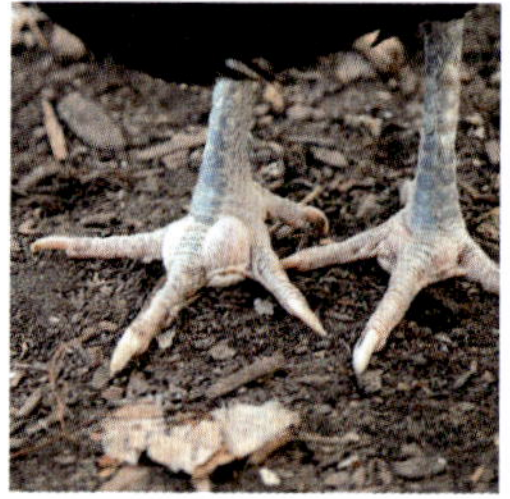
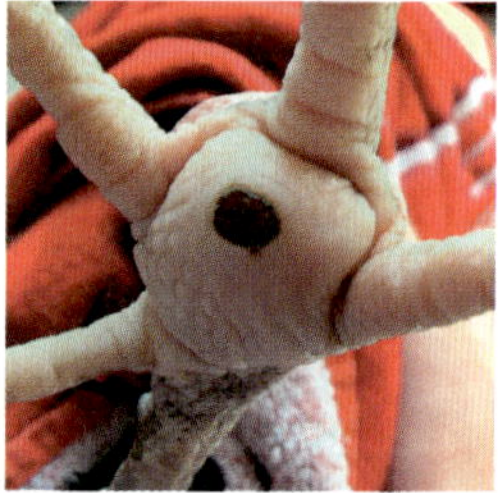

Ist die Haut an der Unterseite eines Hühnerfußes beschädigt, können Bakterien eindringen und eine Infektion verursachen, die auch als Ballenabszess oder Ballengeschwür bezeichnet wird. Der infizierte Fuß ist in der Regel rot und geschwollen mit einem dunklen Schorf auf dem Ballen zwischen den Zehen. Es kann so aussehen, als hätte der Vogel eine große Murmel unter der Haut.

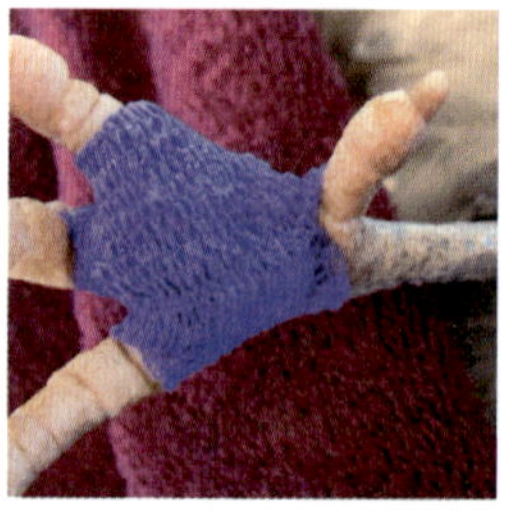

Hartnäckige oder fortgeschrittene Ballengeschwüre müssen chirurgisch behandelt werden. Dieser Abszess wurde aus dem bandagierten Fuß entfernt.

arztes schwierig gestalten. Stellen Sie sicher, dass die Schlafplätze frei von Splittern und weniger als 50 Zentimeter vom Boden entfernt sind. Die Einstreu sollte trocken und sauber sein; Sand ist nicht so gastfreundlich für Bakterien wie andere Einstreutypen und trocknet den Kot aus, sodass die Füße sauber und trocken bleiben.

Sehr leichte Fälle von Ballengeschwüren können behandelt werden, indem man den Fuß in warmem Wasser und Betadine® einweicht und den Schorf entfernt. Danach sprüht man Vetericyn®-Spray auf den Abszess, deckt diesen mit Antihaftgaze ab und verbindet den Fuß mit VetRap®. Das Vetericyn®-Spray wird zwei- oder dreimal täglich aufgetragen und der Fuß anschließend jedes Mal neu bandagiert, bis er vollkommen abgeheilt ist. Hartnäckige oder fortgeschrittene Fälle müssen chirurgisch versorgt werden.

Hinweis: Nachstehend gebe ich keinen professionellen tierärztlichen Rat ab. Ich teile mit Ihnen lediglich meine persönlichen Erfahrungen als Hobby-Hühnerhalterin, weil ich weiß, dass ansonsten so manches Huhn aufgrund der fehlenden tierärztlichen Versorgung leiden oder verenden könnte. Im Idealfall wird ein Huhn mit Ballengeschwüren von einem Tierarzt behandelt, was in der Regel eine Operation bedeutet. Ein Tierarzt würde eine Vollnarkose oder eine lokale Betäubung vornehmen, dies sind aber keine Optionen für zu Hause. Die Entfernung eines Ballenabszesses im häuslichen Rahmen ist für ein Huhn eine äußerst schmerzhafte Angelegenheit, auch wenn Hühner normalerweise keine Schmerzen zeigen. So unangenehm die Prozedur auch ist, bin ich mir doch immer bewusst, dass die Alternativen anhaltende Schmerzen, eine gefährliche Infektion oder ein früher Tod sind. Die Durchführung ist nicht kompliziert oder technisch anspruchsvoll, kann aber emotional belastend sein. Ich nehme den Eingriff in der Nähe des Spülbeckens vor, wo helles Licht, genügend Platz und frisches Wasser zur Verfügung stehen.

Vor Beginn verabreiche ich Meloxicam oral gegen Schmerzen und Entzündungen.

Dann suche ich mir folgende Dinge zusammen: große Handtücher, Operationshandschuhe, Betadine®, eine Nagelbürste, VetRap®, ein 10er-Skalpell, Papiertücher, nichthaftende Gaze und Vetericyn®-Spray oder eine dreifache antibiotische Salbe. Ich desinfiziere das Waschbecken mit einer Bleichwasserlösung und benutze sterile Instrumente. Menschen können sich mit Staphylokokken infizieren. Tragen Sie also Handschuhe!

Zuerst weiche ich den betroffenen Fuß in warmem Wasser und Betadine® ein und schrubbe ihn, um ihn zu säubern und das Gewebe aufzuweichen. Dann sprühe ich den Fuß mit Vetericyn® ein. Anschließend wickle ich den Vogel locker in ein Handtuch, wobei ich seinen Kopf und seine Augen abdecke, aber für genügend Luft zum Atmen sorge. Ich lege ihn mit dem Rücken auf die Arbeitsfläche, wobei der betroffene Fuß zu mir zeigt. Lassen Sie das Huhn von einem Helfer sanft und sicher an seinem Platz halten. Es kann beruhigend sein, während der gesamten Prozedur mit dem Huhn zu sprechen.

Das Ziel ist, das Zentrum des Abszesses bzw. des toten Gewebes zu lokalisieren. Dieses besteht aus getrocknetem Eiter, der wie ein wachsartiges, getrocknetes Maiskorn aussieht. Das gesunde Gewebe im Inneren des Fußes ist biegsam und rosa. Ein fester Kern ist nicht immer vorhanden. In diesem Fall manifestiert sich die Infektion in Form von kleinen glitschigen, fadenförmigen, weiß-gelblichen Gewebestückchen, die sich nur sehr schwer entfernen lassen.

Schneiden Sie mit einem Skalpell am Rand des Schorfes gerade nach unten in den Fußballen. Der Schorf haftet oft fest am Abszess, sodass man beides mithilfe eines trockenen Papiertuches herausziehen kann. Es tritt zwar meist etwas Blut aus, aber keine furchterregenden Mengen. Das Abtupfen des Blutes mit Papiertüchern erleichtert die Sicht auf den Operationsbereich.

Sprühen Sie während des gesamten Eingriffs immer wieder Vetericyn® auf die betroffene Stelle.

Nachdem das Zentrum des Geschwürs lokalisiert und entfernt wurde, weichen Sie den Fuß in einem desinfizierten Waschbecken oder einer Schüssel mit einer frischen Betadine®-Wasserlösung ein. Massieren Sie das Fußpolster sanft und drücken Sie es zusammen, um eventuell verbliebenes totes Gewebe zu lösen. Wenn der Fuß trocken ist, sprühen Sie wieder Vetericyn® auf den Bereich und wickeln Sie das Huhn erneut ein. Oft ist es erforderlich, den Fuß mehrmals im Wechsel zu massieren und zu spülen, um das gesamte tote Gewebe zu entfernen. In Fällen, in denen kein abgegrenztes Abszesszentrum vorliegt, kann es besonders schwierig sein zu entscheiden, wann man die Prozedur beendet.

Tragen Sie großzügig Vetericyn® oder eine dreifache antibiotische Salbe auf die offene Wunde auf und legen Sie ein 5×5 Zentimeter großes Quadrat nicht-klebende Gaze auf die Wunde. Falten Sie die vier Ecken des Mulls zur Mitte des Quadrats hin, sodass ein kleineres Quadrat entsteht, das etwas Druck auf den Bereich ausübt, um etwaige Nachblutungen oder Sekretabsonderungen zu stoppen. Binden Sie dann den Fuß sicher mit VetRap® ein, wobei darauf zu achten ist, dass man nicht so fest wickelt, dass die Durchblutung behindert wird.

Ein 12 Zentimeter breiter Streifen VetRap®, der längs in drei oder vier schmalere Stücke geschnitten wird, reicht normalerweise aus. Halten Sie den ersten VetRap®-Streifen in einer Hand, und ziehen Sie ihn mit der anderen Hand beginnend an der Oberseite des Fußes über die Gaze, dann um die Zehen herum und zwischen ihnen hindurch. Wiederholen Sie dies mit den restlichen zwei oder drei Streifen und beenden Sie die Wickelung am Knöchel.

Belassen Sie den VetRap®-Verband für 24 bis 48 Stunden an Ort und Stelle und entfernen Sie ihn dann, um die Wunde zu beurteilen. Wenn die Gaze an der Wunde festklebt, lösen Sie sie durch Einweichen in warmem Wasser. Untersuchen Sie den Fuß auf Rötung, Schwellung, üblen Geruch, rote Streifen am Fuß oder Bein und nässende Absonderungen. Diese Symptome können auf eine Sekundärinfektion hinweisen, die den Einsatz von Antibiotika erfordert. Wenn der Fuß gut zu heilen scheint, legen Sie 7 bis 10 Tage lang alle 48 Stunden einen neuen Verband an, bis sich ein neuer und besserer Schorf bildet.

SCHNABELVERLETZUNGEN UND WIEDERHERSTELLUNG

Ein normaler Schnabel besteht aus zwei Hälften, dem Ober- und dem Unterkiefer. Jede Hälfte besteht aus Knochen und ist ähnlich einem menschlichen Fingernagel mit einer harten Keratinschicht bedeckt. Der Oberkiefer ist etwas länger als der Unterkiefer. Auf einer Länge von ungefähr zwei Dritteln führen die Kiefer unter der harten, äußeren Schicht ein Netzwerk von Blutgefäßen und Nerven. Dadurch sind Verletzungen in diesem Bereich sehr schmerzhaft und potenziell lebensbedrohlich. Die Schnabelspitze eines Huhns enthält keine Blutgefäße und Nervenenden. Untersuchen Sie das Innere des Schnabels, um festzustellen, wo das lebende Gewebe endet.

Häufige Ursachen: Hühnerschnäbel wachsen während des gesamten Lebens des Vogels weiter und müssen genauso wie Fingernägel gepflegt werden. Hühner behalten die Form und Länge ihres Schnabels bei, indem sie ihn an abrasiven Oberflächen wetzen. Der Schnabel dient nicht nur zur Futter- und Wasseraufnahme, sondern auch zum Greifen, Erforschen und Graben, sowie zur Gefiederpflege und Kommunikation. Im Rahmen all dieser Aktivitäten können Verletzungen im Schnabel-

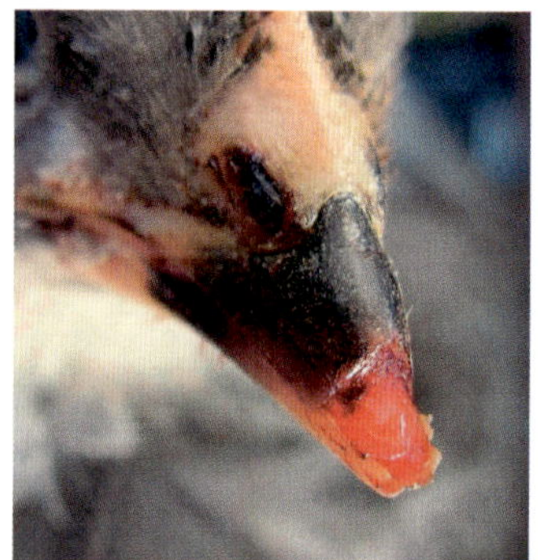

Verletzungen des Schnabels können von einer einfachen Absplitterung bis hin zu einem Bruch oder der teilweisen oder vollständigen Ablösung des Schnabels von den darunter liegenden Strukturen reichen. Eine massive Schnabelverletzung ist nicht nur unglaublich schmerzhaft, sondern kann auch die normale Futter- und Wasseraufnahme verhindern. Kleinere Risse erfordern möglicherweise keine Behandlung, aber schwerere Verletzungen müssen stabilisiert werden, damit der Schnabel richtig ausgerichtet bleibt, bis die Läsion herausgewachsen ist.

Sorgfältiges regelmäßiges Feilen oder Beschneiden der toten Teile der Schnabelspitzen ermöglicht eine einwandfreie Funktion des Schnabels.

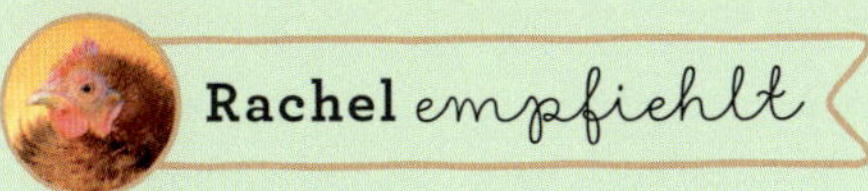

SCHNABELPFLEGE Hühner, die aufgrund genetischer Ursachen oder Verletzungen die Länge ihres Schnabels nicht erhalten können, werden irgendwann Schwierigkeiten beim Fressen und Trinken haben. Durch sorgfältiges regelmäßiges Entfernen der toten Teile der Schnabelspitzen mit einer Krallenschere für Hunde oder einer Feile wird eine einwandfreie Funktion des Schnabels ermöglicht. Achten Sie beim Beschneiden eines krummen Schnabels sorgfältig darauf, wo die Blutversorgung im Schnabel beginnt, um eine starke Blutung zu vermeiden. Halten Sie auch immer Alaunsteinpulver griffbereit.

Diese Behandlung ist nicht mit dem Kürzen des Schnabels zu verwechseln, einer dauerhaften und schmerzhaften Teilamputation des Schnabels, die in der kommerziellen Geflügelindustrie routinemäßig durchgeführt wird, um Kannibalismus in beengten Haltungsbedingungen zu verhindern.

bereich auftreten. In meiner Herde verzeichne ich im Durchschnitt einmal im Jahr eine Schnabelverletzung.

Die Verletzungen können von einer einfachen Absplitterung bis hin zu einem Bruch oder der teilweisen bis vollständigen Ablösung des Schnabels von den darunterliegenden Strukturen reichen. Eine schwerwiegende Schnabelverletzung ist nicht nur unglaublich schmerzhaft, sondern kann auch die normale Futter- und Wasseraufnahme behindern. Kleinere Risse erfordern nicht unbedingt eine Behandlung, aber schwerere Verletzungen müssen stabilisiert werden, damit der Schnabel richtig ausgerichtet bleibt, bis die Schädigung vollständig herausgewachsen ist.

Behandlung: Gebrochene Schnäbel, die sehr schmutzig oder infiziert sind, sollten nie verschlossen werden – das kontaminierte Gewebe muss offen bleiben, damit es gereinigt und versorgt werden und Sekret abfließen kann. Ist das darunter liegende Gewebe verletzt, darf es ebenfalls nicht versiegelt werden.

Ist ein Stück vom Schnabel abgeplatzt, reinigen Sie das freiliegende Gewebe mit einem nicht brennenden Wundpflegemittel wie Vetericyn®-Spray. Dann feilen Sie die gezackten Ränder ab und isolieren das Huhn von den anderen, bis sich ein sichtbares Ersatzgewebe gebildet hat.

Die Reparatur eines kleinen Risses ist relativ einfach.

Bereiten Sie die Reparatur vor, indem Sie folgende Dinge zurecht legen: zwei Handtücher, einen Teebeutel, eine Schere, Vetericyn®-Spray, eine Pinzette, Sekundenkleber, ein Wattestäbchen, eine Nagelfeile und Papiertücher. Wickeln Sie den Vogel in ein großes Handtuch im Tortilla-Stil ein, wobei die Flügel bequem anliegen und die Füße bedeckt sind. Legen Sie ein zweites, kleineres Handtuch locker über seine Augen, damit er nicht verrückt spielt, wenn man sich dem Schnabel nähert. Reinigen Sie das freiliegende Gewebe sanft, aber gründlich mit Vetericyn®, und lassen Sie es vollständig trocknen. Schneiden Sie ein Stück aus einem leeren Teebeutel, um den Riss damit abzudecken und zu überbrücken.

Halten Sie dieses Pflaster mit einer Pinzette fest und geben Sie einen Tropfen Sekundenkleber darauf. Falls erforderlich, reponieren Sie die abgebrochenen Schnabelstücke in der richtigen Position. Platzieren Sie nun das Klebepflaster über dem Riss. Lassen Sie es trocknen und tragen Sie dann mit einem Wattestäbchen eine sehr dünne Schicht Sekundenkleber auf. Nach dem Aushärten des Klebers feilen Sie die rauen Kanten mit einer Nagelfeile vorsichtig ab. Beachten Sie, dass Sekundenkleber sparsam verwendet werden sollte, da die Dämpfe für Vögel reizend sein können. Lassen Sie den Kleber niemals auslaufen oder heraustropfen.

Schwerere Verletzungen erfordern möglicherweise eine professionelle Versorgung. Fehlt ein Teil eines Schnabels, üben Sie Druck auf den Bereich aus, um den Blutverlust einzudämmen, bis ein Tierarzt hinzugezogen werden kann. Vogelspezialisten können Schienen und Schnabelprothesen aus Acryl anfertigen, sind aber rar gesät.

Innere Verletzungen und Beschwerden

Spricht ein verletztes Huhn nicht auf die Behandlung an oder verschlechtert sich sein Zustand, besteht der Verdacht auf eine Infektion und/oder innere Verletzungen. Wenden Sie sich an einen Tierarzt oder an den Geflügelgesundheitsdienst, um die Behandlungsmöglichkeiten abzuklären.

LEGENOT

Kranke Hühner schonen ihre Ressourcen zur Bekämpfung von Krankheiten, indem sie ihren Dienst an der Eierproduktionsfront quittieren. Hühnerhalter gehen oft fälschlicherweise davon aus, dass eine kranke Henne, die in der letzten Zeit kein Ei gelegt hat, an Legenot leiden muss – dass also ein Ei in ihrem Eileiter feststeckt. Natürlich sollten Sie bei der Untersuchung eines kranken Huhns auch Legenot in Erwägung ziehen, allerdings kommt diese nicht so häufig vor wie angenommen.

Mögliche Symptome einer Legenot sind: pinguinähnliche Haltung, verminderte Aktivität, zitternde Flügel, abdominales Pressen, häufiges Sitzen in unnormaler Haltung, feuchter Kot (oder fehlender Kotabsatz), schlaffer und/oder blasser Kamm und Kehllappen, und natürlich das permanente Vorhandensein eines Eis im Eileiter bei der Untersuchung. Dieser lebensbedrohliche Zustand muss schnell behandelt werden, vorzugsweise von einem erfahrenen Geflügeltierarzt. Bei Legenot besteht das Risiko eines Uterusvorfalls, einer Schädigung des Eileiters, einer Blutung und einer Infektion mit möglicher Todesfolge. Wird das Ei nicht innerhalb von 24 bis 48 Stunden gelegt, überlebt die Henne dies i. d. R. nicht.

Häufige Ursachen: Dazu zählen: Kalzium- oder ein anderer Nährstoffmangel, Fettleibigkeit, die Passage eines übergroßen Eis und eine Eileiterinfektion. Der Beginn der Eiablage vor der vollständigen körperlichen Ausreifung aufgrund ungünstiger Lichtverhältnisse ist ein weiterer ursächlicher Faktor. Sie können das Risiko für Legenot senken, indem Sie sicherstellen, dass die Hennen mindestens 8 Stunden pro Tag in völliger Dunkelheit leben (keine Nachtbeleuchtung im Stall!) und ein ausgewogenes Legehennenfutter verfüttern.

Bieten Sie zusätzlich Austernschalen in einem speziellen Trichter an und beschränken Sie die Gabe von Leckereien auf nicht mehr als 5 Prozent des täglichen Futters, insbesondere bei heißem Wetter.

Behandlung: Ein Tierarzt würde einer Henne mit Legenot intravenös Flüssigkeit und Kalzium verabreichen. Wenn diese Möglichkeit fehlt, bieten Sie Vitamine und Elektrolyte über das Trinkwasser an, oder auch flüssiges Kalzium, sofern vorhanden. Ist die Henne zu schwach zum Trinken, zwingen Sie sie nicht dazu.

Baden Sie die Henne 15 bis 20 Minuten lang in warmem Wasser. Damit haben Sie nicht nur etwas zu tun, sondern bringen die Henne vielleicht auch dazu, sich etwas zu entspannen, sodass sie das Ei leichter absetzen kann. Es kann nicht schaden und könnte helfen. Trocknen Sie das Gefieder nach dem Bad mit einem Föhn bei niedriger Hitze. Das Auftragen von K-Y-Gel (wasserlösliches Gleitmittel, Anm. d. Verlags) auf die Kloake kann helfen, diese zu befeuchten, um den Durchgang des Eis zu erleichtern. Massieren Sie *auf keinen Fall* die Kloake, den Unterleib oder den Eileiter – das Ei kann

Ein mögliches Symptom bei Legenot ist eine pinguinähnliche Haltung, wie sie bei Helen, einer Ostereier-Legehenne, die ein Ei in ihrer Kloake stecken hatte, zu beobachten ist. Kurz nach der Aufnahme konnte sie das Ei ohne weitere Hilfe legen.

Ein Vorfall der Kloake tritt auf, wenn der Teil des Eileiters der Henne, der für den Transport eines Eis aus dem Körper verantwortlich ist, nach der Eiablage nicht in die normale Position innerhalb des Körpers zurückkehrt.

Der Kropf ist ein kleiner Sack zur Futterspeicherung, der in gefülltem Zustand leicht rechts vom Brustbein eines Huhns am unteren Ende des Halses zu fühlen ist. Der volle Kropf dieses Showgirl-Kükens ist sichtbar, während es das Gefieder wechselt.

Zwingen Sie ein Huhn *niemals* dazu, den Inhalt eines weichen Kropfes zu erbrechen, indem Sie es auf den Kopf stellen. Dadurch wird die Pilzinfektion nicht geheilt, und diese Aktion kann den Vogel umbringen.

zerbrechen, den Eileiter verletzen und die Henne kann dabei sterben.

Wenn die Henne das Ei nicht legen kann, wird sie sterben. Es muss entfernt werden, aber die manuelle Entfernung ist selbst für einen Tierarzt sehr riskant. Ist das Ei sichtbar, kann der Inhalt mit einer Spritze und einer 18-Gauge-Nadel entleert werden. Danach wird die Schale sehr vorsichtig zerdrückt. Das Ziel ist, dass die Schalenteile dabei noch an der Eihülle anhaften. Alle Fragmente sollten nach der Entfernung der Blockade nach außen befördert werden.

Unterstützen Sie die Henne weiterhin mit Flüssigkeit, Wärme und Elektrolyten und halten Sie sie isoliert. Geben Sie ihr nicht mehr als 8 Stunden Licht pro Tag, damit sie keine Eier legt und der Eileiter regenerieren kann.

KLOAKENVORFALL

Auch bekannt als Eileitervorfall. Dieser tritt auf, wenn der Teil des Eileiters der Henne, der für das Herausführen des Eis aus dem Körper verantwortlich ist, nicht in die normale Position im Körper zurückkehrt. Im Frühstadium ist eine Behandlung oft noch möglich. Bei einem Kloakenvorfall besteht die Gefahr eines Schocks, ebenso wie eines Rezidivs nach der Genesung. Manchmal wird ein betroffenes Huhn auch von den anderen Herdenmitgliedern totgepickt.

Häufige Ursachen: Zu den Risikofaktoren zählen Junghennen, die vorzeitig mit der Eiablage beginnen, übergroße Eier, Übergewicht und falsche Ernährung (insbesondere ein Kalziummangel). Auch das Zurückhalten von Kot über einen langen Zeitraum (wie bei brütenden Hennen) führt zu Stress und Dehnung der Kloake.

Behandlung: Isolieren Sie das Huhn, reinigen Sie sorgfältig das hervorstehende Gewebe (ich verwende Vetericyn®-Spray) und reponieren Sie das Gewebe vorsichtig mit einem behandschuhten Finger. Tragen Sie eine entzündungshemmende Creme, wie z. B. Hydrokortison, auf die Kloake auf (Hämorrhoidensalbe galt früher als Mittel der Wahl, wird aber inzwischen für diese Erkrankung nicht mehr als angemessen angesehen). Bieten Sie ein paar Tage lang Elektrolyte an, um die Fähigkeit des Uterus, sich ordnungsgemäß zusammenzuziehen, wiederherzustellen. Wenn das Gewebe durch Picken verletzt oder sehr verschmutzt ist, können Antibiotika notwendig sein. Unterstützen Sie die Henne weiterhin mit Flüssigkeit, Wärme und Elektrolyten. Halten Sie sie von der Herde isoliert und geben Sie ihr nicht mehr als 8 Stunden Licht pro Tag, damit sie keine Eier legt und der Eileiter regenerieren kann.

KROPFANSCHOPPUNG

Als ich zum ersten Mal den Kropf bei einem Huhn fühlte, war ich mir sicher, dass meine Henne einen Tumor hat. Der Kropf ist wie ein kleiner Beutel zur Aufbewahrung von Futter. Im gefüllten Zustand ist er leicht rechts vom Brustbein einer Henne am unteren Ende ihres Halses zu spüren. Pickt ein Huhn Futter mit dem Schnabel auf, drückt die Zunge die Nahrung in die Speiseröhre. Von dort aus gelangt sie in den Kropf, wo sie mit Speichel befeuchtet wird und dann nach und nach in den Magen (Proventriculus) gelangt.

Häufige Ursachen: Ein normaler Kropf fühlt sich nach dem Fressen eines Vogels geschwollen und leicht fest an, schrumpft aber während des Verdauungsvorganges wieder zusammen. Wenn Sie sich fragen, ob sich der Kropf richtig entleert, nehmen Sie nach Sonnenuntergang das Futter und Wasser heraus und überprüfen Sie den Kropf gleich morgens, wenn er leer sein sollte. Fühlt er sich voll oder matschig an, kann dies bedeuten, dass Nahrung oder anderes faseriges Material, wie z. B. Stroh, im Inneren stecken geblieben ist. Dieser Zustand wird als Kropfanschoppung bezeichnet.

Behandlung: Mineralöl klingt zwar nach einer wirksamen Behandlung, ist bei Kropfanschoppung aber tatsächlich nicht sehr hilfreich. Etwas warmes Wasser zusammen mit einer sanften Massage des Kropfes mehrmals am Tag kann helfen, die Masse aufzulösen, aber oft ist eine Operation erforderlich, um das angeschoppte Material zu entfernen. Obwohl es möglich ist, dieses Verfahren zu Hause durchzuführen, sollte es nur versucht werden, wenn kein Tierarzt verfügbar und der Tod die einzige Alternative ist.

WEICHER KROPF (KROPFMYKOSE)

Weicher Kropf, auch bekannt als Soor, Kropfmykose oder Hefepilzinfektion, wird durch einen Pilz verursacht. Zwingen Sie den Vogel niemals dazu, den Inhalt eines weichen Kropfes herauszuwürgen, indem Sie ihn auf den Kopf stellen, da Sie damit die Pilzinfektion nicht heilen und diese Aktion den Vogel töten kann.

Häufige Ursache: Das Vorliegen von Hefepilzen in einem nicht ordnungsgemäß entleerten Kropf.

Behandlung: Gail Damerow empfiehlt in ihrem hoch angesehenen Buch *The Chicken Health Handbook*, das Huhn zu isolieren und den Kropf mit einer Lösung aus 1 Teelöffel Bittersalz in ½ Tasse Wasser zu spülen. Gießen oder spritzen Sie die Lösung zweimal täglich für 2 bis 3 Tage in den Rachen des Vogels, wobei darauf zu achten ist, dass sie nicht in die Atemwege des Vogels gelangt.

Die Pilzinfektion kann mit ½ Teelöffel Kupfersulfat (Blausteinpulver) auf 4 Liter Wasser behandelt werden. Geben Sie diese Mischung fünf Tage lang jeden zweiten Tag als einzige Trinkwasserquelle und wiederholen Sie dies monatlich. Verwenden Sie dafür keine Tränken aus Metall.

Beachten Sie, dass eine Überdosis Kupfersulfat für Hühner giftig ist. Um eine Überdosierung zu vermeiden, bereiten Sie zunächst eine Lösung vor, indem Sie ½ Pfund Kupfersulfat plus ½ Tasse Essig in 2 Litern Wasser mischen. Kennzeichnen Sie diesen Behälter deutlich als Ihre Vorratslösung. Geben Sie 1 Esslöffel von dieser Stammlösung auf 4 Liter Trinkwasser.

Spülen Sie zuerst den Verdauungstrakt des Vogels mit Bittersalz wie oben beschrieben. Dann füttern Sie wie üblich, während Sie die Stammlösung zur Behandlung des Trinkwassers verwenden, bis die Infektion unter Kontrolle ist. Vermeiden Sie während dieser Zeit die Gabe von Antibiotika, da dies den Zustand verschlimmern würde. Als Folgemaßnahme kann Nystatin® als orales Antimykotikum hilfreich sein, ebenso wie ein Probiotikum zur Wiederherstellung der normalen Kropfbakterien.

HÄNGENDER KROPF

Ein Kropf, der seine Fähigkeit verloren hat, im Leerzustand auf seine normale Größe zu schrumpfen, wird als »hängend« bezeichnet, weil er beim Laufen vor dem Vogel hin und her schwingt. Diese Erkrankung kann zu Austrocknung, Unterernährung, Gewichtsverlust und schließlich zum Tod führen. Da sich ein hängender Kropf nicht vollständig entleert, kommt es im Inneren zur Gärung von Futter und Wasser. Dies führt zu Infektionen, am häufigsten mit Hefepilzen (auch bekannt als Candida).

Häufige Ursachen: Eine genetische Beteiligung wird weithin vermutet; daher sollte mit an hängendem Kropf erkrankten Vögeln nicht gezüchtet werden. Fortgeschrittenes Alter sowie die maßlose Aufnahme von Futter und Wasser stellen prädisponierende Faktoren dar.

Weiterhin kann auch eine Blockade oder Verengung im weiteren Verlauf des Verdauungstraktes ursächlich sein. Man kann nicht viel tun, um das Auftreten eines hängenden Kropfes zu verhindern, aber sein Fortschreiten kann aufgehalten werden.

Behandlung: Sorgen Sie für regelmäßigen Zugang zu sauberem Wasser und frischem Futter, um Fressorgien zu vermeiden, und überwachen Sie die Größe des Kropfes. Aus 10 Zentimeter breiten Streifen VetRap® kann eine Bandage gefertigt werden, um den Kropf sanft und gleichmäßig zu unterstützen. Achten Sie auf das Auftreten von weichem Kropf und behandeln Sie bei Bedarf wie oben angegeben. Das Gewicht des Huhns, der Kot sowie die Futter- und Wasseraufnahme sollten genau überwacht werden. Wenn das Huhn weiter an Gewicht verliert oder seine Augen eingesunken sind, ist es ausgetrocknet und unterernährt, und es ist an der Zeit, die Tötung des Tieres in Betracht zu ziehen (siehe »Entscheidungen über das Lebensende« auf Seite 110).

Ektoparasiten: Läuse und Milben

Milben und Geflügelläuse sind ein natürlicher Bestandteil jedes Hinterhofes – sie reisen auf Vögeln, Nagetieren und anderen Tieren. Wenn Ihre Hühner von Ektoparasiten befallen werden, bedeutet das nicht, dass Sie Ihren Stall nicht sauber halten, sondern dass Ihre Hühner ein großartiges Leben in der freien Natur führen!

Es ist nicht unbedingt erforderlich, jede Art von Ektoparasiten zu kennen, aber es ist notwendig, einen Befall zu erkennen und zu wissen, wie man ihn behandelt. Kontrollieren Sie jedes Huhn regelmäßig, um einen Befall frühzeitig zu erkennen. Häufige Anzeichen für Ektoparasiten sind: verschmutzte Federn im Bereich der Kloake, verminderte Aktivität oder Lustlosigkeit, ein blasser Kamm, Appetitveränderungen, ein Rückgang der Legeleistung, Gewichtsverlust, übermäßiges Putzen, kahle Stellen, Rötungen oder Schorf auf der Haut, stumpfes und struppiges Gefieder und krabbelnde Viecher auf der Haut oder Nissen auf den Federn eines Huhns.

Gute Biosicherheitsmaßnahmen (siehe Kapitel 7), häufige Kontrollen der Herde und ausreichender Zugang zu trockener Erde oder Sand zum Staubbaden sind ausreichende Präventivmaßnahmen. Die Zugabe von Kieselgur zum Staubbad empfehle ich nicht. Sie können sich natürlich an duftenden Kräutern erfreuen, die innerhalb oder außerhalb des Stalles verteilt oder gepflanzt werden, aber seien Sie sich bewusst, dass frische oder getrocknete Kräuter Milben oder Läuse *nicht* abschrecken.

MILBEN UND GEFLÜGELLÄUSE

Die beiden häufigsten Kategorien von Ektoparasiten bei Hühnern sind Milben und Geflügelläuse. Milben können auch den Menschen befallen und ihn beißen, was zu leichten Hautreizungen und dem dringenden Wunsch sich zu kratzen führt, aber sie können nicht auf dem Menschen leben. Geflügelläuse sind andere Parasiten als menschliche Kopfläuse (man kann sich also nicht bei Hühnern mit Läusen anstecken).

Milben können grau, dunkelbraun oder rötlich gefärbt sein und sind oft nach Einbruch der Dunkelheit entlang der Federschäfte und unter den Schlafplätzen zu sehen. Ein starker Befall kann zu Anämie und Tod führen. Die beiden häufigsten Milben sind die Rote Vogelmilbe (Hühnermilbe) und die Nordische Vogelmilbe. Rote Vogelmilben verstecken sich im Stall in dunklen Ritzen und Spalten, unter den Stangen und in den Nestboxen, von wo aus sie sich nachts hinauswagen, um bei den Hühnern Blut zu saugen. Die Nordischen Vogelmilben hingegen leben auf dem Vogel. Sie halten sich meist auf dem Kopf von Schopfhühnern und im Bereich der Kloake auf, wo sie Hautschäden und Schorfbildung verursachen.

Geflügelläuse sind schnell bewegliche, sechsbeinige, flache, beige oder strohfarbene Insekten, die typischerweise am Ansatz der Federschäfte im Bereich der Kloake zu finden sind. Die Läuse leben auf dem Vogel und ernähren sich von abgestorbener Haut und anderen Abfallprodukten wie z. B. Federkielhülsen. Scheitelt man

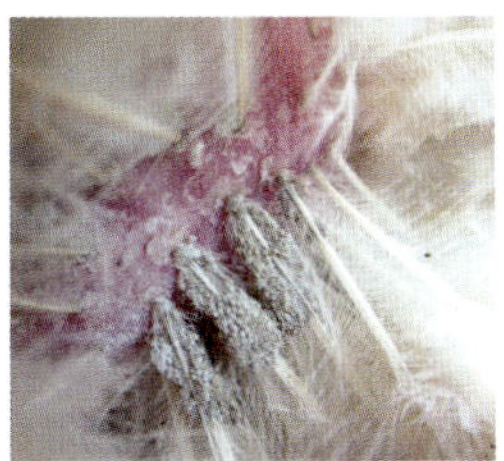
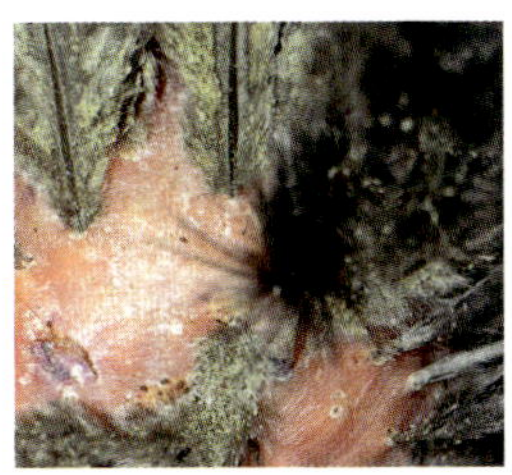
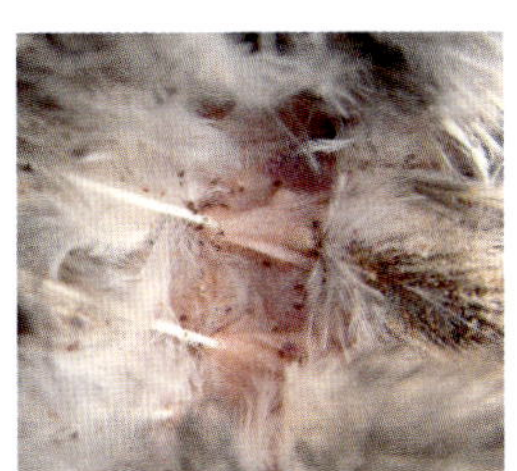
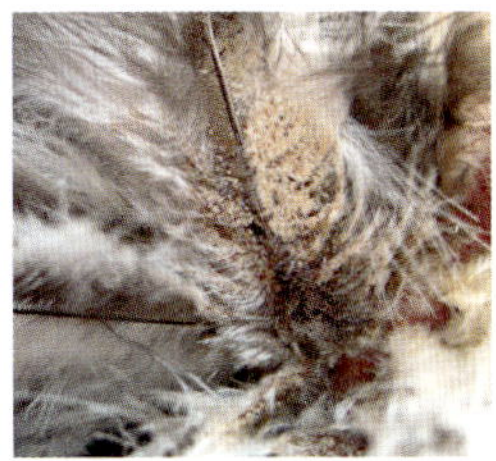

Wenn Ihre Hühner von Ektoparasiten befallen werden, bedeutet das nicht, dass Sie Ihren Stall nicht sauber halten, sondern dass Ihre Hühner ein großartiges Leben in der freien Natur führen!

die Federn in der Nähe der Kloake, um sie auf Parasiten zu untersuchen, kann man die Läuse oft kurz sehen, wie sie davonhuschen. Die Läuseeier (Nissen) werden am Ansatz der Federschäfte abgelegt.

Behandlung: Wenn auch nur bei einem einzigen Huhn Milben oder Läuse gefunden werden, müssen der gesamte Bestand und der Stall behandelt werden. Es gibt viele verschiedene Produkte mit unterschiedlicher Wirksamkeit und Sicherheit, die zur Ausrottung von Ektoparasiten eingesetzt werden, darunter Elector® PSP, Garten- und Geflügelpulver mit Permethrin, Pyrethrumpulver, Badezusätze und Shampoos gegen Flöhe für Hunde sowie Ivermectin.

Mithilfe von Stirnlampen und einem Partner an Ihrer Seite ist es am einfachsten, die Vögel zu behandeln, wenn sie nach Einbruch der Dunkelheit schlafen gegangen sind. Wenn Sie ein Pulverprodukt verwenden, tragen Sie eine Atemschutzmaske und einen Augenschutz. Pudern Sie jedes Huhn unter den Flügeln und im Bereich der Kloake mit einer Puderdose oder einem Nylonstrumpf als Puderquaste ein.

Endlich eine sichere und wirksame Art der Parasitenbehandlung

Nachdem ich in meiner Herde viele verschiedene Möglichkeiten ausprobiert habe, ist meine bevorzugte Behandlungsmethode bei Milben und Läusen nun der Einsatz von Elector® PSP. Meiner Ansicht nach ist es das wirksamste, sicherste und einfachste Produkt, und es hat keine Wartezeit für Eier.

Sein aktiver Bestandteil ist Spinosad, ein Produkt der Fermentation von *Saccharopolyspora*-Bakterien. Elector® wird in einer Menge von 9 Milliliter pro 4 Liter Wasser verdünnt und auf die Kloakenfedern und bei Schopfhühnern auch auf die Köpfe gesprüht. Im Stall werden alle Oberflächen eingesprüht, unabhängig davon, ob sich die Hühner im Stall befinden oder nicht. Eine Wiederholung der Behandlung ist nicht erforderlich, da das Produkt mehrere Wochen lang wirkt. Es kann einen Tag oder länger dauern, bis sich Ergebnisse zeigen, weil das Mittel das Nervensystem der Insekten stimuliert und sie so erregt, dass sie schließlich absterben.

Die meisten Produkte (außer Elector® PSP) töten nur ausgewachsene Insekten. Daher muss die Behandlung nach der ersten Anwendung zweimal im Abstand von 7 Tagen wiederholt werden, um die seit der ersten Behandlung geschlüpften Parasiten zu töten. Der Stall muss gereinigt und ebenfalls behandelt werden, wobei die Nester und Schlafplätze besonders zu beachten sind. Rufen Sie den Geflügel-Gesundheitsdienst an, um die in Ihrer Gegend häufig vorkommenden Parasiten, die Behandlungsempfehlungen und eventuelle Wartezeiten zu erfragen.

BEINMILBEN

Beinmilben (*Knemidocoptes mutans*) sind mikroskopisch kleine Insekten, die unter den Schuppen auf den Unterschenkeln und Füßen eines Huhns leben. Sie graben winzige Tunnel unter der Haut, fressen Gewebe und lagern auf ihren Wegen Dreck ab. Das Ergebnis? Dicke, schuppige, verkrustete Füße und Beine. Je länger sich die Milben unter den Beinschuppen aufhalten, desto mehr Unbehagen und Schäden verursachen sie.

Ein unkontrollierter Befall kann zu Schmerzen, Missbildungen, Lahmheit und Zehenverlust führen. Beinmilben verbreiten sich leicht von Vogel zu Vogel, deshalb sollten betroffene Hühner während der Behandlung isoliert und der Stall gründlich gereinigt und mit einem Insektizid behandelt werden.

Behandlung: Die Behandlung der Beinmilben beginnt mit dem Einweichen der Füße und Beine in warmem Wasser. Sie werden dann sanft mit einem Handtuch abgetrocknet und lose Schuppen werden gelöst. Als Nächstes werden die Füße und Beine in Lein-, Mineral-, Oliven- oder Pflanzenöl getaucht. Dadurch werden die Milben erstickt. Wischen Sie das Öl wieder ab und schmieren Sie die betroffenen Stellen mit Vaseline ein. Wenden Sie die Vaseline mehrmals wöchentlich an, bis sich die betroffenen Stellen wieder normalisieren. Die Behandlung leichter bis mittelschwerer Fälle kann mehrere Monate dauern.

Eine andere Behandlungsmethode, die ich bevorzuge, ist sicher, schnell und effektiv. Sie wird von Dr. Michael Darre empfohlen, einem Professor für Geflügel und Spezialist für den landwirtschaftlichen Beratungsdienst des Departements an der Universität von Connecticut. Die größte Herausforderung bei der Behandlung von

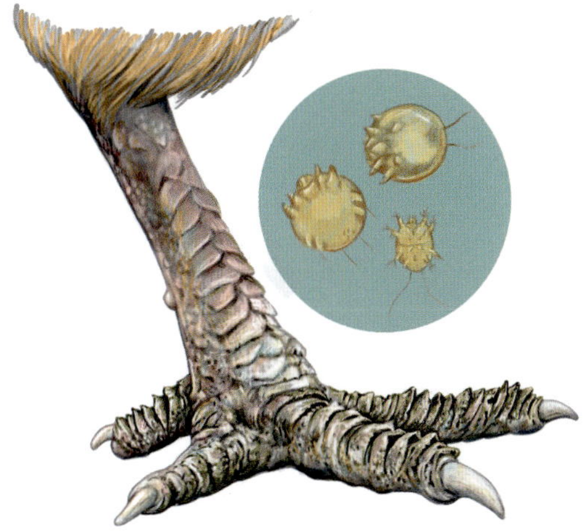

Beinmilben.

Beinmilben ist die Abtötung der Nissen, die unter den Beinschuppen leben. Selbst Behandlungen, die mehrere Wochen dauern, töten oft nicht alle Nissen ab, und das Problem verschwindet nie.

Dr. Darre rät, die betroffenen Beine in einen Behälter mit Benzin zu tauchen. Das Benzin dringt in die Schuppen ein, tötet die Milben und erstickt die Nissen.

Reiben oder bürsten Sie das Benzin nicht ein, sondern *tauchen* Sie die Beine darin ein. Lassen Sie die Beine trocknen und reiben Sie sie dann mit A&D-Salbe (eine Salbe, die die Vitamine A und D enthält, Anm. d. Verlags) ein, um die Schuppen aufzuweichen und die Heilung zu fördern. Tragen Sie am zweiten Tag nur die A&D-Salbe auf. Am dritten Tag wiederholen Sie das Benzinbad und die Salbenbehandlung, womit die Behandlung dann abgeschlossen ist.

Endoparasiten

Wenn Ihnen die Ausführungen zu den Milben und Läusen noch nicht den Rest gegeben haben, dann werden die folgenden Informationen zu den Endoparasiten es auf jeden Fall tun.

WÜRMER

Die Diskussion über Krabbelviecher bei Hühnern wäre nicht vollständig, wenn nicht auch die Würmer angesprochen würden. Ob, wann und wie man Hühner in Hobbyhaltung entwurmt, ist für ihre Halter eine wichtige Frage.

Wie wir die Wurmkontrolle in unserer Hühnerschar angehen, ist zwar eine Frage der persönlichen Philosophie, aber wir brauchen einen Rahmen, in dem man eine solche entwickeln kann. Das Thema ist kompliziert, aber den meisten von uns reichen die wesentlichen Grundlagen: wie Hühner Würmer bekommen, wie man einem Wurmbefall vorbeugt bzw. wie man ihn erkennt, und wie man Hühner bei Bedarf gegen Würmer behandelt. Lassen Sie uns also über die Grundlagen sprechen!

Häufige Ursachen: Hühner nehmen Würmer oft mit Futter oder Wasser auf, das mit dem infizierten Kot eines anderen Vogels verunreinigt ist. Eine andere Möglichkeit ist die Aufnahme von Wurmeiern, die in einem Zwischenwirt transportiert werden, wie z. B. Regenwürmern, Schnecken, Heuschrecken und Fliegen. Ein Wurmbefall stellt nicht immer ein Problem dar; ein gesundes Huhn kann eine gewisse Wurmlast in seinem Verdauungstrakt bewältigen. Wenn aber das Immunsystem durch Stress oder Krankheit belastet ist, kann der Wurmbefall zu einer unzumutbaren Belastung werden, die der Vogel nicht mehr bewältigen kann.

Wie man einen Wurmbefall erkennt: Mögliche Symptome eines Wurmbefalls sind: Würmer in den Eiern, anormale Exkremente (Durchfall, schaumiges Aussehen usw.), Gewichtsverlust, blasse Kämme/Kehllappen, Lustlosigkeit, verschmutzte Federn im Bereich der Kloake, Würmer im Kot oder Rachen, Keuchen, Kopfstrecken und Schütteln, verminderte Legeleistung und plötzlicher Tod.

Besteht bei Vögeln der Verdacht auf einen Wurmbefall, wird idealerweise eine Kotprobe zum Tierarzt gebracht. Verwenden Sie zur Entnahme der Probe eine saubere Plastiktüte, die wie ein Handschuh über die Hand gestülpt wird. Nehmen Sie mehrere verschiedene Proben auf, drehen Sie den Beutel dann mit der rechten Seite nach außen und verschließen Sie ihn. Ein paar Esslöffel voll sind ausreichend. Der Test wird zeigen, ob ein Problem vorliegt, wie ernst es ist, und welche Arten von Parasiten beteiligt sind. Der Test ist relativ kostengünstig, und alle Tierärzte führen ihn routinemäßig durch. Fällt der Test positiv aus, besprechen Sie die Behandlungsmöglichkeiten mit Ihrem Tierarzt oder dem Berater des Geflügelgesundheitsdienstes. Nicht alle Entwurmungsmittel behandeln alle Arten von Würmern, daher ist es wichtig zu wissen, welche Art von Würmern Ihr Huhn hat.

Ein gesundes Huhn wie diese Serama-Henne namens Portia kann einen mäßigen Wurmbefall in seinem Verdauungstrakt bewältigen, aber wenn das Immunsystem durch Stress oder Krankheit belastet ist, kann er zu einer unzumutbaren Belastung werden, mit der das Huhn nicht mehr fertig wird.

Behandlung: Bei der Auswahl einer Wurmkur sollten Sie sich vergewissern, wozu das Produkt tatsächlich fähig ist. Es ist ein großer Unterschied zwischen einem Produkt, das einem Wurmbefall *vorbeugt*, und einem Produkt, das einen Wurmbefall *beseitigt*. Ein falsch gegebenes Mittel zur Vorbeugung schadet einem gesunden Huhn weniger als ein falsch gegebenes Präparat zur Behandlung eines vermeintlich an einem Wurmbefall erkrankten Huhns.

Die Dres. Annika McKillop, Mike Petrik und Michael Darre schlagen vor, Hühner in Hobbyhaltung mindestens zweimal pro Jahr auf Würmer zu untersuchen: einmal im Herbst und einmal im Frühjahr. Um zu verhindern, dass sich Resistenzen entwickeln, sollten zwei oder drei verschiedene Produkte im Wechsel gegeben werden, d. h. Produkt A im Herbst, Produkt B im Frühjahr und Produkt C im darauf folgenden Herbst. Jedes Mal, wenn ein Huhn einen Wurmbefall hat oder bei Verdacht auf Wurmbefall behandelt wird, sollten immer auch alle anderen Mitglieder der Herde behandelt werden. Die meisten Wurmkuren wirken, indem sie die ausgewachsenen Würmer im Verdauungstrakt lähmen, sodass diese dann mit dem Kot ausgeschieden werden.

Wurmarten und ihre Behandlung: Hobby-Hühnerhalter müssen sich nur um einige wenige Arten von Würmern kümmern: Spulwürmer, Fadenwürmer, Blinddarmwürmer, Luftröhrenwürmer und Bandwürmer.

- **Spulwürmer *(Ascaridia galli)*:** Diese Würmer können den Dünndarm beschädigen und verlegen und so die Aufnahme von Nährstoffen verhindern. Spulwürmer können im Kot oder – schlimmer noch – in den Eiern (Hilfe!) auftreten. Das Mittel der Wahl ist Piperazin (Markenname z. B. Wazine-17®), das allerdings nicht vom USDA für Legehennen zugelassen ist, die Eier für den menschlichen Verzehr produzieren. Die Dosierung beträgt 28 Gramm pro 4 Liter Wasser als einzige Trinkwasserquelle für 1 Tag. Die Behandlung wird zweimal im Abstand von 7 Tagen wiederholt (insgesamt drei Behandlungen über 14 Tage). Die empfohlene Wartezeit für Eier beträgt 17 Tage. Laut Dr. Michael Darre »werden Sie nach der Entwurmung Spulwürmer auf dem Boden sehen, wenn ein Spulwurmbefall vorlag. Aber auch, wenn Sie keine sehen, schadet es den Vögeln sowieso nicht, sie zu entwurmen.«

Spulwürmer können den Dünndarm beschädigen und verlegen, sodass das Huhn keine Nährstoffe mehr absorbieren kann.

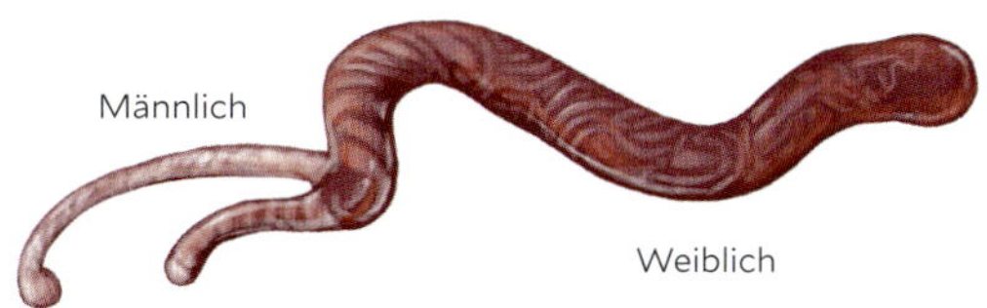

Luftröhrenwürmer treten bei Hühnern in Hobbyhaltung nicht allzu häufig auf. Bei einem Befall öffnen die Hühner oft den Schnabel, strecken den Hals, keuchen, husten oder schütteln den Kopf, um die Würmer loszuwerden. Dieses Verhalten sollte nicht mit Gähnen verwechselt werden.

- **Fadenwürmer** *(Capillaria)*: Diese fadenförmigen Würmer sind weniger als 1,5 Zentimeter lang. Sie kommen am häufigsten im Dünndarm vor, wo sie dem Vogel die Nährstoffe rauben. Sie sind normalerweise nicht im Kot sichtbar und können nicht vom Huhn auf den Menschen übertragen werden. Zur Behandlung wird allgemein Albendazol-Suspension zur oralen Eingabe (Markenname Valbazen®) empfohlen: Verwenden Sie eine 2 ml-Spritze, ziehen Sie 0,25 ml für Zwerghühner oder 0,5 ml für große Vögel auf, und füllen Sie den Rest der Spritze mit Wasser. Wiederholen Sie die Behandlung nach 2 Wochen. Die empfohlene Wartezeit für Eier beträgt 14 Tage.
- **Blinddarmwürmer** *(Heterakis gallinae)*: Diese Parasiten leben in den Blinddärmen (den beiden Zweigen des Darms, die in zwei kleinen Taschen enden, wo der grässlich stinkende Kot entsteht). Sie treten sehr häufig bei Hühnern auf, sind aber normalerweise nicht schädlich. Sie sind mit dem bloßen Auge sichtbar und weniger als 1,5 Zentimeter lang. Mittel der Wahl ist ein erbsengroßes Stück 10 %ige Fenbendazol-Paste (Markenname Safe-Guard®), das in den Schnabel oder mit einem Stück Brot gegeben wird. Die Behandlung wird nach 10 Tagen wiederholt. Die empfohlene Wartezeit für Eier beträgt 14 Tage.
- **Luftröhrenwürmer** *(Syngamus trachea)*: Diese Würmer kommen bei Hühnern in Hobbyhaltung nicht allzu häufig vor. Sie haben ein rotes, gabelförmiges Aussehen, sind mit dem bloßen Auge sichtbar und werden von Regenwürmern, Schnecken, Fliegen und Käfern übertragen. Sie leben in der Luftröhre des Huhns, und die Symptome sind wiederholtes Öffnen des Schnabels, Strecken des Halses, Keuchen, Husten oder Kopfschütteln, um die Würmer loszuwerden. Dieses Verhalten sollte nicht mit Gähnen verwechselt werden. Häufig empfohlene Produkte zur Behandlung sind Panacur® oder Ivermectin (Markenname Ivomec®). Wenden Sie sich an Ihren Berater des Geflügelgesundheitsdienstes, um gegebenenfalls einen Behandlungsplan zu erstellen.
- **Bandwürmer** *(Cestodes)*: Bandwürmer befallen bei Hühnern häufig verschiedene Abschnitte des Darms. Sie werden durch Zwischenwirte übertragen, beispielsweise Käfer, Regenwürmer, Fliegen und Schnecken. Ein Bandwurmbefall ist schwierig zu behandeln, daher sollte man sich auf die Kontrolle der Zwischenwirte konzentrieren. Benzimidazole (z. B. Fenbendazol oder Levamisol) sind die Mittel der Wahl. Bandwürmer können nicht von Hühnern auf den Menschen übertragen werden. Wenden Sie sich an Ihren Berater des Geflügelgesundheitsdienstes, um gegebenenfalls einen Behandlungsplan zu erstellen.

KOKZIDIOSE

Die Kokzidiose ist eine häufige und tödliche Darmerkrankung, die durch mehrere Arten von Einzellern verursacht wird. Diese kommen überall dort vor, wo Hühner leben. Kokzidiose ist insbesondere bei Küken ein Thema und wird daher auch in Kapitel 5 behandelt.

Die Kokzidien schädigen die Darmschleimhaut und verhindern die Aufnahme der Nährstoffe aus dem Futter. Die Parasiten gedeihen in einer warmen und feuchten Umgebung und können in ausreichender Menge zum Tod der Hühner führen. Die mikroskopisch kleinen Eier (Oozysten), welche die Kokzidiose verursachen, werden häufig von Wildvögeln, mit den Schuhen und der Kleidung, über Ausrüstungsgegen-

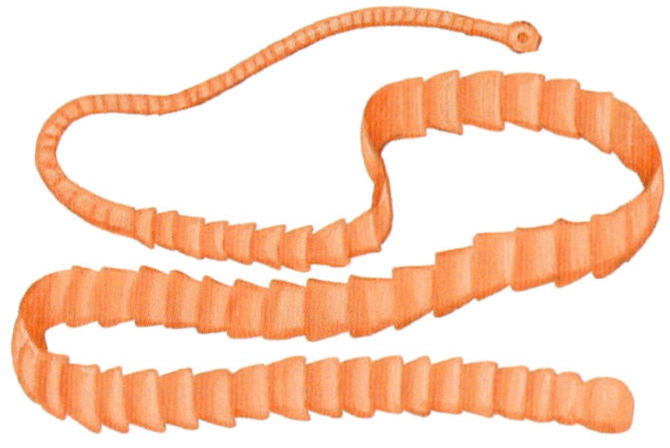

Ein Bandwurmbefall ist schwer zu behandeln, daher sollte man sich auf die Kontrolle der Zwischenwirte konzentrieren.

stände oder durch kontaminiertes Wasser und Futter in den Hühnerhof eingetragen. Zu den häufigsten Symptomen zählen Durchfall, Blut oder Schleim im Kot, Inaktivität, Appetitlosigkeit, blasse Kämme und Kehllappen, Wachstumsstörungen bei Küken oder Gewichtsverlust bei älteren Hühnern. Das Fortschreiten der Symptome kann allmählich erfolgen oder schnell zum Tod führen.

Häufige Ursachen: Wie bei so vielen anderen Bedrohungen für Ihre Herde kann das Kokzidiose-Risiko durch einige einfache Maßnahmen gemindert werden: Geben Sie ein ausgewogenes kommerzielles Futter, schränken Sie die Gabe von Leckereien ein, bieten Sie sauberes Wasser in sauberen Behältern an, stellen Sie ausreichend sauberen und *trockenen* Lebensraum zur Verfügung, praktizieren Sie gute Biosicherheit (siehe Kapitel 7), und halten Sie Wasservögel getrennt von Hühnern.

Entweder kaufen Sie Küken, die gegen Kokzidiose geimpft wurden, *oder* Sie füttern die Küken mit einer medikamentösen Starterration.

Allerdings sollten Küken, die in der Brüterei mit dem Kokzidioseimpfstoff geimpft wurden, niemals mit einer medikamentösen Starterration gefüttert werden, da das darin enthaltene Amprolium den Impfstoff inaktiviert und die Küken so keinen Schutz vor der Krankheit haben.

Außerdem sollten mit dem Trinkwasser Probiotika für Geflügel angeboten werden, um die nützlichen Mikroflora-Populationen im Darm zu fördern und so durch den unter den Bakterien und Parasiten entstehenden Konkurrenzkampf zur Kontrolle der Parasitenpopulationen beizutragen. Kokzidiose kann mit Kräutern, Knoblauch, Essig, Milch oder Joghurt *weder* verhindert *noch* behandelt werden.

Behandlung: Kokzidiose kann sich wie ein Lauffeuer in einer Aufzuchtkiste ausbreiten und die Küken sehr schnell töten. Besteht bei Küken der Verdacht auf Kokzidiose aufgrund von Blut oder Schleim im Kot, sollten alle Küken sofort behandelt werden. Die einzige Möglichkeit, Kokzidiose bei lebenden Hühnern zu bestätigen, ist ein Kot-Flotationstest. Die Testergebnisse könnten aber zu spät eintreffen. Wenn Sie den Küken einen oder zwei Tage lang Medikamente geben, schadet es ihnen nicht, auch wenn das Testergebnis negativ ist.

Ist ein Huhn an Kokzidiose erkrankt, sollten alle Vögel der Herde behandelt werden. Amprolium ist von der FDA (Lebensmittelüberwachungs- und Arzneimittelbehörde der USA, Anm. d. Verlags) für die Verwendung bei Legehennen zugelassen, d. h. es gibt keine Wartezeit für Eier; diese können während und nach der Behandlung mit Amprolium verzehrt werden.

Amprolium wirkt, indem es den Kokzidien das Vitamin B entzieht, das sie benötigen, um zu gedeihen. Flüssiges Amprolium wird im Verhältnis von 2 Teelöffeln auf 4 Liter Wasser gemischt und täglich neu angesetzt. Stellen Sie diese Mischung 5 Tage lang als einzige Trinkwasserquelle zur Verfügung. Geben Sie für die folgenden 14 Tage ½ Teelöffel Amprolium auf 4 Liter Wasser als einzige Trinkwasserquelle.

Geben Sie nach Abschluss der zweiten Behandlungsrunde einen Vitaminzusatz, um das während der Behandlung verloren gegangene Vitamin B1 zu ersetzen.

Geflügelpocken

Diese hoch ansteckende Virusinfektion verursacht bei Hühnern schmerzhafte Wunden in nicht befiederten Bereichen der Haut. Sie wird auch als Vogelpocken, Glatzkrankheit, Vogeldiphtherie und Windpocken bezeichnet, ist aber nicht mit den menschlichen Windpocken verwandt und kann nicht vom Huhn auf den Menschen übertragen werden. Da es keine Heilung gibt, sind Vorbeugung und Behandlung die einzigen Handlungsoptionen.

Häufige Ursachen: Das Virus wird durch stechende Insekten, vor allem Stechmücken, auf Hühner übertragen, und breitet sich dann langsam durch infizierte Vogelfedern, Hautschuppen, abgefallenen Schorf, Sekrete und Blut auf andere Hühner aus. Das Virus kann in diesem Ansteckungsmaterial monatelang, manchmal sogar jahrelang überleben.

Symptome: Geflügelpocken treten in zwei Formen auf – als trockene und feuchte Pocken. Die trockene Form betrifft die Haut in den nicht befiederten Bereichen, am häufigsten den Kamm, die Kehllappen, das Gesicht und die Augenlider. Feuchte Geflügelpocken befallen die oberen Atemwege, die Augen, den Schnabel und den Rachen, und können lebensbedrohlich verlaufen. Zu den Anfangsstadien der trockenen Geflügelpocken gehören aschfarbene, erhabene Läsionen oder Blasen an Kamm, Gesicht und Kehllappen. Die Blasen entwickeln sich zu größeren, gelben Beulen und schließlich zu dunklen, warzenartigen Schuppen.

Küken, die in der Brüterei mit einem Kokzidioseimpfstoff geimpft werden, sollten niemals mit einer medikamentösen Starterration gefüttert werden, da das darin enthaltene Amprolium den Impfstoff inaktiviert und die Küken deshalb nicht vor der Krankheit geschützt sind. Ist ein Huhn an Kokzidiose erkrankt, sollten zusätzlich alle anderen Tiere des Bestandes behandelt werden. Alfalfa, eine weiße Araucana mit doppelten Büscheln.

Der Schorf löst sich schließlich auf und hinterlässt Narben. (Kleinere Verletzungen durch Picken an Kämmen oder Kehllappen sollten nicht mit Geflügelpocken verwechselt werden). Hühner mit

Das Märchen vom Kürbis

Irgendwann begannen die Hühnerhalter eine langdauernde Internet-Runde des Spiels »Stille Post«, die zu dem oft nachgeplapperten Ammenmärchen führte, wonach Kürbisse ein natürliches Entwurmungsmittel sein sollen. Leider ist das so, als würde man sagen, schimmeliges Brot sei ein natürliches Antibiotikum – es stimmt einfach nicht. Das große Märchen vom Kürbis begann jedoch mit einem Körnchen Wahrheit.

Kürbisse sind eine von acht essbaren Kultursorten aus der Familie der *Cucurbita*-Pflanzen. Innerhalb der Kürbis-Gruppe gibt es *unzählige Sorten*. Die Aminosäure Cucurbitacin, die in den Samen *bestimmter* Arten der *Cucurbita*-Familie in sehr unterschiedlichen Konzentrationen gefunden wird, *soll einige*, aber nicht alle Darmwürmer im Reagenzglas und beim Menschen lähmen. Niemand weiß, wie viel, wenn überhaupt, erforderlich sein könnte, um Würmer im Inneren von Menschen oder Hühnern kampfunfähig zu machen. Und selbst wenn wir es wüssten, die Cucurbitacin-Konzentrationen in den unzähligen Kürbissorten sind und bleiben unbekannt, weil sie je nach Wachstumsbedingungen, Jahreszeit, Bodentyp, Erntezeitpunkt etc. stark variieren. Darüber hinaus müssten wir wissen, *wie lange* die Behandlung bei einer *bestimmten Dosierung* dauert und *welche Würmer* dadurch beseitigt würden.

Es gibt einfach zu viele Variablen, um glaubwürdig zu behaupten, dass Kürbisse die Wurmlast in den Eingeweiden von Hühnern signifikant senken; wissenschaftliche Beweise für solche Behauptungen stehen ebenfalls aus.

Es gibt einfach zu viele Variablen, um glaubwürdig zu behaupten, dass Kürbisse die Wurmlast in den Eingeweiden von Hühnern signifikant senken; wissenschaftliche Beweise für solche Behauptungen stehen ebenfalls aus.

Während wir sehnsüchtig auf die von Fachleuten überprüften Studien über Cucurbitacin warten, können Hühner sicherlich die ernährungsphysiologischen Vorteile von Kürbissen jeder Sorte genießen – natürlich in Maßen.

Geflügelpocken zeigen außer den verräterischen äußerlichen Läsionen (trockene Geflügelpocken) oder Veränderungen im Schnabel und Rachen (feuchte Geflügelpocken) häufig eine verminderte Legeleistung, Appetitlosigkeit und Gewichtsverlust. Die Symptome persistieren im Allgemeinen mehrere Wochen bei einem Einzelvogel und mehrere Monate in einem Bestand. Einige Hühner entwickeln eine natürliche Immunität, andere neigen jedoch in Zeiten von Stress zu Rückfällen.

Vorbeugung: Praktizieren Sie eine gute Biosicherheit (siehe Kapitel 7), um zu vermeiden, dass die Geflügelpocken von einem infizierten Bestand über Ihre Kleidung, Ausrüstung oder Schuhe auf Ihre eigenen Hühner übertragen werden. Bekämpfen Sie möglichst auch vorhandene Stechmücken.

Eintagsküken und nicht infizierte erwachsene Hühner können auch während eines Ausbruchs in der Herde gegen Geflügelpocken geimpft werden. Die Wing-Stick-Methode ist einfach durchzuführen und sehr erschwinglich. Weitere Informationen erhalten Sie bei Ihrem Tierarzt oder dem staatlichen Geflügelgesundheitsdienst. Einmal geimpfte Hühner haben eine dauerhafte Immunität. Nach einem Ausbruch sollte der Hühnerstall einen Monat lang wöchentlich gereinigt und mit einer Oxine®-Lösung desinfiziert werden.

Behandlung: Man kann bei den betroffenen Vögeln versuchen, die Beschwerden zu lindern. Außerdem sollte man vorbeugende Maßnahmen ergreifen, um bakterielle Sekundärinfektionen zu vermeiden.

Wenden Sie sich an einen Tierarzt oder an Ihren Geflügelgesundheitsdienst, um den Einsatz von Antibiotika bei Sekundärinfektionen zu besprechen. Behandeln Sie verschorfte Stellen mit einer verdünnten Jodlösung und anschließend mit Schwefelsalbe, um sie aufzuweichen. Mischen Sie 2 Esslöffel Schwefelpulver mit ½ Tasse Vaseline und tragen Sie die Salbe täglich auf die betroffenen Stellen auf, bis die Läsionen verheilt sind.

Die tägliche Reinigung und Desinfektion des Wassers grenzt die Ausbreitung des Virus ebenfalls ein. Geben Sie ¼ Teelöffel Oxine® auf 4 Liter Trinkwasser und stellen Sie dies als einzige Trinkwasserquelle zur Verfügung, bis der Ausbruch endet. Zum Schluss reinigen Sie den Stall und Auslauf, um ansteckendes Material zu beseitigen.

Zu den Anfangsstadien der trockenen Geflügelpocken gehören aschfarbene, erhabene Läsionen oder Blasen an Kamm, Gesicht und Kehllappen. Die Blasen entwickeln sich zu größeren, gelben Beulen und schließlich zu dunklen, warzenartigen Schuppen.

Wenn das betroffene Huhn gefahrlos in die Herde zurückgebracht werden kann, sollte es wie ein völlig fremdes Tier neu eingeführt werden, um einen reibungslosen Übergang zu gewährleisten und Stress und Angriffe einzudämmen. Ich empfehle die Laufstallmethode (siehe Kapitel 9).

Entscheidungen über das Lebensende

In jeder Geflügelschar kommt eine Zeit, in der die Versorgung eines kranken oder verletzten Vogels nicht mehr ausreicht und die Euthanasie angezeigt ist. Manchmal ist das Netteste, was wir für ein Huhn tun können, sein Leiden auf humane Weise zu beenden.

Überlegen Sie sich schon, bevor es notwendig wird, dass Sie einem Huhn das Sterben erleichtern müssen, wozu Sie persönlich in der Lage sind. So schrecklich es auch ist, ein Haustier zu töten, Sie tun einem leidenden Huhn einen Gefallen, wenn Sie ihm beim Übergang helfen.

Faktoren, die es bei der Euthanasie abzuwägen gilt, sind beispielsweise, ob der Vogel Schmerzen hat, sein Zustand seine Mitbewohner gefährdet, er nicht mehr selbstständig fressen oder trinken kann und eine Erholung unwahrscheinlich ist. Die meisten Tierärzte werden einen kranken oder verletzten Vogel auf Anfrage einschläfern, auch wenn sie normalerweise keine Hühner behandeln. Viele staatliche Veterinäruntersuchungsämter bieten die Euthanasie vor der Sektion an. Rufen Sie dort an, um zu erfahren, welche Dienstleistungen angeboten werden, und halten Sie die Kontaktinformationen in Ihrem Erste-Hilfe-Kasten bereit.

ZERVIKALE DISLOKATION

Die am wenigsten grausame und humanste Methode der Euthanasie ist das Ausrenken der Halswirbelsäule, das zu sofortiger Bewusstlosigkeit und zum Tod führt. Halten Sie das Huhn wie einen Fußball unter Ihrem nicht dominanten Arm und drücken Sie seinen Körper sehr sicher gegen Ihre Seite. Fassen Sie den Vogel am Kopf, entweder zwischen Zeige- und Mittelfinger der dominanten Hand oder mit dem Daumen und Zeigefinger um den Hals. Neigen Sie den Vogelkopf weit nach hinten, sodass er zum Schwanz des Vogels zeigt. (Diese Position richtet die Gelenke aus, sodass es viel einfacher ist, den Kopf auszukugeln.) Drücken Sie den Kopf fest von Ihrem Körper weg, bis Sie spüren, wie sich der Kopf von den Halswirbeln löst. Sie werden spüren, wie das Gelenk ausgekugelt wird, und dabei vielleicht ein Knacken hören.

Die zervikale Dislokation ist die am wenigsten grausame und humanste Form der Euthanasie. (Penny wurde bei der Erstellung dieses Fotos kein Schaden zugefügt.)

Der Verlust der Kontrolle des zentralen Nervensystems über die Muskeln führt zu Krämpfen und Spasmen; dies ist normal und zu erwarten. Halten Sie den Vogel weiterhin fest, bis die Nervenaktivität aufhört.

SEKTION

Jedes Mal, wenn ein Herdenmitglied auf mysteriöse Weise stirbt, sollte zum Schutz der überlebenden Herdenmitglieder eine Sektion durchgeführt werden, um ansteckende Krankheiten auszuschließen. Rufen Sie Ihr staatliches Labor an, um Anweisungen zur Probenentnahme und -anlieferung zu erhalten. Der Tierkörper bzw. die Proben sollten so bald wie möglich nach dem Tod transportiert und bis dahin ordnungsgemäß gelagert werden. In der Regel sollten die Überreste in mehreren Plastikbeuteln gut verschlossen und gekühlt, aber nicht gefroren aufbewahrt werden. Einige Labors schicken einen Kurier, der die Proben und erforderlichen Papiere abholt. Fordern Sie eine Kopie der Ergebnisse der Sektion an und bewahren Sie diese als Teil der Gesundheitsgeschichte Ihrer Herde auf. Besprechen Sie den Bericht mit einem Tierarzt oder einem Spezialisten des Geflügelgesundheitsdienstes, um zu erfahren, ob das Ergebnis Auswirkungen auf den Rest der Herde haben könnte.

KAPITEL 9

Besonderheiten *in den* vier Jahreszeiten

IM NORMALEN VERLAUF EINES JAHRES TRETEN vorhersehbare und jahreszeitenabhängige Veränderungen und Herausforderungen auf. Einige dieser Probleme können in verschiedenen Klimazonen unterschiedlich stark ausgeprägt sein oder unterschiedlich lange dauern, aber die Herausforderungen sind überall die gleichen. Wenn Sie wissen, was Sie erwartet, können Sie Ihre Herde optimal darauf vorbereiten.

Glücklicherweise sind die Jahreszeiten, in denen wir leben, vorhersehbar. Wenn wir wissen, was uns erwartet, können wir dafür sorgen, dass unsere Hühner das ganze Jahr über ein komfortables, gesundes und glückliches Leben führen. Caesar ist ein Serama-Hahn.

Sommer: Der Hitze ein Schnippchen schlagen

Hohe Temperaturen sind für Hühner gefährlich, und wenn das Thermometer 30 °C übersteigt, müssen Maßnahmen ergriffen werden, um ihr Wohlbefinden zu gewährleisten. Die normale Körperkerntemperatur eines Huhns liegt bei etwa 42 °C, die es bei heißem Wetter durch eine Vielzahl von Verhaltens- und Verdunstungstechniken regulieren muss, da es keine Schweißdrüsen hat. Dazu zählen beispielsweise die erhöhte Durchblutung von Kamm, Kehllappen, Beinen und Füßen sowie der Abgabe von Wärme über die Atemwege.

Wenn die Temperaturen 30 °C erreichen, fangen die Hühner an zu hecheln, sie breiten ihre Flügel aus, schränken ihre Aktivitäten ein, fressen weniger und trinken mehr Wasser. Werden große Mengen Wasser durch ihren Verdauungstrakt geleitet, wird die Wärme durch einen als exkretorische Wärmeübertragung bekannten Vorgang aus dem Körper geleitet, was wässrigen Durchfall auslösen kann.

Hühner graben auch Kuhlen in die Erde, um die Wärme durch den Kontakt mit der kühlen Erde abzuleiten – es mag wie Faulenzen aussehen, ist aber in Wahrheit harte Arbeit, um sich abzukühlen!

Es gibt verschiedene Möglichkeiten, wie wir unseren Hühnern helfen können, die Hitze besser zu ertragen:

- **Wasser:** Sauberes, kühles Wasser ist bei heißem Wetter entscheidend. Hühner leiden lieber unter Durst, als Wasser zu trinken, das nur ein paar Grad wärmer ist als ihre Körpertemperatur. Stellen Sie die Tränken im Schatten auf. Sorgen Sie für zusätzliche Wasserquellen an Stellen, wo die Hühner tagsüber ruhen – sie werden mehr trinken, wenn das Wasser bequem zu erreichen ist. Erneuern Sie das Wasser mehrmals im Laufe des Tages. Wenn möglich, verwenden Sie Nippeltränken für Geflügel (siehe Kapitel 6), um jederzeit die Versorgung mit sauberem und kaltem Wasser sicherzustellen. Geben Sie Eis oder gefrorene Wasserflaschen in die Tränken.
- **Schatten:** Decken Sie den Auslauf mit einer Plane, einem Dach, einem schattenspendenden Tuch, nassen Leinensäcken oder Bananenblättern ab – was immer Sie da haben -, damit die Sonne den Boden nicht verbrennt. Planen Sie bei der Außengestaltung schattige Bereiche um den Stall und im Auslauf ein.
- **Steigerung der Luftzirkulation:** Öffnen Sie tagsüber die Türen und Fenster des Stalls, einschließlich der Klappe für die Eientnahme, um den Luftstrom zu erhöhen. Bauen Sie Ventilatoren im Stall und Auslauf ein. Stellen Sie tagsüber einen Behälter mit gefrorenem Wasser zwischen den Ventilatoren und den Nestboxen und nachts zwischen den Ventilatoren und Schlafplätzen auf. Ist es in den Nestboxen zu heiß, blockieren Sie den Zugang, um zu verhindern, dass die Hennen sie benutzen. Entfernen Sie bei heißem Wetter die Vorhänge vor den Nestboxen. Stellen Sie provisorische Nestboxen an einer kühleren Stelle im Stall oder Auslauf auf – beispielsweise eine Milchkiste, einen Pappkarton, einen großen Korb oder einen Blumentopf unter einem Sonnenschirm.
- **Einstreumanagement:** Ersetzen Sie Tiefstreu durch eine flache Schicht aus sauberen Kiefernholzspänen oder Sand. Sand bleibt einige Grad kühler als Kiefernholzspäne. Verwenden Sie Sand in schattigen Bereichen des Auslaufs – er bleibt

Wenn die Temperaturen 30 °C erreichen, fangen die Hühner an zu hecheln, sie spreizen ihre Flügel vom Körper ab, schränken ihre Aktivitäten ein, fressen weniger und trinken mehr Wasser. Es müssen entsprechende Maßnahmen ergriffen werden, um ihr Wohlbefinden zu gewährleisten. Roy ist ein polnischer Hahn mit goldenem Schnabel.

kühler als andere Einstreuarten und bietet reichlich Gelegenheiten für kühlende Staubbäder. Stellen Sie in der Dämmerung Behälter mit gefrorenem Wasser in den Stall.

- **Abspritzen:** Spritzen Sie regelmäßig das Stalldach, den Auslauf und die Bereiche um den Stall herum mit Wasser ab, um Verdunstungskälte zu erzeugen, v. a. wenn die Luftfeuchtigkeit niedrig ist.
- **Futterrationen anpassen:** Wechseln Sie von Legehennenfutter (16 Prozent Protein) zu Aufzucht- oder Wildvogelfutter (18 bis 20 Prozent Protein). Hühner haben bei Hitze weniger Appetit, und eine Ration mit höherem Eiweißgehalt erlaubt es den Hennen, weniger zu fressen, gleichzeitig aber weiterhin ihren täglichen Nährstoffbedarf zu decken.
- **Austernschalen:** Diese sind das ganze Jahr über wichtig, v. a. aber bei heißem Wetter, wenn das Hecheln den pH-Wert des Blutes verändert und damit den Kalziumspiegel beeinträchtigt, der für stabile Eierschalen und eine ausgewogene Körperchemie notwendig ist.
- **Elektrolyte oder Backpulver:** Wenn die Hühner bei heißem Wetter weniger fressen, erleichtert Backpulver die Aufnahme von Kalzium. Um die Körperchemie der Herde wiederherzustellen und die Qualität der Eierschalen zu verbessern, fügen Sie dem Wasser bis zu eine Woche lang in der ersten Tageshälfte entweder Elektrolyte gemäß Packungsanleitung oder ¼ Tasse Backpulver auf 4 Liter Wasser hinzu.
- **Kein Essig:** Fügen Sie dem Trinkwasser der Hühner bei Hitze keinen Essig hinzu. Essig hemmt die Kalziumabsorption, die bei heißem Wetter ohnehin ein Problem darstellt. Einige Leute geben Essig zum Trinkwasser, um zu verhindern, dass sich ein schleimiger Belag in den Behältern bildet; andere glauben fälschlicherweise, dass er die Verdauungsgesundheit fördert. Da die Magensäure eines Huhns jedoch saurer ist als Essig, hat er keinen verdauungsfördernden Nutzen. Das Beste, was Sie für die Verdauungsgesundheit Ihrer Herde tun können, ist die tägliche Bereitstellung von sauberem, frischem Wasser in sauberen Behältern.
- **Staubbäder:** Richten Sie an schattigen Orten Staubbadeplätze ein. Hühner kühlen sich ab, indem sie an kühleren Stellen Kuhlen in die Erde graben. Der Sand bleibt im Schatten kühl, und es erfordert keine große Anstrengung, in ihm zu graben.
- **Fußbäder:** Ein Kinderplanschbecken, eine Schneerutsche oder eine flache, mit Wasser gefüllte Pfanne eignen sich hervorragend für Hühner, die gerne im Wasser stehen.
- **Vernebler:** Stellen Sie an schattigen Plätzen Vernebler auf. Bei einer Luftfeuchtigkeit von 40 bis 80 Prozent kann man beim Einsatz eines Verneblers im Hühnerhof mit einem Temperaturabfall von ca. 5 °C rechnen. Aber erwarten Sie nicht, dass die Hühner im Nebel stehen – seine Aufgabe ist es, die Luft zu kühlen und nicht, die Hühner zu duschen.
- **Gefrorene Leckerbissen in Maßen:** Grundsätzlich sollten Sie Hühnern keine Leckereien geben, wenn es draußen heiß ist, damit ihre Körpertemperatur nicht noch durch die Verdauung erhöht wird. Gefrorenes Obst und Gemüse mit einem hohen Wassergehalt kann jedoch befeuchten und kühlen. Mir gefällt besonders die Vorstellung von gefrorenen Blaubeeren im Kropf meiner Hühner, die von dort aus den Verdauungstrakt kühlen!
- **Notfalleimer:** Selbst wenn man alle Register zieht, um seine Hühner zu schützen, kann es bei

Planen Sie die Landschaftsgestaltung so, dass schattige Bereiche um den Stall und Auslauf herum entstehen. Wenn die Luftfeuchtigkeit niedrig ist, können Sie auch das Stalldach, den Auslauf und die Bereiche um den Stall herum regelmäßig besprühen, um Verdunstungskälte zu erzeugen.

Bei einer Luftfeuchtigkeit von 40 bis 80 Prozent kann man beim Einsatz eines Verneblers im Hühnerhof mit einem Temperaturabfall von 5 bis 10 °C rechnen. Aber erwarten Sie nicht, dass die Hühner im Nebel stehen – seine Aufgabe ist es, die Luft zu kühlen und nicht, die Hühner zu duschen.

extremer Hitze schnell bergab gehen. Hitzestress endet bei sehr hohen Temperaturen schnell tödlich. Ein ausgetrocknetes Huhn, das unter Hitzestress leidet, kann einige oder alle der folgenden Symptome aufweisen: mühsame Atmung, blasse Kämme und Kehllappen, Schlaffheit, Apathie und Krampfanfälle. Halten Sie bei Temperaturen über 32 °C immer einen Eimer oder eine Wanne mit kühlem (nicht kaltem) Wasser in der Nähe der Herde bereit. Tauchen Sie ein überhitztes Huhn sofort für mehrere Minuten bis zum Hals in das kühle Wasser, um die Körpertemperatur sicher und schnell zu senken. Diese einfache Maßnahme kann lebensrettend sein. Selbst wenn die Hühner nicht in Gefahr sind, kann dies eine willkommene Erleichterung für Hühner sein, die nicht freiwillig ins Wasser gehen würden.

Zum Schluss sei angemerkt, dass wir Menschen Minze aufgrund des von uns als kühlend empfundenen Geschmacks bei heißem Wetter zwar erfrischend finden, sie aber *keine* kühlenden Eigenschaften hat, die einem Huhn zugutekommen. Minze senkt nicht nur *nicht* die Körpertemperatur eines Huhns, sondern Hühner nehmen den Minzgeschmack aufgrund der extrem begrenzten Anzahl an Geschmacksknospen nicht einmal wahr. Sie können das Wasser natürlich gerne mit Minze garnieren, wenn Sie möchten, aber Sie sollten nicht glauben, dass es Ihre Hühner dann besser abkühlt.

Herbst: Weniger Eier

Wenn der Sommer sich seinem Ende zuneigt und die Tage kürzer werden, wird der Eierkorb etwas leichter. Warum? Der Eierstock einer Henne wird durch eine Vielzahl von endokrinen Drüsen stimuliert, die wiederum durch Licht angeregt werden. In den gemäßigten Klimazonen, in denen sich Hühner entwickelt haben, war die Unterbrechung der Eierproduktion in den dunklen Monaten eine Form der Anpassung, um den Nährstoffbedarf zu verringern, wenn das Futter knapp wurde.

Tauchen Sie ein überhitztes Huhn sofort für mehrere Minuten bis zum Hals in kühles Wasser ein, um die Körpertemperatur sicher und schnell zu senken. Diese einfache Maßnahme kann lebensrettend sein.

Wir Menschen denken, dass Minze bei heißem Wetter erfrischend ist, weil sie für uns einen kühlen Geschmack hat, aber sie hat keine kühlenden Eigenschaften, die einem Huhn zugutekommen.

Da es bei domestizierten Hühnern nicht die gleichen saisonalen Nahrungsengpässe wie bei ihren Vorfahren gibt, besteht eigentlich kein Grund, warum sie im Winter nicht weiter Eier legen sollten. Daher werden sie auch im Herbst und Winter weiterhin Eier legen, vorausgesetzt, sie erhalten mehr als 14 Stunden Licht pro Tag. Einige Stunden zusätzliches Licht im Stall können das endokrine System einer Henne wieder in Gang setzen, sodass sie wie im Frühjahr und Sommer Eier legen kann.

Der einfachste Weg, im Herbst und Winter für zusätzliche Beleuchtung zu sorgen, besteht darin, in einer Tabelle mit den Zeiten für den Sonnenaufgang und Sonnenuntergang für Ihren Breitengrad nachzuschauen und die früheste Sonnenuntergangszeit zu bestimmen. Dann richten Sie eine Lichtquelle mit Zeitschaltuhr ein, die 15 Stunden davor aktiviert wird. Wenn die Hennen im Herbst bereits aufgehört haben zu legen, können sie wieder zur Legetätigkeit angeregt werden, indem man eine Zeitschaltuhr so einstellt, dass das Licht 20 Minuten vor Sonnenaufgang angeht, wobei jede Woche 20 zusätzliche Minuten hinzugefügt werden. Dies macht man solange, bis 15 Stunden Beleuchtungsdauer erreicht sind. Da Hühner eine schlechte Nachtsicht haben, ist es besser, den Stall am Morgen zu beleuchten als in der Nacht, wenn ein plötzlicher Stromausfall viele Hühner überraschen würde und ihnen keine Zeit mehr ließe, einen Schlafplatz aufzusuchen.

Ich benutze über den Schlafplätzen im Stall normale Glühbirnen. LED-Leuchten sind ebenfalls eine gute Wahl. Verwenden Sie niemals gefährliche Wärmelampen oder Leuchtstofflampen, die für Hühner wie eine schwindelerregende Discokugel aussehen. Dr. Darre empfiehlt LED-Leuchten mit einer Farbtemperatur von 2700 K, die um 5 Uhr morgens eingeschaltet und um 21 Uhr ausgeschaltet werden sollten. Dieser Zeitplan regt die Hühner im Allgemeinen an, ihre Eier vor dem Mittag zu legen.

Wenn Hennen eine Pause von der Eiablage benötigen, weil sie ihre Reserven für die Mauser brauchen, legen sie diese Pause auch dann ein, wenn sie 16 Stunden Licht pro Tag bekommen. Laut Dr. Mike Petrik ist eine zusätzliche Beleuchtung für die Hennen weder schädlich noch verkürzt sie ihr Leben. Sie führt auch nicht dazu, dass ihnen irgendwann die Eier ausgehen. Ein weibliches Küken schlüpft bereits mit allen Eizellen (Eidottern), die es jemals haben wird. Deren Anzahl geht in die Hunderttausende – es müssten Jahrzehnte ins Land gehen, in denen täglich ein Ei gelegt wird, um diesen Vorrat zu erschöpfen.

Hennen legen im Herbst und Winter weiterhin Eier, sofern sie mehr als 14 Stunden Licht pro Tag erhalten. Einige Stunden zusätzliches Licht im Stall können das endokrine System einer Henne ankurbeln, sodass sie genau wie im Frühjahr und Sommer Eier legen kann. Das ist der silbergeschnürte Wyandotten-Hahn Silvio.

Herbst: Mauser

Die Mauser ist der natürliche Austausch von alten gegen neue Federn. Während der Mauser kann der Stallboden wie der Schauplatz einer Kissenschlacht aussehen. Genau wie die Legeleistung wird auch die Mauser durch die Lichtverhältnisse beeinflusst. Werden die Tage am Ende des Sommers kürzer, beginnen die Hühner mit dem Abwurf der abgenutzten Federn des Vorjahres und ersetzen diese durch einen völlig neuen Satz Federn. Alle Hühner mausern sich jährlich. Die erste Mauser erfolgt in der Regel im Alter von 16 bis 18 Monaten und dauert durchschnittlich 7 bis 8 Wochen. Die Spannbreite für die Dauer einer »normalen« Mauser ist aber groß und reicht von 4 bis 12 Wochen oder mehr.

Die Federn fallen in einer bestimmten Reihenfolge aus – erst am Kopf und Hals, dann geht es weiter über den Rücken, die Brust, die Flügel und den Schwanz hinunter. Weil das Federwachstum eine große Belastung für den Vogel darstellt, nimmt die Legeleistung während der Mauser ab oder kommt sogar ganz zum Stillstand. Obwohl die Mauser bei jedem Huhn in ziemlich regelmäßigen Abständen stattfindet, kann sie aufgrund von Wasser- oder Nahrungsentzug oder plötzlichen Änderungen der Lichtverhältnisse jederzeit beginnen. Außerdem mausern sich brütende Hühner nach dem Schlupf der Küken manchmal, wenn sie zu ihren normalen Fress- und Trinkgewohnheiten zurückkehren.

Die neu sprießenden Federn werden auch als Stiftfedern bezeichnet. Sie sind überempfindlich, weil der Federfollikel stark durchblutetes Gewebe enthält, das die wachsende Feder mit Nährstoffen versorgt. Stiftfedern sind von einer dünnen, papierartigen Hülle umgeben, die als Epitrichium bezeichnet wird. Sie spaltet sich und fällt ab oder wird vom Vogel beim Putzen entfernt. Dann entfaltet sich die Feder und die Blutversorgung in ihrer Basis trocknet aus. Diese Federschuppen können Sie während der Mauser überall finden.

Stiftfedern enthalten lebendes Gewebe, das bei Verletzungen wie verrückt blutet. Entfernen Sie Vögel mit blutenden Stiftfedern aus der Herde, um Kannibalismus zu verhindern. Reinigen Sie den verletzten Bereich mit einem Wundspray oder Wasserstoffperoxid. Halten Sie dann die Feder mit einer Pinzette an der Basis dicht an der Haut fest und zupfen Sie sie gerade aus. Halten Sie den Druck auf den Bereich aufrecht, bis die Blutung aufhört. Tragen Sie erneut ein Wundspray auf und halten Sie den Vogel von der Herde getrennt, bis die Stelle vollständig verheilt ist.

Hühner durchlaufen im Jugendalter zweimal eine »Mini-Mauser« vor der ersten richtigen Mauser. Die erste Mini-Mauser beginnt im Alter von 6 bis 8 Tagen und ist nach etwa 4 Wochen abgeschlossen, wenn die Daunen des Kükens durch die ersten Federn ersetzt werden. Eine zweite Mini-Mauser findet zwischen 7 und 12 Wochen statt, wenn die ersten Federn durch einen zweiten Satz ausgetauscht werden. Dann erscheinen auch die charakteristischen Zierfedern eines Hahns.

UNTERSTÜTZUNG WÄHREND DER MAUSER

Die Mauser kann einen hohen Tribut von Ihren Hühnern fordern. Es gibt ein paar Dinge, die Sie tun können, um ihnen diese jährlich wiederkehrende Strapaze etwas zu erleichtern:

OBEN: Eine Partridge Plymouth Rock-Henne, die eine harte Mauser durchläuft.

UNTEN: Die austretenden Stiftfedern sind an ihrer Basis gut durchblutet und bluten, wenn sie verletzt werden – daher ihr Spitzname »Blutfedern«.

- Halten Sie das Stressniveau niedrig. Fassen Sie die Vögel nicht an, verlegen Sie sie nicht in einen neuen Stall, und stellen Sie keine neuen Tiere in den Bestand ein.
- Erhöhen Sie den Eiweißanteil im Futter, indem Sie:
  - auf ein Futtermittel umstellen, das 20 bis 22 Prozent Eiweiß enthält (z. B. ein Mastfutter) und dieses ca. einen Monat lang geben; oder
  - ein proteinreiches Futter wie schwarze Ölsonnenblumenkerne, Thunfisch, gekochte Eier (ja, wirklich!) oder Katzentrockenfutter zufüttern; geben Sie pro Huhn ein paar Esslöffel.

- Lassen Sie den Hackbraten weg. Zwar wird für die Bildung neuer Federn zusätzliches Eiweiß benötigt, vermeiden Sie es dennoch, zu große Mengen anzubieten, da überschüssiges Protein zu Durchfall und anderen Gesundheitsproblemen wie Gicht führen kann.

Winter: Überleben

Da ich mein ganzes Leben lang in Neuengland gelebt habe, weiß ich ein oder zwei Dinge über den Winter, aber nirgendwo in meinem *Yankee-Handbuch* wird das Thema der Hobbyhaltung von Hühnern angesprochen. Ich habe mich durch einige schwierige, schneereiche Winter gekämpft, darunter einen der kältesten in der Geschichte von Connecticut, und versucht, die besten und effizientesten Methoden herauszufinden, um meine Hühnerschar in diesen Monaten gesund und glücklich zu erhalten. Ich freue mich, dass ich mein Wissen nun mit Ihnen teilen kann, in der Hoffnung, Ihnen ähnliche Wachstumsschmerzen zu ersparen.

Wo auch immer sie leben, gewöhnen sich Hühner an allmähliche jahreszeitlich bedingte Temperaturschwankungen. Die komplexen Thermoregulationsmechanismen eines Huhns ermöglichen es ihm, bei kaltem Wetter zu überleben und sich wohl zu fühlen. Die normale Körperkerntemperatur von Hühnern liegt einige Grad höher als die des Menschen und ist so hoch, dass sie bei einem Menschen einen medizinischen Notfall darstellen würde. Daher ist es wichtig, ihre Wahrnehmung von Kälte nicht mit unserer zu verwechseln. Zudem verfügen Hühner über körperliche Merkmale und Verhaltensweisen, die es ihnen erlauben, Körperwärme zu erzeugen und zu speichern.

Da bei der Verbrennung von Kalorien Wärme erzeugt wird, fressen Hühner bei kaltem Wetter mehr. Außerdem sparen sie Wärme zum Teil dadurch ein, dass die Durchblutung ihrer Kämme, Kehllappen und Füße, also der Körperteile, die im Sommer überschüssige Wärme ableiten, eingeschränkt wird. Sie passen auch ihre Haltung und Position an, um die Wärme der Sonne aufzunehmen und den Wärmeverlust bei Wind zu minimieren – sie kauern sich zusammen, stecken den Kopf unter die Schwungfedern, gehen in die Hocke, um ihre Füße zu bedecken, und suchen den Körperkontakt zu ihren Artgenossen.

Die sogenannte Gänsehaut ermöglicht es den Hühnern, den Winkel ihrer Federn (auch bekannt als Piloerektion) so zu verstellen, dass die zwischen den Federn gespeicherte und vom Körper erwärmte Luft nicht entweichen kann.

Hühner sind kleine, mit Lebensmitteln betriebene Öfen, die in Daunenmäntel gehüllt sind!

Glauben Sie nicht, dass Sie Ihre Herde für den Winter »mästen« müssen! Hühner sind gut für die Kälte gerüstet. Außerdem werden sie das ganze Jahr über ausreichend mit Leckereien verwöhnt, und viele sind bereits dicker, als sie vor dem Winter sein sollten. Rindertalg oder Fettblöcke sollte man den Hühnern nicht anbieten. Hühner in Hobbyhaltung sterben in alarmierendem Maße an den Folgen von Fettleibigkeit. In den kältesten Nächten sind ein paar Getreidekörner oder etwas aufgeschlossener Mais kurz vor der Dämmerung in Ordnung, aber mehr als das ist unnötig und gefährdet die Gesundheit Ihrer Hühner.

DIE TRÄNKE IM WINTER

Die vielleicht größte Herausforderung im Winter besteht darin, das Einfrieren des Wassers zu verhindern. Wird den Hühnern das Trinkwasser entzogen, können sie weder ihr Futter verdauen noch Körperwärme produzieren, was wiederum zu Unterkühlung und Tod führen kann. Wie in anderen Jahreszeiten sollte man die Tränken möglichst im Auslauf und nicht im Stall aufstellen, wo sie in der schlechtesten Jahreszeit unweigerlich zu nasser Einstreu und Feuchtigkeit führen.

Es gibt mehrere Möglichkeiten, um zu verhindern, dass das Trinkwasser bei Frost einfriert. Eine besteht darin, einfach immer wieder für frisches Wasser zu sorgen. Ohne Stromanschluss muss das Wasser in traditionellen Tränken den ganzen Tag über häufig gewechselt werden, um ein Einfrieren zu verhindern. Entleeren oder entfernen Sie die Tränken in der Dämmerung und befüllen Sie sie morgens als Erstes wieder mit frischem Wasser. Es ist eine sehr unbequeme, arbeitsintensive Methode, die durch das Auswechseln mehrerer Wasserbehälter während des Tages etwas vereinfacht werden kann.

Wenn Sie in Ihrem Auslauf eine Stromquelle für Ihren Hühnerstall haben, ist ein Wassererhitzer das Richtige für Sie! Beheizbare Hundenäpfe und Geflügel-Wassererhitzer können in Geschäften für landwirtschaftlichen Bedarf und online gekauft werden, aber ich schwöre auf einen selbstgebauten Wassererhitzer aus Keksdosen (siehe unten).

Geflügel-Nippeltränken sind zweifellos die beste Möglichkeit, Hühner konstant mit sauberem Wasser zu versorgen, aber die meisten werden ohne Wärmequelle in der Kälte einfrieren. Die Möglichkeit, Geflügel-Nippeltränken winterfest zu machen, ist je nach System unterschiedlich. Erkundigen Sie sich beim Hersteller.

DIE FEUCHTIGKEIT IST DER FEIND

Obwohl der Zugang zu Trinkwasser von entscheidender Bedeutung ist, ist Wasser ironischerweise im Winter auch ein Feind der Hühner. Kalte, feuchte Luft erschwert es den Hühnern, warm zu bleiben. Sie erhöht auch die Gefahr von Erfrierungen und schafft eine Umgebung, in der Atemwegserkrankungen gedeihen können. Wenn die Stallfenster morgens mit Kondenswasser beschlagen sind, ist die Belüftung nicht ausreichend. Die angestrebte relative Luftfeuchtigkeit im Winterstall beträgt 50 bis 70 Prozent.

Die Strategien zur Kontrolle der Feuchtigkeit im Winterstall sind die gleichen wie in anderen Jahreszeiten. Zunächst werden Kotbretter (siehe Kapitel 2) verwendet und der nächtliche Kot wird jeden Morgen aus dem Stall entfernt.

Keksdosen-Wassererhitzer

Mit weniger als 10 Euro können Sie in ca. 10 Minuten einen Wasserkocher aus Keksdosen und anderen Dingen herstellen, die Sie wahrscheinlich schon im Haus haben!

Material

- Bohrer mit ⅜ Zoll Bohraufsatz
- Metall-Keksdose mit Deckel und einem Durchmesser von 25 cm
- Lampen-Bausatz
- 40-Watt-Glühbirne oder Kandelaber-Birne

Zusammenbau

- Bohren Sie ein Loch in den Rand der Keksdose.
- Stecken Sie den vorbereiteten Lampensockel durch das Loch und ziehen Sie die Schraube am Sockel an.
- Schrauben Sie die Glühbirne in die Fassung und legen Sie den Deckel der Dose wieder auf.
- Stellen Sie den Keksdosen-Wassererhitzer auf eine ebene Fläche im Hühnerhof. Schließen Sie das Gerät an eine GFCI-Steckdose an (zum Schutz vor Stromschlägen) und stellen Sie Ihren Wasserbehälter auf die Keksdose. Ein relativ preiswerter Temperaturregler mit Stecker kann verwendet werden, um das Gerät bei voreingestellten Temperaturen ein- und auszuschalten. Es erscheint unmöglich, dass eine bescheidene 40-Watt-Glühbirne das Einfrieren von Wasser in Geflügeltränken bei Minusgraden verhindern kann, aber bemerkenswerterweise tut sie es doch!

Die vielleicht größte Herausforderung im Winter besteht darin, das Einfrieren des Wassers zu verhindern. Wenn den Hühnern das Trinkwasser entzogen wird, können sie weder Nahrung verdauen noch Körperwärme produzieren. Dieser einfach herzustellende und preiswerte Keksdosen-Wassererhitzer sorgt für eine konstante Versorgung mit eisfreiem Wasser.

Dieser Serama-Hahn heißt Caesar.

Dadurch wird die größte Feuchtigkeitsquelle aus dem Stall sowie die Möglichkeit der Ansammlung von schädlichen Ammoniakgasen beseitigt.

Wie bereits erwähnt, empfehle ich dringend, im Stall keine Tränken aufzustellen. Es ist unmöglich, die Feuchtigkeit im Stall zu minimieren, wenn Wasser in der Einstreu verschüttet wird. Solange die Herde bei Tagesanbruch Zugang zum Wasser hat, besteht keine Notwendigkeit, Wasser im Stall vorzuhalten. Gibt es im Stall jedoch zusätzliche Beleuchtung, um die Legeleistung zu fördern, kann man die Hennen morgens nicht mehrere Stunden ohne Wasser lassen. Daher schlage ich vor, in solchen Fällen für die sehr frühen Morgenstunden eine Geflügel-Nippeltränke im Stall zu verwenden, sodass die Hühner trinken können, bevor sie in den Auslauf gelassen werden. Dadurch wird die Wassermenge, die in der Einstreu verschüttet werden könnte, minimiert. Eine Abtropfschale zum Auffangen von verschütteten Tropfen ist ebenfalls eine gute Idee. Wenn die Herde dann für den Tag aus dem Stall gelassen wird, wird die Tränke entfernt.

Die Vorzüge von Sand als Einstreu wurden bereits an anderer Stelle diskutiert (siehe Kapitel 2). Er ist besonders im Winter eine hervorragende Wahl, weil darin die Feuchtigkeit aus dem Kot schneller verdunstet als in anderen Einstreuarten und er dadurch trockener bleibt. Sand speichert auch die Wärme besser als jede andere Einstreuart, und aufgrund seiner hohen thermischen Masse hält er die Stalltemperaturen stabiler als andere Einstreuarten.

Die Tiefstreumethode als alternative Einstreuform dient eigentlich der Beseitigung von Abfallprodukten in der Hühnerhaltung.

Hier werden Kot und Einstreu direkt im Stall kompostiert. Ich persönlich ertrage es nicht, dass sich in meinen Ställen Abfall ansammelt, aber ich zweifle nicht am Nutzen der Tiefstreumethode, wenn sie richtig durchgeführt wird.

Ein weit verbreiteter Irrtum ist, dass die Tiefstreumethode nur etwas für Faule ist. Eine tiefe Einstreu erfordert jedoch besondere Aufmerksamkeit bei der Umschichtung und Überwachung des Feuchtigkeitsgehalts. Bei unsachgemäßer Anwendung kann die Tiefstreumethode eine ernsthafte Gesundheitsgefährdung für die Herde darstellen. Um diese Methode richtig zu praktizieren, sollten Sie damit nicht mitten im Winter beginnen, die Einstreu nicht alle paar Wochen wechseln und den Boden mit nicht weniger als 10 Zentimeter Einstreu einstreuen. Verwenden Sie *keine* Kieselgur und verlassen Sie sich nicht darauf, dass die Hühner die gesamte Umschichtung übernehmen.

Wenn Sie sich für die Tiefstreu-Methode entscheiden, müssen Sie sicher sein, dass Sie sie wirklich verstanden haben und umsetzen können. Falsch praktiziert, wird sich in der Tiefstreu Ammoniak bilden, und es können sich Parasiten und schädliche Bakterien einnisten. Zu trockene Tiefstreu ist staubig und gibt Sporen in die Luft ab. Wenn Sie Zweifel haben, ob Sie die Tiefstreumethode richtig umsetzen können, wählen Sie ein anderes Einstreusystem.

Die Isolierung des Stalles hält die Strahlungswärme der Sonne zurück und verringert den Wärmeverlust. Der Stall sollte dadurch aber *nicht* luftdicht abgeschlossen sein. Wenn sich in den Wänden oder im Bereich der Fenster Lücken befinden, die nicht der Belüftung dienen, dichten Sie diese ab, um Zugluft zu verhindern. Aber verstecken Sie die Isolierung und das Dichtungsmittel, damit die Hühner sie nicht fressen.

Verwenden Sie im Hühnerstall niemals Stroh- oder Heuballen zur Isolierung! Stroh kann Milben und andere Insekten beherbergen, und im Inneren der Ballen können Schimmel- und andere Pilze wachsen. Dadurch wird das Auftreten von Atemwegserkrankungen begünstigt. Es ist viel besser, einen kalten Stall zu haben als kranke Hühner.

Eine ausreichende Belüftung ohne Zugluft ist im Winterstall von entscheidender Bedeutung. Ammoniak und Feuchtigkeit müssen entweichen können, auch wenn dabei etwas Wärme verloren geht. Das Ziel ist, im gesamten Stall einen möglichst großen Luftaustausch zu erreichen, ohne dass die Hühner Zugluft ausgesetzt sind, wenn sie auf den Sitzstangen hocken.

Lüftungslöcher an der Oberseite des Stalls, die hoch über den Sitzstangen liegen, sind am besten geeignet, um einen effektiven Luftaustausch bei kaltem Wetter zu erreichen.

Fenster an allen vier Seiten des Stalls sind ideal, aber Firstlüftungen, eine Kuppel oder eine offene Traufe, die mit Volierendraht abgedeckt ist, sind auch wirksam. Wenn Ihr Stall keine ausreichende Belüftung hat, sollten Sie mehr Lüftungsmöglich-

Ohne die Einmischung wohlmeinender Pfleger (z. B. durch »Mästen« für den Winter) gewöhnen sich die Hühner auf natürliche Weise mithilfe einer beeindruckenden Reihe von Thermoregulationsmechanismen an die jahreszeitlichen Temperaturschwankungen. Dabei halten sie eine Kernkörpertemperatur um 42 °C aufrecht. Die Physiologie eines Huhns ist nicht die gleiche wie die eines Menschen – die Kälte, die wir im Stall empfinden, entspricht nicht der Wahrnehmung des Komfortniveaus eines Huhns.

keiten schaffen. Denken Sie dabei an Fenster, nicht an kleine Löcher. Eine Stichsäge, einige Scharniere, Volierendraht und Unterlegscheiben mit Schrauben sind alles Dinge, die für die Installation einer zusätzlichen Belüftung in einem bestehenden Stall erforderlich sind. Ja, die wärmste Luft bewegt sich nach oben und tritt durch die Lüftungseinrichtungen am oberen Ende des Stalls aus. Aber das ist in Ordnung, weil warme Luft mehr Feuchtigkeit enthält als kalte Luft, sodass die austretende warme Luft die Feuchtigkeit mit sich nimmt.

HEISSES EISEN: SOLL MAN DEN STALL BEHEIZEN ODER NICHT?

Ohne die Einmischung wohlmeinender Pfleger gewöhnen sich die Hühner auf natürliche Weise mithilfe einer beeindruckenden Reihe von Thermoregulationsmechanismen an die jahreszeitlichen Temperaturschwankungen und halten dabei eine Kernkörpertemperatur um 42 °C aufrecht. Die Physiologie eines Huhns ist nicht die gleiche wie die eines Menschen – die Kälte, die wir im Stall empfinden, entspricht nicht der Wahrnehmung des Komfortniveaus eines Huhns.

Wenn Sie der Meinung sind, dass Sie *unbedingt* eine Wärmequelle im Stall installieren müssen, räumen Sie der Sicherheit bitte oberste Priorität ein. Jedes Jahr töten wohlmeinende Hühnerhalter unbeabsichtigt ihre Haustiere, brennen ihre Ställe oder Scheunen ab und gefährden sogar Menschenleben mit Wärmelampen, die in der Nähe von flugfähigen Tieren niemals sicher sind. Werden die Tiere erschreckt, können sie versehentlich gegen die 260 °C heiße Glühbirne fliegen. Auch lose Federn und brennbare Einstreu können damit in Kontakt kommen. Wärmelampen fallen häufig herunter, schwingen gegen brennbare Dinge oder explodieren, wobei die heißen Glasscherben auf brennbare Materialien und Tiere fliegen.

Flache Heizstrahler sind sichere Alternativen zu gefährlichen Wärmelampen. Sie liefern nur so viel Wärme, dass die Temperatur des Stalles ein wenig ansteigt – der Stall sollte sich für *Sie nicht* warm anfühlen. Hühnern tut es gar nicht gut, wenn sie aus einem geheizten Hühnerstall in die Kälte gehen.

AUSLAUF IM WINTER

Wenn die Temperaturen extrem sind oder kaltes Wetter mit Niederschlägen oder Wind einhergeht, sollten die Hühner auf einen vollständig winterfesten und überdachten Auslauf beschränkt werden.

Befestigen Sie an den Seiten des Auslaufs Schwerlast-Plastikfolien oder leere Futtersäcke mit Rollrandstreifen, die an den Rahmen geschraubt werden. Je nachdem, wie der Stall liegt, kann dies dazu beitragen, auch den Stall nachts wärmer zu halten.

Die meisten Hühner mögen es nicht, im Schnee zu laufen, aber sie werden sich in einen vom Schnee befreiten Bereich hinauswagen. Einige Hühner trotzen dem Schnee, aber zwingen Sie sie nicht, den Stall zu verlassen. Geben Sie ihnen die Möglichkeit, hinauszugehen, indem Sie die Klappe offen lassen, aber lassen Sie sie entscheiden, wo sie ihre Zeit verbringen wollen.

ERFRIERUNGEN

Erfrierungen treten auf, wenn die Flüssigkeit in den Zellen gefriert. Es bilden sich Blutgerinnsel, wodurch den Zellen Sauerstoff entzogen wird. Der Grad der Gewebeschädigung hängt von folgenden Faktoren ab: Windstärke, Dauer der Kälteeinwirkung, Feuchtigkeitsgrad, Höhe der Temperatur und Grad der Ein-

Hühnerpullover: Finger weg!

Ich bin bei meinen Hühnern immer für eine gesunde Portion Verrücktheit zu haben, aber Hühnerpullover sind nicht nur einfach unnötig – Sie riskieren damit auch die Gesundheit und Sicherheit Ihrer Hühner. Schießen Sie das süße Foto und packen Sie dann den Pullover zusammen mit dem Halloween-Kostüm weg, das Ihr Huhn ebenfalls irritierend findet.

Pullover tragen mehr dazu bei, dass die Menschen sich besser fühlen, weil sie »etwas« für einen spärlich befiederten Vogel tun, als dass sie tatsächlich das Wohlbefinden eines Vogels steigern. Bei eisigen Temperaturen ist ein Huhn, das gerade eine schwere Mauser durchmacht, besser aufgehoben, wenn es vorübergehend in einer Hundebox im Keller oder in der Garage untergebracht wird. Ein Pullover ist eine schmerzhafte Angelegenheit für eine sich mausernde Henne, deren empfindliche Stiftfedern am besten unberührt bleiben.

Pullover behindern auch die Fähigkeit eines Huhns, sich zu wärmen, indem sie das Sträuben der Federn verhindern, wodurch die erwärmte Luft auf der Haut eingeschlossen wird. Pullover halten *auch* die Feuchtigkeit auf der Haut zurück, was die Fähigkeit des Huhns, warm zu bleiben, weiter einschränkt. Zudem werden Läuse und Milben dazu ermutigt, ihr Lager unter dem Pullover aufzuschlagen.

Als wäre das alles nicht schon schlimm genug, können sich auch die Sporen oder Krallen eines Hahns während der Paarung in einem Pullover verfangen, wodurch akute Erstickungsgefahr für die Henne besteht. Und schließlich bietet ein Pullover Greifvögeln eine praktische Tragetasche für freilaufende Hühner – Sie müssen ihnen ihre Arbeit ja nicht unbedingt erleichtern.

schränkung der Blutzirkulation. Hühner mit großen, vorstehenden Kämmen sind besonders anfällig für Erfrierungen, ebenso wie die Kehllappen und Zehen. Unter extrem kalten Bedingungen kann das freiliegende Gewebe innerhalb von Minuten Erfrierungen erleiden.

Mögliche Folgen von Erfrierungen sind Schmerzen, Missbildungen, Mobilitätsverlust, verminderte Fruchtbarkeit bei Hähnen und verminderte Legeleistung bei Hennen. Leichte Fälle sind trotz der besten Präventivmaßnahmen oft unvermeidbar. Kennt man

Wenn kaltes Wetter mit Niederschlägen oder Wind einhergeht, sollten die Hühner auf einen vollständig wintertauglichen, überdachten Auslauf beschränkt werden. Befestigen Sie an den Seiten des Auslaufs Schwerlast-Plastikfolien oder leere Futtersäcke mit Rollrandstreifen, die an den Rahmen geschraubt (nicht getackert) werden.

aber die Ursachen, kann man die Lebensbedingungen der Herde optimieren und damit das Risiko für Erfrierungen verringern. Durch eine frühzeitige und angemessene Behandlung kann man bereits entstandene Schäden begrenzen. Werden Hühner in einem kalten, schlecht belüfteten Stall mit feuchter Einstreu gehalten, in dem die Feuchtigkeit aus Kot und Atemluft nicht entweichen kann, besteht ein sehr hohes Risiko für Erfrierungen.

Anzeichen für Erfrierungen sind: Schwellungen, mit Flüssigkeit gefüllte Blasen, die erst 24 bis 36 Stunden nach der Exposition auftreten können, Farbveränderungen des Gewebes (achten Sie auf weißes/helleres, grau-gelbes, grau-blaues oder dunkel verfärbtes Gewebe), verhärtetes Gewebe, Lahmheit, Appetitlosigkeit und Lustlosigkeit.

Wenn Sie in einem nördlichen Klimagebiet leben, wählen Sie kältetolerante Rassen mit kleinen Kämmen und Kehllappen. Flache, breite Schlafstellen (wie z. B. 5 × 10 cm-Bretter) ermöglichen es den Vögeln, ihre Füße mit ihrem Körper und Gefieder zu bedecken. Achten Sie auf eine gute Belüftung im Stall und treffen Sie Maßnahmen, um die Feuchtigkeit niedrig zu halten (siehe Kapitel 2). Eine Schicht Vaseline oder ein auf Wachs basierender Hautschutz (wie Musher's Secret®), der nachts auf Kämme und Kehllappen aufgetragen wird, kann verhindern, dass Feuchtigkeit an ihnen haften bleibt. Man ist sich noch nicht sicher, ob

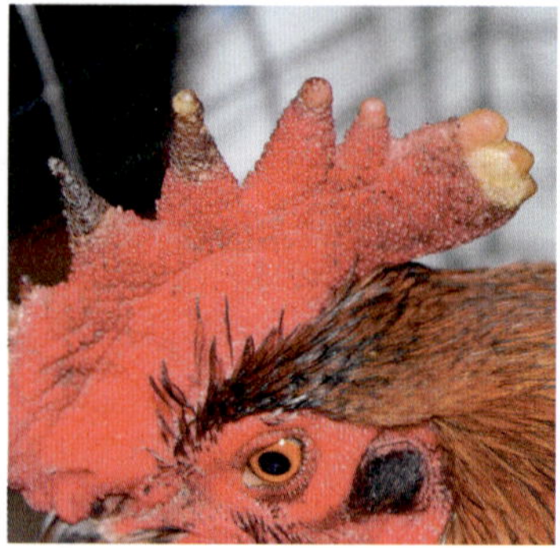
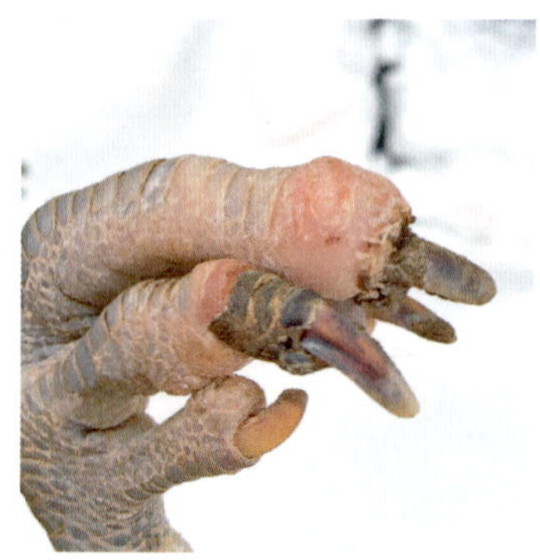

Anzeichen für Erfrierungen sind Schwellungen, mit Flüssigkeit gefüllte Blasen, die erst 24 bis 36 Stunden nach der Kälteexposition auftreten können, Farbveränderungen des Gewebes (achten Sie auf weißes/helleres, grau-gelbes, grau-blaues oder dunkel verfärbtes Gewebe), Verhärtungen, Lahmheiten, Appetitlosigkeit und Lustlosigkeit. Der leichte Sussex-Hahn Chevy (links) und der Schwarzkupfer-Maran-Hahn Blaze (rechts).

Vaseline wirklich Frostschäden verhindert, aber es kann nicht schaden, sondern nur helfen.

Wenn Sie den Verdacht haben, dass ein Huhn Erfrierungen erlitten hat, bringen Sie es an einen wärmeren Ort, um eine weitere Verschlimmerung zu verhindern. Lassen Sie das Tier nach Möglichkeit sofort tierärztlich versorgen. Steht kein Geflügeltierarzt zur Verfügung, beginnen Sie erst mit der Behandlung, wenn das Huhn nicht mehr der Kälte ausgesetzt ist – das Auftauen und erneute Einfrieren des Gewebes verursacht größere Schäden als eine verzögerte Behandlung der ursprünglichen Erfrierung.

Erwärmen Sie *ganz langsam* den bzw. die betroffenen Bereiche. Erfrorene Füße sollten in lauwarmes Wasser (37,5 bis 38 °C) getaucht werden, um das Gewebe langsam wieder aufzutauen. Halten Sie in lauwarmem Wasser getränkte Waschlappen sehr sanft gegen die Kämme und Kehllappen. Vermeiden Sie jegliche Reibung, da diese zusätzliche Gewebeschäden verursachen könnte.

Geben Sie etwas gegen die Schmerzen und Entzündung. Meloxicam ist ein gängiges Präparat, aber Sie brauchen einen Tierarzt, der es unter Angabe der Dosierung verschreibt.

Alternativ können fünf Aspirin-Tabletten (*insgesamt* 325 mg), verdünnt in 4 Liter Wasser, über 1 bis 3 Tage verabreicht werden. Halten Sie das Huhn während der Genesung an einem mäßig temperierten Ort auf weicher Einstreu, wie z. B. alten Handtüchern. Die Zufuhr von Flüssigkeit ist bei einem Kälteschock extrem wichtig, daher sollten dem Wasser während der Rekonvaleszenz einen oder zwei Tage lang Elektrolyte zugesetzt werden.

Futter und Wasser sollte in Trögen angeboten werden, bei denen es zu keiner schmerzhaften Berührung mit den Kämmen oder Kehllappen kommt.

Geflügel-Nippeltränken können hier hilfreich sein. Während sich ein Huhn von einer Erfrierung erholt, sollten Sie niemals die Blasen öffnen oder dunkel verfärbtes Gewebe entfernen – diese stellen natürliche Verbände dar, die das darunter liegende Gewebe schützen.

Weichen Sie die erfrorenen Füße mehrere Wochen lang ein- oder zweimal täglich in lauwarmem Wasser und Bittersalz ein, während Sie das Huhn so bequem wie möglich in einer provisorischen Innenanlage halten.

Halten Sie den verletzten Bereich mit einem nicht brennenden Wundspray wie Vetericyn® sauber, das berührungsfrei aufgetragen werden kann. Behandeln Sie die Stellen zwei- bis dreimal täglich bis zur Heilung. Achten Sie auf Anzeichen einer Infektion, wie z. B. Schwellung, Rötung, Nässen oder übelriechenden Ausfluss. Tritt eine Infektion auf, kann die Gabe von Antibiotika erforderlich sein.

Sie sollten wissen, dass das Gewebe je nach Erfrierungsgrad irgendwann austrocknen und abfallen kann. Diese Stellen regenerieren sich normalerweise nicht mehr. In schweren Fällen kann es passieren, dass Zehen oder sogar der gesamte Fuß abfallen. Ein Huhn kann diese Verletzungen aber überleben und sogar ein einigermaßen normales Leben führen, wenn die Infektion unter Kontrolle gebracht wird. Allerdings kann es

Monate bis zur völligen Erholung dauern. Bringen Sie ein Huhn nach der Genesung in die Herde zurück, verhalten Sie sich so, als ob es ein völlig fremdes Tier wäre, um Konflikte und Verletzungen zu vermeiden.

WINTERLANGEWEILE ADE

Ein geräumiger und überdachter Auslauf gibt den Herdenmitgliedern ausreichend Bewegungsspielraum. Dieser ist im Winter notwendig, um Langeweile, Fettleibigkeit und Verhaltensprobleme zu vermeiden. Als absolutes Minimum sollten 10 Quadratmeter pro Huhn zur Verfügung stehen, aber größer ist immer besser.

Selbst mit genügend Platz kann sich der Hüttenkoller einstellen, und die Hühner gehen sich gegenseitig auf die Nerven. Verhindern Sie, dass sich in den Wintermonaten Verhaltensprobleme entwickeln, indem Sie mit Neuheiten aufwarten. Ziehen Sie aber nicht alle Tricks auf einmal aus dem Hut, und widerstehen Sie der Versuchung, die Herde in erster Linie mit Leckereien zu unterhalten.

Bauen Sie die Aktivitäten auf dem natürlichen Instinkt der Hühner auf, sich hoch über dem Boden niederzulassen. Stellen Sie eine Vielzahl von Gegenständen zur Verfügung, auf die sie sich setzen können, und stellen Sie diese von Zeit zu Zeit um. Vergrößern Sie die Gesamtquadratmeterzahl durch Aufbauten! Alte Holzleitern, Stühle, Baumstümpfe, Baumstämme und breite Äste sind ausgezeichnete Dschungelturnhallen. Stellen Sie einen Spiegel im Stall oder Auslauf auf. Sorgen Sie dafür, dass er sicher befestigt ist und nicht umfallen oder zerbrechen kann.

Es ist nicht nur eine Freizeitbeschäftigung, sondern dient auch der sozialen Interaktion und der Körperpflege. Auch im Winter legen Hühner dahingehend keine Pause ein. Eine Vielzahl von Behältern, die mit Blumenerde, Torfmoos oder gutem Sand gefüllt sind, kann die Eintönigkeit auflockern. Große Blumentöpfe, Eimer und Gummikübel sind bei meinen Hühnern der Renner.

Die Hauptbeschäftigung der Herde sollte an den Wintertagen darin bestehen, ihre komplette Ration zu fressen. Wenn Sie kleine Löcher in leere Plastikflaschen bohren und diese mit zerkrümeltem Legehennenfutter füllen, tragen Sie dazu bei und geben den Tieren überdies ein wenig geistige Anregung.

Bieten Sie eine Vielzahl von Gegenständen an, auf denen sich die Hühner niederlassen können, und stellen Sie diese Dinge von Zeit zu Zeit um. Alte Holzleitern, Stühle, Baumstümpfe, Baumstämme und breite Äste sind ausgezeichnete Dschungelturnhallen. Ein Seidenhuhn-Showgirl schläft im passenden Rahmen.

Die Hauptbeschäftigung der Herde sollte an den Wintertagen darin bestehen, ihre komplette Ration zu fressen. Wenn Sie kleine Löcher in leere Plastikflaschen bohren und diese mit zerkrümeltem Legehennenfutter füllen, tragen Sie dazu bei *und* geben den Tieren überdies ein wenig geistige Anregung.

Temporäre Fütterungsstationen in neuen Behältern reduzieren die Konkurrenz um Futter. Schneiden Sie Quadrate von 7 × 7 cm in große saubere, mit zerkrümeltem Futter gefüllte Joghurt-becher und befestigen Sie die Becher auf Brusthöhe der Hühner mit Kabelbindern im Auslauf.

Wie in allen anderen Jahreszeiten auch können gesunde Leckereien als gelegentliche Ablenkung angeboten werden, sollten aber nicht als vorrangige Form der Unterhaltung angesehen werden. Beschränken Sie die Leckerbissen auf weniger als 2 Esslöffel pro Huhn pro Tag. Ein klein wenig Körnerfutter kurz vor dem Schlafengehen ist in sehr kalten Nächten in Ordnung, aber mehr als das ist unnötig und ungesund. Entfernen Sie das Futter aus dem Auslauf, nachdem die Herde zum Schlafen gegangen ist, um keine Nagetiere anzulocken.

GETREIDESPROSSEN

Gekeimtes Getreide ist eine einfache Möglichkeit, zu jeder Jahreszeit – insbesondere im Winter – frisches und nahrhaftes Grün anzubieten.

Die Begriffe *Sprossen* und *Futter* werden oft im gleichen Kontext verwendet, aber die Sprossen-Freunde reagieren verärgert, wenn wir das tun, also... lassen wir das. Sprossen sind gekeimte Getreidekörner und wachsen nicht höher als 10 cm. Futter wächst höher. Sprossen sind reich an Chlorophyll und Beta-Carotin, wodurch die Dotter dunkler und die Eier nahrhafter werden. Durch den Keimvorgang sind auch die Vitamine, Mineralien und Proteine im Getreide für die Hühner besser verfügbar. Der Enzymgehalt erhöht sich ebenfalls, wodurch das Getreide leichter verdaulich wird.

Für das Keimen benötigt man keine spezielle Beleuchtung oder Ausrüstung (obwohl es immer jemanden geben wird, der mit Freuden Ihr Geld für spezielle Anzuchtschalen nimmt). Die Raumtemperatur sollte bei 7 °C bis 20 °C liegen.

Die Methode ist unglaublich einfach: einweichen, spülen, abtropfen. Haben Sie das begriffen? Gut, dann wollen wir das Ganze nun etwas komplizierter machen.

Material: Sie benötigen einen peinlich sauberen, großen Kunststoffbehälter mit Abflusslöchern, die so klein sind, dass die Körner nicht durchfallen können. Es eignet sich jeder preiswerte Behälter – eine Lasagneform aus Aluminium, flache Kunststoff-Aufbewahrungsdosen usw. Vollkornweizen und Gerste sind die beiden Sorten, die am häufigsten zum Keimen genommen werden, aber auch Haferflocken, Sonnenblumenkerne, Alfalfa, Linsen, Klee, Mungbohnen und Sojabohnen sind gut geeignet. Naturkostläden und Futtermittelgeschäfte sind gute Bezugsquellen. Es sollte unbedingt frisches, nicht gechlortes Wasser verwendet werden – entweder Brunnenwasser oder

Gekeimtes Getreide ist eine einfache Möglichkeit, zu jeder Jahreszeit – insbesondere im Winter – frisches und nahrhaftes Grün anzubieten.

gechlortes Leitungswasser, das über Nacht in einem offenen Behälter steht.

Der Vorgang: Wenn Sie nicht genau hinschauen, wird Ihnen das Ganze entgehen. Weichen Sie die Körner in einer großen Schüssel über Nacht in Wasser ein. Lassen Sie die Körner morgens gut abtropfen und breiten Sie sie dann in dem Behälter 0,5 bis 1,25 cm hoch aus. Stellen Sie den Behälter auf einen zweiten, etwas größeren Behälter, damit das Wasser vollständig ablaufen kann. Nun bewässern und entleeren Sie den Behälter zweimal täglich 6 Tage lang. Servieren Sie das Ergebnis am 6. Tag!

GEFRORENE EIER

In den dunklen Monaten des Jahres gibt es nur wenige Eier, und die Eier, die gelegt werden, drohen bei eisigen Temperaturen zu platzen. Um das Gefrieren der Eier zu verhindern, sollten sie mehrmals täglich eingesammelt werden. Polstern Sie die Nestboxen mit Handtüchern, Pappe oder Luftpolsterfolie aus, achten Sie aber darauf, dass die Hühner keine Materialien fressen können. Stecken Sie einen kleinen, mit Reis gefüllten, mikrowellengeeigneten Handwärmer unter die Polsterschichten, um die Nestbox um einige Grad zu erwärmen. Die Eier sollen dabei aber nicht warm werden. Vorhänge (siehe Kapitel 2) helfen auch, die Körperwärme der Hennen für eine Weile im Inneren der Nestbox zu halten.

Erlauben Sie einer Henne niemals, sich auf ein Nest zu setzen, um Eier, die Ihren Speiseplan bereichern sollen, bei extrem kalten Temperaturen warm zu halten. Warum? Eine brütende Henne frisst, trinkt und scheidet nur ein- oder zweimal am Tag aus – dies ist in jeder Jahreszeit ungesund, bei eisigen Temperaturen aber möglicherweise lebensbedrohlich, wenn sie ihre Futter- und Wasseraufnahme eigentlich erhöhen muss, um sich warm zu halten. Eine brütende Henne verbraucht 80 Prozent weniger Futter als sonst und kann sich bei kalten Temperaturen nicht leisten, noch weniger Kalorien aufzunehmen. Ist es in der Nestbox so kalt, dass die Eier gefrieren, ist es dort auch kalt genug, dass die Hennen an Unterkühlung sterben können. Brütige Hühner sollten bei schlechtem Wetter immer »gebrochen« werden (siehe den Abschnitt »Die Glucke« weiter unten in diesem Kapitel).

Wenn ein gefrorenes Ei platzt, steht Krankheitserregern ein direkter Weg ins Innere offen. Aus diesem Grund sollten Sie gefrorene Eier, die aufgeplatzt sind, wegwerfen. Wenn ein Ei vielleicht gefroren ist, Sie sich aber nicht ganz sicher sind und die Schale nicht geplatzt ist, legen Sie es zum Auftauen in den Kühlschrank. (Waschen Sie ein sauberes, gefrorenes Ei nicht, da es platzen könnte.) Verwenden Sie aufgetaute Eier so schnell wie möglich und nur in Gerichten, die gründlich durchgegart werden. Das Einfrieren von Eiern führt zu einer Veränderung der Konsistenz des Eidotters; sie eignen sich vorzüglich als Rührei und in Gerichten, die nicht aufgehen müssen, aber bei Backwaren geht der Teig nicht so gut auf wie mit nicht gefrorenen Eiern.

Mein Grundsatz lautet: Wenn ich Zweifel habe, dann werfe ich die Eier weg. Die Hühner werden mehr Eier legen. *Alle* Eier sollten vor dem Verzehr gründlich erhitzt werden – ein kleiner Prozentsatz der sauberen, intakten, nie gefrorenen, frisch aus der Henne stammenden Eier enthält *Salmonella enteritidis*-Bakterien im Dotter, aber vom bloßen Ansehen kann man nicht erkennen, welche Eier kontaminiert sind.

Frühling

Ah, der Frühling! Er ist die schönste Zeit des Hühnerjahres! Mit zunehmender Tageslänge kehren die Hühner wieder an die Arbeit zurück und widmen sich der Eiablage und dem Ausbrüten der Küken, während Chöre von Hühnerengeln singen, um sie zu begrüßen!

BRUTKÄSTEN: EIER AUSBRÜTEN OHNE HENNE

Bis ein Küken aus dem Ei schlüpft, vergehen etwa 21 Tage. In dieser Zeit muss das Ei bei einer bestimmten, konstanten Temperatur und Luftfeuchtigkeit gehalten und regelmäßig gewendet werden. Das Ausbrüten von Eiern erfolgt entweder durch eine Henne, die auch als »Glucke« bezeichnet wird, oder in einem Brutkasten. Die ideale Temperatur liegt im Allgemeinen zwischen 37 °C und 39 °C. Die Luftfeuchtigkeit soll in den ersten 18 Tagen zwischen 55 und 60 Prozent und in den letzten 3 Tagen bei 65 Prozent liegen.

DIE GLUCKE

Es macht mir wirklich großen Spaß, mir in meiner Küche einen Stuhl heranzuziehen und zu beobachten, wie aus den Eiern in einem Brutkasten Küken schlüpfen. Dennoch steht außer Frage, dass es wesentlich einfacher ist, einer Henne das Ausbrüten von Eiern zu überlassen, als den Prozess in einem Elektrokasten zu überwachen und zu steuern. Brütende Hühner berücksichtigen instinktiv alle Details, von der Temperatur- und Feuchtigkeitskontrolle bis hin zum Wenden der Eier und der Aufzucht der Küken.

Man sagt, dass eine Henne brütig ist, wenn sie dem Ruf der Mutterschaft folgt und sich aufmacht, ein Nest zum Ausbrüten der Küken zu finden. Brütigkeit wird von vielen Faktoren beeinflusst, zu denen die Genetik, Lichtverhältnisse und Hormone zählen. Obwohl sie am häufigsten im Frühjahr auftritt, kann sie sich in jeder Jahreszeit zeigen. Einige Rassen neigen mehr zu Brütigkeit als andere – beispielsweise sind Seidenhühner, Cochins und Australorps Anwärterinnen auf die Auszeichnung als »Glucke des Jahres«. Es wird aber nicht jede Henne zu Lebzeiten brütig, während andere schon »brüten«, bevor sie ihr erstes Ei legen! Es ist eigentlich nicht möglich, eine Henne zum Brüten anzuregen. Allerdings kann sich eine Henne, die ohnehin schon in der Stimmung ist zu brüten, dazu verleitet fühlen, wenn sie ein Nest voller Eier oder eine andere brütende Henne sieht (Brütigkeit scheint ansteckend zu sein).

Brütende Hühner suchen abgeschiedene, dunkle, warme Orte für ihre Nester, die sich nicht immer im Stall befinden; es ist bekannt, dass manche Hennen verschwinden und erst nach einigen Wochen mit

Ah, der Frühling! Er ist die schönste Zeit des Hühnerjahres! Wenn die Tage länger werden, gehen die Hühner wieder an die Arbeit, um Eier zu legen und Küken auszubrüten, während Chöre von Hühnerengeln singen, um sie zu begrüßen. Von links: Spanische, Dorking- und Wyandotten-Küken.

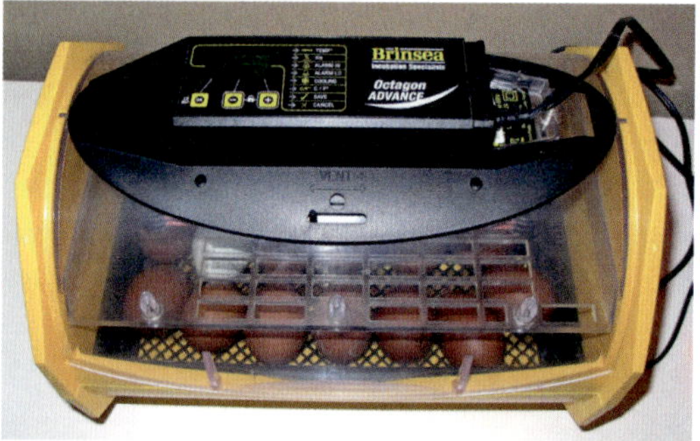

Das Ausbrüten kann entweder durch eine Henne, die als »Glucke« bezeichnet wird, oder in einem Brutapparat (Inkubator) wie diesem erfolgen.

Küken im Schlepptau zurückkehren! Eine brütende Henne ist leicht zu erkennen: Sie rupft ihre Bauchfedern aus, um den Eiern die Wärme und Feuchtigkeit ihrer Bauchhaut direkt zukommen zu lassen. Außerdem sitzt sie den ganzen Tag stoisch im Nest und verlässt dieses nur ein- oder zweimal am Tag, um zu fressen, zu trinken, zu baden und sich zu erleichtern. Wenn man sich ihr nähert, knurrt und kreischt sie, sträubt ihre Federn und pickt nach dem Eindringling, um ihre Eier zu verteidigen.

Die drastische Veränderung des Tagesablaufs einer brütenden Henne geht zu Lasten ihrer Gesundheit. Da sie weniger trinkt, weniger Kot absetzt und 80 Prozent weniger frisst als sonst, verliert sie erheblich an Gewicht. Ihr Kamm wird blass, die Federn verlieren ihren Glanz, und sie wird anfällig für Ektoparasiten, die in ihrem Gefieder ihr Lager aufschlagen. Sie beabsichtigt zwar, nur bis zum Schlüpfen ihrer Küken im Nest zu bleiben, aber wenn sie auf unbefruchteten Eiern, Golfbällen oder in einem leeren Nest sitzt, verlängert sich ihr Aufenthalt in der Nestbox auf unbestimmte Zeit. Eine Brutzeit von 21 Tagen kann man tolerieren, aber eine längere Dauer kann langfristige gesundheitliche Folgen haben.

Die Macht der Suggestion ist im Hühnerstall sehr stark ausgeprägt – eine einzige brütende Henne kann eine Herde von Legehennen zu einer Horde von Faulpelzen werden lassen. Selbst wenn sie keine anderen Glucken rekrutiert, blockiert eine brütige Henne eine Nestbox, die andere Legehennen möglicherweise ebenfalls nutzen wollen. Dies kann zu Gerangel, Verletzungen durch Picken, zerbrochenen Eiern und Stress in der Herde führen.

Manchmal ist es nicht möglich oder wünschenswert, dass eine Henne Küken ausbrütet. Dann sollte das brütige Verhalten durch »Brechen« der Henne beendet werden. Je länger die Brütigkeit dauert, desto länger dauert es, die Henne zu brechen, und desto länger dauert es, bis sie wieder anfängt, Eier zu legen. Deshalb ist es ratsam, damit zu beginnen, sobald eine Henne die ersten Anzeichen für Brütigkeit zeigt.

Es gibt zahlreiche Methoden, die Brütigkeit zu beenden, einige davon sind unzuverlässig oder unwirksam, andere grausam und unmenschlich. Ich rate dringend von allen Techniken ab, die mit Wasser oder Eis arbeiten. Auch die »Bumerang«-Methode kann ich nicht empfehlen, bei der die Hennen wiederholt aus dem Nest genommen werden. Sie geraten dabei nur in Panik und laufen sofort zu ihrem Nest zurück. Diese Methode ist unzuverlässig und für alle Beteiligten belastend.

Es gibt zwei zuverlässige Methoden, um eine brütige Henne zu brechen. Die eine besteht darin, ihr Eintagsküken unterzuschieben. Am besten schiebt man ihr mitten in der Nacht, während sie sich in einem Dämmerschlaf befindet, ein paar Küken, die jünger als 5 Tage sind, direkt unter den Bauch. Am nächsten Morgen wird sie aufwachen und denken, dass sie diese Küken ausgebrütet hat, und sich der Aufgabe widmen, die Kleinen zu bemuttern. Wenn die Henne in der Vergangenheit noch keine Küken aufgezogen hat, sollte man diese Methode allerdings nicht wählen

Einer Henne das Ausbrüten von Eiern zu überlassen, ist wesentlich einfacher als die Überwachung und Steuerung des Prozesses in einem Elektrokasten. Brütende Hühner berücksichtigen instinktiv alle Details, von der Temperatur- und Feuchtigkeitskontrolle bis hin zum Wenden der Eier und der Aufzucht der Küken. Ellen deHeneres ist halb Schwarzkupfer-Maran und halb Weizen-Maran. Ihr Küken ist ein Dorking.

Die andere Methode ist als »Brütigkeitsbrecher« bekannt. Hühner haben in der Nähe ihres Unterleibs ein spezielles Hautareal mit einer reichhaltigen Blutversorgung, das es ihnen ermöglicht, Körperwärme und -feuchtigkeit auf die brütenden Eier zu übertragen. Dieser »Brutfleck« muss abgekühlt und die Nistroutine unterbrochen werden, damit die Henne wieder zur Tagesordnung übergeht. Die effizienteste und zuverlässigste Methode zum Abbruch der Brütigkeit besteht darin, die Henne in einen Käfig mit Drahtboden zu setzen, der an einem gut beleuchteten Ort außerhalb des Stalls in einigem Abstand zum Boden aufgestellt wird.

Die Luft kann durch den Drahtboden unter der Henne zirkulieren und ihren Unterbauch abkühlen. Natürlich müssen Futter und Wasser in den Käfig gestellt werden, aber keine Einstreu. Eine Hundebox mit Drahtboden kann hervorragend zu diesem Zweck eingesetzt werden. Wenn die Henne erst einmal in Isolationshaft sitzt, wird sie sich kurz aufregen, herumlaufen, gackern und Sie verfluchen, sich aber auch bald wieder beruhigen.

Haben Sie sie früh in ihrem brütigen Zustand erwischt, sollte sie innerhalb weniger Tage gebrochen sein und in etwa einer Woche wieder normal Eier legen. Je länger sie brüten durfte, desto länger muss sie unter Arrest bleiben, und desto länger wird es dauern, bis sie wieder an ihre normale Arbeit gehen kann. Wenn sie anfängt, sich wieder normal zu verhalten – sie läuft in der Kiste herum, frisst, trinkt und kotet häufig – kann ein Versuch gestartet werden. Holen Sie sie aus dem Käfig, bringen Sie sie in den Hühnerhof und beobachten Sie sie. Wenn sie immer noch brütig ist, macht sie vielleicht einen kleinen Umweg, um zu baden, zu fressen und zu trinken, bevor sie sich eilends aus dem Staub macht und zu ihrem Nest zurückkehrt. In diesem Fall kommt sie sofort zurück in den Käfig. Wiederholen Sie dieses Vorgehen bei Bedarf.

DIE DUNKLEN SEITEN DER GLUCKEN: ABBRECHER UND MÖRDERISCHE HENNEN

Nur weil eine Henne brütig ist, bedeutet das nicht, dass sie auch eine engagierte Glucke sein wird. Manche verlassen das Gelege nach Tagen oder Wochen. Oder schlimmer noch, sie töten die Küken, sobald diese geschlüpft sind. Es lässt sich nicht vorhersagen, ob eine Henne den Brutvorgang vorzeitig abbricht, oder ob sie nach dem Schlüpfen der Küken mörderische Neigungen zeigt. Bevor Sie teure Bruteier kaufen, um sie von einer Glucke ausbrüten zu lassen, sollten Sie sie mit normalen Bruteiern auf Herz und Nieren prüfen. Das Verhalten in der Vergangenheit ist der beste Indikator für die Zukunft: Hat sie schon einmal das Nest verlassen oder die Küken verletzt, wird sie es wieder tun. Sie sollten immer einen Inkubator bzw. einen Brutapparat in der Hinterhand haben, falls eine brütende Henne plötzlich die Eier oder Küken verlässt.

Eine Henne kann etwa zwölf Eier, die ihrer Größe entsprechen, bedecken und warm halten. Wenn es sich um ein Zwerghuhn handelt, leuchtet ein, dass sie zwölf Zwerghuhneier versorgen kann, und entsprechend weniger, wenn die Eier von einer größeren Henne stammen. Gehört die Glucke einer großen Hühnerrasse an, kann sie bis zu fünfzehn Eier von der Größe, die sie normalerweise legen würde, bewältigen, und entsprechend mehr, wenn es sich um Zwerghuhneier handelt.

Im Idealfall hat jede Glucke ihren eigenen räubersicheren Raum abseits des Stalls und der Herde, um ungestört von neugierigen Mitbewohnern brüten zu können.

Leider ist sie meist nicht so schlau, ein Zimmer auf der Mütterstation zu reservieren. Stattdessen richtet sie sich normalerweise in einer Nestbox im Stall ein. Einige Glucken hängen mehr an dem von ihnen gewählten Nest als andere und werden mächtig protestieren, wenn man versucht wird, sie umzusetzen. Ich benutze oft eine Haustier-Transportbox aus Kunststoff, die in einem provisorischen Hühnergehege im Keller als Brutstätte dient. Ein Welpen-Laufstall eignet sich ebenfalls gut dafür.

In einigen Fällen ist es nicht möglich oder wünschenswert, dass eine Henne Küken ausbrütet; dann sollte das brütige Verhalten der Henne unterbrochen werden.

Der Umzug erfolgt am besten nachts, wenn sich die Henne weniger über den Tapetenwechsel aufregt. Futter, Wasser und der Behelfsauslauf sollten vor dem Umzug bereitstehen. Eine Glucke braucht nicht viel: einen abgeschiedenen Ort mit Kiefernholzspänen, um die Eier zu polstern, eine Futter- und Wasserstation und einen separaten Platz, um sich zu erleichtern. Ich füttere meine Glucken mit Starterfutter für Küken, weil es einen höheren Eiweißgehalt als Legehennenfutter hat, und genau das werden die Küken nach dem Schlüpfen brauchen. Körnerfutter kann ebenfalls angeboten werden, da der hohe Kohlenhydratgehalt während der dreiwöchigen Crash-Diät zusätzliche Kalorien liefert. Frisches, kühles Wasser muss unbedingt stets in der Nähe des Futters zur Verfügung stehen.

Halten Sie das Nest sauber und trocken. Bakterien + Eier = tote Embryonen und faule Eier. Unfälle passieren – zerbrochene Eier und verschmutzte Nester sollten sofort gereinigt werden, um die Belastung durch Bakterien zu reduzieren. Glucken verlassen das Nest jeden Tag etwa zur gleichen Zeit, um zu fressen, zu trinken, Kot abzusetzen und im Staub zu baden. Dies ist ein guter Zeitpunkt, um die Einstreu zu kontrollieren und zu wechseln. Stören Sie eine brütende Henne möglichst nicht.

Man weiß nie, wann eine Störung dazu führt, dass die Glucke den Brutvorgang vorzeitig abbricht.

Entgegen der landläufigen Meinung wirft eine Henne schlechte Eier nicht aus dem Nest. Tatsächlich sind manche Eier, die außerhalb des Nests gefunden werden, lebensfähig, und manchmal sitzt die Glucke bis zum bitteren Ende auf faulen Eiern.

Ich wünschte, ich bekäme einen Nickel für jedes faule Ei, das im Nest gefunden wird, nachdem die Henne es verlassen hat, um sich um ihre Küken zu kümmern. Ich habe auch schon mehr als ein im Ei heranwachsendes Küken gerettet, das eine Glucke aus dem Nest geworfen hatte. Jedes Ei, das außerhalb des Nestes gefunden wird, sollte durchleuchtet werden (siehe Kapitel 11), um die Lebensfähigkeit und den Entwicklungsstand des Kükens zu beurteilen. Wenn es auf dem richtigen Weg ist, legen Sie es entweder wieder unter dieselbe oder eine andere Glucke oder in einen Inkubator. Ich durchleuchte Bruteier höchstens zweimal: an den Tagen 10 und 17. Verfaulte Eier können das gesamte Gelege gefährden, sodass an Tag 10 jedes Ei, das noch nicht angefangen hat, sich zu entwickeln, auffliegt und mit der Präzision eines Bombenentschärfers aus dem Gelege entfernt werden muss. Nach Tag 18 beginnt der Embryo die Schlupfposition einzunehmen und sollte nicht mehr gestört werden. Es ist normal, dass eine Henne in den letzten 3 Tagen das Nest nicht mehr verlässt. Stören Sie sie dann nicht!

Achten Sie auf das voraussichtliche Datum, an dem die Küken schlüpfen sollen. Ein Küken fängt ab dem 19. Tag an, in seinem Ei zu piepsen, und es ist ratsam, die Henne auf Anzeichen von Feindseligkeit oder Ablehnung zu beobachten. Manchmal ist es notwendig, Küken vor einer Glucke zu retten, weil diese sie angreift, zurückweist oder im Stich lässt. Halten Sie als Vorsichtsmaßnahme immer einen Brutapparat bereit.

Innerhalb von ein oder zwei Tagen nach dem Schlupf sollte die Henne den Küken das Fressen und Trinken beibringen. Etwa einen Monat nach dem Schlupf braucht die Henne wieder Legehennenfutter, da sie jederzeit mit der Eiablage beginnen kann.

Zu diesem Zeitpunkt beginnen die meisten Glucken, sich von ihren Babys zu distanzieren, obwohl es auch da Ausnahmen gibt.

STALLGLUCKEN

Es ist nicht immer möglich, einer brütenden Henne eine private Mütterstation zur Verfügung zu stellen. Häufig müssen die Glucken ihre Eier in den Nestboxen im Stall ausbrüten. Die Anforderungen an die Pflege von Stallglucken sind beträchtlich, und es sollten spezielle Unterkünfte geschaffen werden, um die Chancen für eine erfolgreiche Bebrütung zu maximieren.

Stallglucken besetzen Nestboxen, die eigentlich für die Legehennen gedacht sind. Diese suchen häufig eine Stallglucke in ihrer Nestbox auf, legen dort ihre Eier und verschwinden wieder. Manchmal jedoch scheucht eine Legehenne eine Stallglucke von ihrem Nest weg, und es kann sein, dass diese zurückkehrt – oder auch nicht.

Eine weniger durchsetzungsfähige Legehenne zieht es vielleicht vor, ihre Eier außerhalb der Nestbox oder des Stalles zu legen und den Hühnerhalter auf eine tägliche Eiersuche zu schicken. Keine der beiden Situationen ist wünschenswert. Es kann hilfreich sein, im Stall zeitweilig zusätzliche Nestboxen aufzustellen, die von den Legehennen genutzt werden können, während die üblichen Nester *ocupado* sind. Ein umgekippter 20-Liter-Eimer, dessen Boden nur teilweise ausgeschnitten ist, um einen Rand zu bilden, funktioniert ebenso wie ein flacher Karton oder eine leere Haustier-Transportbox.

Ein weiteres Problem, das nur bei Stallglucken auftritt, ist das Verschwinden von Eiern. Andere Hennen können sich mit den Bruteiern aus dem Staub machen, indem sie sich die Eier unter die Flügel klemmen und mitnehmen oder (brutal) fressen. Dagegen kann man nicht viel machen, außer die Stallglucke und ihre restlichen Eier auf eine Mütterstation zu verlegen. Manchmal gesellt sich eine zweite Glucke hinzu, die sich das Gelege mit ihr teilt und ihr hilft, die Küken aufzuziehen; der Platz kann zwar knapp werden, aber diese Konstellation funktioniert in der Regel gut.

Die Bruteier einer Stallglucke sollten deutlich mit einem Permanentmarker markiert werden. So können Sie auf einen Blick erkennen, welche Eier bebrütet werden und welche kürzlich von anderen Hennen gelegt wurden. Die Eier sollten mindestens einmal am Tag aus dem Stall entnommen werden, um frisch gelegte Eier zu entfernen. Kontrollieren Sie täglich, ob sich unter einer Stallglucke frisch gelegte Eier befinden. Wenn sie dabei besonders störrisch ist, sollten sie die Eier nach Einbruch der Dunkelheit mithilfe einer Taschenlampe einsammeln.

Liegt das Nest der Stallglucke mehr als 30 Zentimeter über dem Boden, sollte die Glucke mit ihrem Gelege zur Sicherheit der Küken spätestens am 18. Tag (3 Tage vor dem Schlupf) in ein niedrigeres, temporäres Nest im Stall gebracht werden.

Wenn die Küken geschlüpft sind, kehrt die Glucke zu ihren normalen Fressgewohnheiten zurück, nachdem sie mehrere Wochen kurz vor dem Hungertod stand. Diese drastische Ernährungsumstellung löst eine Mauser aus. Der höhere Proteingehalt im Starterfutter unterstützt den Eiweißbedarf während des Federwachstums.

Das Beste daran, wenn man eine Glucke hat, ist, ihr bei der Aufzucht der Küken zuzuschauen. Sie sollte sie wärmen, ihnen das Fressen und Trinken beibringen und sie vor Schaden bewahren. Das Verhalten der anderen Hennen gegenüber der Glucke und ihren neuen Küken sollte in den ersten Tagen genau beobachtet werden. Wenn sich herausstellt, dass die Glucke die Küken nicht ausreichend vor den anderen Herdenmitgliedern schützt, sollten Glucke und Küken in einem separaten Bereich untergebracht werden.

Eine Glucke nabelt sich in der Regel 5 oder 6 Wochen nach dem Schlüpfen von ihren Küken ab. Sie kann danach jederzeit wieder mit der Eiablage beginnen. Einige Hennen brüten mehrmals im Jahr, wenn man es zulässt. Von der Serienbrut sollte aber aufgrund der physischen Belastung, die sie für eine Henne bedeutet, abgeraten werden.

INTEGRATION NEUER HÜHNER: DIE LAUFSTALL-METHODE

Die Integration neuer Hühner in eine bestehende Herde ist immer nervenaufreibend. Es gibt einfach keine Möglichkeit vorherzusagen, wie zwei Gruppen von Hühnern miteinander klarkommen werden. Aber es ist durchaus möglich, Hühner ohne Drama oder Blutvergießen zu vergesellschaften, und zwar mit einem Ansatz, den ich die »Laufstallmethode« nenne. Dazu gehört die Einrichtung einer abgeschlossenen Einheit (Laufstall) für die Neulinge in der Nähe des Stalles oder Auslaufs bzw. neben dem Auslauf. Die Herde bleibt im normalen Auslauf und/oder läuft weiterhin frei herum, und für die Neulinge gibt es in der Nähe einen kleinen, separaten Pferch.

Hühner stehen Veränderungen misstrauisch gegenüber. Die Laufstallmethode ermöglicht es jeder Gruppe, sich nach und nach mit dem Anblick und den Geräuschen der anderen Gruppe vertraut zu machen und gleichzeitig eine sichere, berührungsfreie Zone zu schaffen. Die Neulinge sollten mindestens eine Woche lang tagsüber im Laufstall bleiben, wobei der Integrationsprozess viel länger dauern kann.

Das vorzeitige Zulassen von Körperkontakt kann in einem Blutbad enden.

Ich kann im Allgemeinen sagen, dass die Hühner bereit sind, sich unter die anderen zu mischen, wenn sie aufgehört haben, aufeinander zu achten.

Erlauben Sie den Neulingen, sich in aller Ruhe aus dem Laufstall zu wagen, indem sie die Laufstalltür ein wenig öffnen. Sie werden anfangs in der Nähe des Laufstalls bleiben und einen Sicherheitsabstand zur Herde einhalten, sich aber schließlich entspannen und unter die anderen mischen. Beschleunigen Sie den Vorgang nicht – lassen Sie sie die Führung übernehmen.

Es ist mit *kleineren* Konflikten zu rechnen, da die etablierte Hackordnung gestört wird und erst wieder neu etabliert werden muss. Es sollte jedoch kein Mobbing oder Blutvergießen stattfinden. Bei Verletzungen – selbst bei kleineren Verletzungen durch Picken – müssen Sie das Opfer sofort aus der Herde entfernen, seine Wunden reinigen und es bis zur vollständigen Heilung getrennt halten. Wird das Opfer bei der Rückkehr in die Herde erneut schikaniert, sperren Sie die Tyrannin für einige Tage in einen Laufstall; danach sollte sie sich netter benehmen (siehe Kapitel 10).

Mit dieser Methode lernen die Neulinge auch, den Stall als Heimat zu erkennen, sodass sie nach der Zusammenführung in der Abenddämmerung wieder in den Stall zurückkehren werden. Neulinge, deren Laufstall sich nicht im Stall oder Auslauf befindet, werden nachts in die Aufzuchtkiste zurückgebracht, bis klar ist, dass sie in der Herde sicher sind. Es ist etwas schwierig, ihnen klarzumachen, dass der Stall ihr neues Zuhause ist, und ein Stalltraining ist in der Regel notwendig (siehe Kapitel 10).

Fügen Sie niemals neue Vögel einer Herde hinzu, indem Sie sie nach Einbruch der Dunkelheit heimlich in den Stall mogeln und hoffen, dass sich die Dinge am Morgen schon zum Guten wenden werden. Hühner haben keine Schwierigkeiten, Fremde in ihrer Mitte zu erkennen, und die gewöhnliche Reaktion auf diese Taktik ist ziemlich vorhersehbar. Stellen Sie sich vor, Sie gehen nachts schlafen und wachen morgens auf, nur um einen verwirrten, verängstigten und möglicherweise feindseligen Fremden zu sehen, der am Fuße Ihres Bettes steht und Sie anstarrt. Der Fremde hat keine Ahnung, wie er dorthin gekommen ist oder wer Sie sind, und Sie umgekehrt auch nicht!

Die Laufstallmethode ermöglicht es den Neulingen und der Herde, sich vor der eigentlichen Zusammenführung kennenzulernen. Fügen Sie niemals neue Vögel einer Herde hinzu, indem Sie sie nach Einbruch der Dunkelheit heimlich in den Stall mogeln und hoffen, dass sich die Dinge am Morgen schon zum Guten wenden werden.

KAPITEL 10

Verhalten

HÜHNERPSYCHOLOGIE

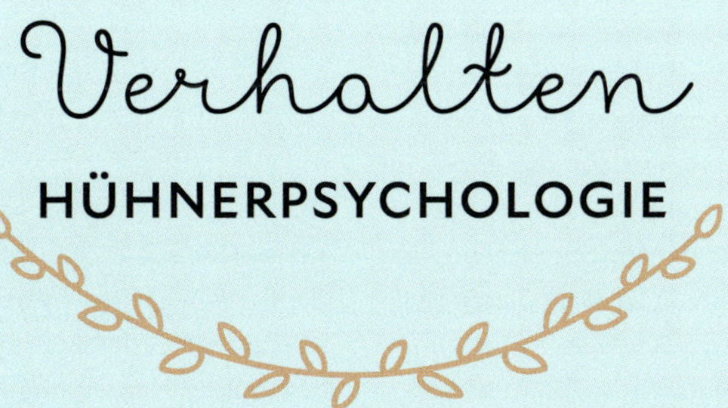

ALS SPEZIES MÜSSEN WIR DEM DOMESTIZIERTEN Huhn wirklich Anerkennung dafür zollen, dass es über die notwendige Intelligenz verfügt, um seit mehr als zehntausend Jahren den Herausforderungen im Dschungel und anderswo zu trotzen. Wenn wir als Hobby-Hühnerhalter verstehen, warum Hühner bestimmte Verhaltensweisen an den Tag legen, und dass diese oft etwas mit dem Überleben zu tun haben, können wir die Reaktionen in bestimmten Situationen einschätzen, vorhersehbare Probleme vermeiden und sollten doch welche auftreten, diese lösen. Denken Sie wie ein Huhn!

Die Durchsetzung der sozialen Hierarchie mit einem gelegentlichen Picken oder Stupsen ist normal, wiederholtes aggressives Verhalten allerdings nicht. Der Mille Fleur d'Uccle Hahn Duke.

Problemverhalten Rupfen

Der Schnabel ist das Schweizer Taschenmesser der Hühnerwelt. Er wird zum Fressen, Trinken, Schneiden, Greifen, Erforschen, Graben, Transportieren, Kommunizieren, Putzen und Verteidigen benutzt. In einer gesunden Umgebung benutzen Hühner ihren Schnabel nicht als Waffe. Bei schlechter Haltung wird er jedoch zu einem Werkzeug, um mit dem daraus resultierenden Stress fertig zu werden.

Eine der häufigsten Ursachen für das Problemverhalten Rupfen ist Überbelegung und dadurch bedingter Platzmangel. Da die Hühner nicht ausreichend Platz haben, picken sie sich gegenseitig an, wenn ihnen etwas Interessantes ins Auge fällt – ein Schmutzfleck, eine Stiftfeder, ein Insekt ... was auch immer. Selbst unschuldige Erkundungen, die nicht auf Aggression beruhen, können zu Wunden führen. Diese ziehen die Aufmerksamkeit anderer Vögel auf sich, was dann außer Kontrolle geraten und zu lebensbedrohlichen Verletzungen führen kann. Es ist also entscheidend, die Auslöser für das Rupfen zu verstehen, zu identifizieren und zu kontrollieren, um bei Bedarf schnell eingreifen zu können.

Die häufigsten Risikofaktoren für das Rupfen sind: Überbelegung, Aufnahme neuer Hühner in eine bestehende Herde, übermäßiger Lichteinfall oder Hitze, der Anblick hervorbrechender Stiftfedern, Nährstoffmängel, Langeweile, leere Futtertröge oder Tränken sowie der Umzug in einen neuen Stall. Dies alles bedeutet für Hühner Stress.

Einige einfache Maßnahmen können helfen, das Rupfen zu verhindern. Stall und Auslauf sollen immer geräumig, sauber und trocken sein. Füttern Sie ein ausgewogenes Futter und schränken Sie die Gabe von Leckereien ein. Zusätzlich ist Folgendes zu beachten:

- Als Faustregel gilt eine Nestbox für je vier Hennen. Hängen Sie Vorhänge auf, um Privatsphäre zu schaffen, Stress zu reduzieren und die Kloake während der Eiablage vor der Öffentlichkeit abzuschirmen.
- Eingeschränkte oder mit einer Zeitschaltuhr gesteuerte Fütterungszeiten führen zu Konkurrenz um das Futter und zu Langeweile zwischen den Fütterungen. Wählen Sie stattdessen die unbeschränkte Fütterung.
- Stellen Sie sicher, dass jede Nacht mindestens 8 Stunden *völlige* Dunkelheit herrscht. Kein Nachtlicht!
- Bei jeder Verletzung durch Rupfen sollten Sie das Huhn solange von der Herde trennen, bis die Verletzung vollständig abgeheilt ist.

Mobbing

Die Durchsetzung der sozialen Hierarchie mit einem gelegentlichen Picken oder Stupsen ist normal, wiederholtes aggressives Verhalten allerdings nicht. Wenn wiederholt Federn gerupft werden, Blut fließt, ein bestimmtes Herdenmitglied immer wieder angegriffen oder ihm der Zugang zu Futter oder Wasser verweigert wird, dann muss der Stress, der das Mobbing verursacht, abgestellt und der Aggressor daran gehindert werden, anderen zu schaden. Setzen Sie den Angreifer in ein Drahtgehege innerhalb der Herde, um den Druck herauszunehmen. Durch die Nähe des Geheges zu den anderen Vögeln entsteht eine Sicherheitszone – es ist keine disziplinarische Maßnahme. Nach ein oder zwei Tagen kann dem Angreifer gestattet werden, sich wieder unter die anderen Vögel zu mischen. Wird das Verhalten erneut gezeigt, wiederholen Sie das Ganze bei Bedarf.

Eierfressen

Manchmal fressen Hühner Eier in den Nestboxen, aber wer kann es ihnen verdenken? Sie sind köstlich! Allerdings ist das Eierfressen eine schlechte Angewohnheit, die sich andere Herdenmitglieder schnell abschauen. Es ist zwar schwierig, aber nicht unmöglich, sie abzustellen. Man erkennt Eierfresser normalerweise an dem Eigelb am Schnabel, im Gesicht oder an den Federn, oder daran, dass sie in den Nestboxen herumlungern. Mein persönlicher letzter Ausweg besteht darin, die Eierfresserin abzusondern, bis der Rest der Herde mit der Eiablage fertig ist. Im schlimmsten Fall fressen sie ihre eigenen Eier, aber nicht die der anderen. Eierfressen muss kein Grund für die Tötung eines Huhns sein. Durch einige kleine

Änderungen im Stall und Tagesablauf kann selbst die eifrigste Eierfeinschmeckerin rehabilitiert werden.

Die einzige Taktik, die garantiert, dass die Eier vor dem Verzehr durch die Hühner geschützt werden, ist die Verwendung von Roll-Nestboxen, in denen die Eier sofort nach der Ablage eine Schräge hinunter und in eine abgedeckte Auffangschale rollen. Die folgenden Maßnahmen sind ebenfalls hilfreich, um dieses Verhalten zu verhindern:

- Sammeln Sie die Eier häufig ein.
- Zwingen Sie brütige Hennen, die Nestboxen freizugeben.
- Bringen Sie brütige Hennen abseits vom Stall unter.
- Sorgen Sie für ausreichend Nistmaterial, um die Wahrscheinlichkeit von zerbrochenen Eiern zu reduzieren, welche das Eierfressen fördern.
- Bieten Sie Austernschalenkalk an, um die Häufigkeit von leicht zerbrechlichen, dünnschaligen Eiern zu verringern.
- Füttern Sie ein ausgewogenes Legehennenfutter, um Nährstoffmängel zu vermeiden.
- Lassen Sie die Hennen morgens ungestört ihrem Geschäft nachgehen, um Stress und nervöses Rupfen zu minimieren.
- Hängen Sie Vorhänge vor den Nestboxen auf, um die Privatsphäre der Legehennen zu schützen und die Eier vor den Eierfressern zu verstecken.
- Legen Sie Eiattrappen wie z. B. Golfbälle in die Nestboxen. Der Theorie nach soll das Picken an einem unnachgiebigen »Ei« ein solches Verhalten in Zukunft verhindern.

Eine Buff-Orpington-Henne.

Versteckte Eier

Freilandhühner legen ihre Eier manchmal im Hof. In diesem Fall sollten sie für eine oder zwei Wochen ohne Freilandhaltung auf den Auslauf beschränkt werden. Ein Golfball oder ein Keramik-Ei in jedem Nest kann dazu beitragen, die Eiablage in den Nestboxen zu fördern. Nachdem die Hennen eine oder zwei Wochen lang zuverlässig Eier in die Nestboxen gelegt haben, dürfen sie wieder in die Freilandhaltung zurückkehren.

Stalltraining

Da Hühner eine schlechte Nachtsicht haben, kehren sie von Natur aus vor dem Dunkelwerden in die Sicherheit des Stalles zurück, um für die Nacht Schutz zu suchen. Das Umsetzen von Hühnern von einem Stall, Bauernhof oder Züchter in einen anderen führt oft zu Verwirrung. Dies kann bedeuten, dass hingebungsvolle Pfleger nach Einbruch der Dunkelheit damit beschäftigt sind, desorientierte Hühner in ihr neues Zuhause zu treiben oder zu locken. So etwas macht wirklich keinen Spaß.

Diese Situation kann dadurch vermieden werden, dass man die Hühner in dem neuen Stall einsperrt, bis sie ihn als ihre Heimat akzeptiert haben. Nach einer Woche Stalltraining lassen Sie sie in den Auslauf. In dem unwahrscheinlichen Fall, dass sie in der ersten Nacht nicht in den Stall zurückkehren, sperren Sie sie für eine weitere Woche in den Stall und versuchen es dann erneut. Bei Freilandhaltung ist in Woche 3 der Zeitpunkt gekommen, die Auslauftür zu öffnen und sie in die freie Natur zu entlassen. Das Stalltraining ist meist leichter durchzuführen, wenn keine alten

Bewohner zugegen sind, aber manchmal zeigen ältere Mitglieder der Herde den Neulingen auch, wo es langgeht. Das Stalltraining sollte nicht versucht werden, wenn die Temperaturen im Stall über 21 °C liegen.

Manchmal kehren Hühner, die schon seit einiger Zeit in einem Stall leben, in der Dämmerung plötzlich nicht mehr in den Stall zurück. Dies kann auf Angst vor Raubtieren oder einen anderen Stressfaktor, wie z. B. ein aggressives Herdenmitglied, zurückzuführen sein. Sobald das Problem erkannt und gelöst ist, sollten Sie mit dem oben beschriebenen Stalltraining beginnen.

Paarung: Wie geht *das* denn?

Haben Sie jemals darüber nachgedacht, wie sich Hühner paaren? Ich meine, haben Sie *wirklich* darüber nachgedacht – über den Ablauf, die Mechanik, die spezifischen Teile? Die meisten von uns haben das wahrscheinlich nicht, aber als Hühnerhalter werden Sie sich mit diesem faszinierenden Vorgang vertraut machen wollen. Schon bald werden Sie Freunde, Kollegen und völlig Fremde mit einer erstaunlichen Menge an Details beeindrucken können, wie Hühner es treiben. Machen Sie sich jedoch darauf gefasst, dass Sie vieles von dem, was Sie über die Art und Weise wissen, wie sich die meisten Tiere paaren, schlichtweg vergessen müssen – bei Hühnern läuft die Paarung ganz anders ab.

DIE ERSCHEINUNG ZÄHLT

Es gibt viele Theorien, warum Hähne – und davon abgesehen, auch die Männchen vieler anderer Tierarten – so viel farbenfroher sind als Hennen. Einfach ausgedrückt: Um seine Chancen auf eine Paarung mit den gesündesten und leistungsstärksten Hennen zu erhöhen, muss der Hahn beweisen, dass er der gesündeste, stärkste und dominanteste Hahn in der Herde ist. Und nichts beeindruckt die Damen so sehr wie ein großer, leuchtend roter Kamm und ein schickes Federkleid! Hohe Testosteronwerte sind für diese beeindruckenden roten Kämme verantwortlich. Sie dienen als Beweis für die Männlichkeit, Fruchtbarkeit und allgemeine Gesundheit eines Hahns und machen ihn für eine Henne attraktiver und diese somit empfänglicher für seine Avancen.

Schon bald werden Sie Freunde, Kollegen und völlig Fremde mit einer erstaunlichen Menge an Details beeindrucken können, wie Hühner es treiben. Schwarzkupfer-Maran-Hahn mit Buff-Orpington-Henne.

BALZVERHALTEN

Hähne verlassen sich nicht nur auf ihr gutes Aussehen, um eine Verabredung zu bekommen, aber sie lassen sich auch nicht zu einem Umwerben oder Vorspiel hinreißen. Allerdings werden sich sehr romantisch veranlagte Hähne schon ein wenig Mühe geben, um die Damen mit ein paar ausgefallenen Bewegungen zu beeindrucken. Dieses Flirten kann jede der hier gezeigten Verhaltensweisen beinhalten (es gibt am nächsten Tag aber niemals Blumen):

- **Der Matador:** Diese großartige Zurschaustellung des Federschmucks wird auch allgemein als Flügelwurf oder Flügelschlag bezeichnet. Der Hahn fächert seine Flügel auffällig auf, während er um die Henne tanzt, so wie ein Matador seinen Umhang vor einem Stier auffächert. Die Bewegung soll eindeutig die Aufmerksamkeit der Henne auf sich ziehen und diese mit seiner Größe und seinem atemberaubenden Gefieder in ihren Bann ziehen.
- **Der Two-Step:** In Verbindung mit dem Matador umkreist der Hahn die Henne und stellt sich hinter ihr auf, um die Paarungsposition einzunehmen, die einem Huckepackritt sehr ähnelt.
- **Leckerbissen:** Manchmal macht sich ein Hahn nicht die Mühe, eine potenzielle Partnerin zu umwerben, vor allem wenn er in der Hackordnung

niedriger steht und sein jungenhafter Charme nicht ausreicht, um eine Henne zu beeindrucken. Das Ködern mit Leckerbissen ist nicht unbedingt der respektabelste Schachzug eines Hahns, sondern im Wesentlichen ein Täuschungsmanöver: Der Hahn hebt echte oder falsche Futterhäppchen mit seinem Schnabel auf und lässt sie wieder fallen, während er die auserkorene Henne durch Zurufe einlädt, sie zu fressen. Wenn sie heraneilt, um sich das Ganze einmal anzuschauen, lässt er die Falle zuschnappen und nimmt eiligst die Paarungsposition ein.

Das Paarungsverhalten von Hühnern ist jedoch nicht ganz einseitig. Die Hähne wissen nicht, dass die Damen auch eine gewisse Kontrolle über das Überleben der Art haben. Sieht eine Henne einen Hahn als unwürdig oder inakzeptabel niedrig in der Hackordnung an, wird sie sich weigern zu kooperieren und den Hahn abwehren oder seine Bemühungen anderweitig zunichtemachen. Noch beeindruckender ist, dass sie sein Sperma diskret ablehnen und es nach der Paarung wieder aus ihrem Körper ausstoßen kann.

DIE BESONDEREN TEILE DER JUNGS UND WIE SICH ALLES ZUSAMMENFÜGT

Da sich ihre fortpflanzungstechnische Ausstattung im Gegensatz zu den meisten anderen Tierarten innerhalb ihres Körpers befindet, stehen Hähne in Sachen Romantik vor einer erheblichen körperlichen Herausforderung.

Die meisten Hühnerhalter wissen grundsätzlich, wo die Kloake liegt, über die der Verdauungstrakt, die Harnwege und die Fortpflanzungsorgane mit der Außenwelt verbunden sind. Mit anderen Worten: Ausscheidungen, Eier und Samen gelangen alle durch ein und dieselbe Öffnung nach draußen. Glücklicherweise erhält das Ei in der Schalendrüse eine besondere Schutzschicht, die es bei der Passage durch die Kloake vor Verunreinigungen schützt. Die männlichen Geschlechtsteile befinden sich direkt in der Kloake.

Die Kopulationsvorrichtung des Hahns hat keinerlei Ähnlichkeit mit einem Penis. Sie besteht aus mehreren kleinen Falten lymphatischen Gewebes, die den Samen aus der Kloake des Hahns in die der Henne leiten. Die männliche Fortpflanzungsausrüstung gleicht weniger einem Feuerwehrschlauch als vielmehr einer winzigen, aufblasbaren Wasserrutsche, was die logistischen Herausforderungen bei der Paarung in der Tat gewaltig macht. Es ist bemerkenswert, dass es überhaupt funktioniert, wenn man das Fehlen eines konventionellen männlichen Anhängsels bedenkt.

Wie paaren sich Hühner also? Man könnte es mit einem Huckepackritt verwechseln, und so mancher menschliche Erwachsene beschreibt den Anblick von sich paarenden Hühnern gegenüber einem kleinen Kind auch genau so. Aber wenn Sie blinzeln, laufen

Hähne verlassen sich nicht nur auf ihr gutes Aussehen, um eine Verabredung zu bekommen, aber sie lassen sich auch nicht zu einem Umwerben oder Vorspiel hinreißen. Allerdings werden sich sehr romantisch veranlagte Hähne *schon* ein wenig Mühe geben, um die Damen mit ein paar ausgefallenen Bewegungen zu beeindrucken. Dieses Flirten kann jede der hier gezeigten Verhaltensweisen beinhalten. Der silbern gefleckte Hamburger Hahn Sherman (links) und der Schwarzkupfer-Maran-Hahn Blaze (Mitte und rechts).

ANATOMIE DER MÄNNLICHEN GESCHLECHTSORGANE

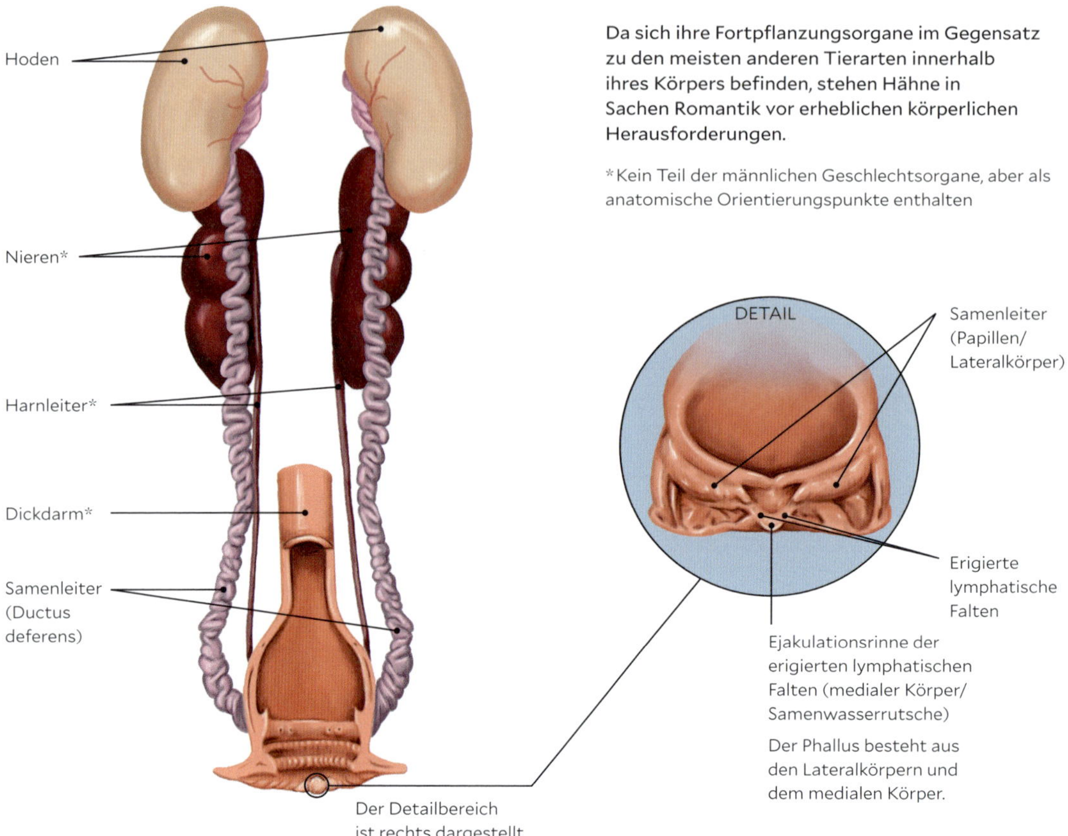

Da sich ihre Fortpflanzungsorgane im Gegensatz zu den meisten anderen Tierarten innerhalb ihres Körpers befinden, stehen Hähne in Sachen Romantik vor erheblichen körperlichen Herausforderungen.

*Kein Teil der männlichen Geschlechtsorgane, aber als anatomische Orientierungspunkte enthalten

Der Phallus besteht aus den Lateralkörpern und dem medialen Körper.

Sie Gefahr, es zu verpassen. Der gesamte Akt dauert nur wenige Sekunden.

Nach der Balz bringt sich der Hahn hinter der Henne in Stellung, wobei er sich mit seinem Schnabel an den Kopf- oder Halsfedern der Henne festhält. Dann steigt er auf ihren Rücken, wobei er sein Gleichgewicht durch ein ungeschickt aussehendes Manöver, das sogenannte Treten, ausgleicht. Für eine erfolgreiche Paarung ist ein gewisses Maß an Kooperation von Seiten der Henne erforderlich.

Aggressives oder häufiges Treten kann bei der Henne zu Federschäden, kahlen Stellen und Hautverletzungen führen. Ein schützendes Stück Stoff, auch als Schürze oder Hühnersattel bekannt, kann mithilfe elastischer Schnüre an den Flügeln der Henne befestigt werden, bis die Federn nachwachsen.

Die Henne ihrerseits spreizt zum Ausgleich die Flügel leicht von ihrem Körper weg und senkt den Schwanz etwas zur Seite in eine Position, die ich als »unterwürfiges Hinhocken« bezeichne. Diese Position ist ein Zeichen der Unterwerfung und wird oft auch gezeigt, wenn die Henne von einer Person angesprochen wird. Dies erweckt bei vielen Menschen den falschen Eindruck, sie wolle hochgehoben oder gestreichelt werden.

Als Nächstes kommen wir zum Hauptereignis, dem sogenannten »Kloaken-Kuss«, bei dem der Hahn seinen Schwanz absenkt und seine Kloake die der Henne flüchtig berührt, während der Samen über die Gleitfalten in die Kloake der Henne übertragen wird.

Und das ist auch schon alles. Der Hahn hüpft herunter, die Henne schüttelt ihre Federn aus, und beide gehen weiter ihrem Tagewerk nach. Der Akt wird schnell, direkt und ohne jegliche Abwandlungen voll-

Aggressives oder häufiges Treten kann bei der Henne zu Federschäden, kahlen Stellen und Hautverletzungen führen. Ein schützendes Stück Stoff, auch als Schürze oder Hühnersattel bekannt, kann mithilfe elastischer Schnüre an den Flügeln der Henne befestigt werden, bis die Federn nachwachsen. Eine schwarze Ameraucana-Henne trägt den stets trendigen Tarnhühnersattel.

zogen. Es gibt kein Kamasutra für Hühner – eine einzige Position passt für alle. Aber was einem Hahn an Originalität fehlt, macht er durch Quantität wett. Ein besonders aktiver Hahn mit vielen Partnerinnen kann sich bis zu vierzig Mal am Tag paaren.

Es ist ein hohes Maß an körperlicher Beweglichkeit und Flexibilität erforderlich, um den Samen dorthin zu bringen, wo er für eine erfolgreiche Besamung hingehört. Es kann zu einer unangenehmen Erfahrung werden, wenn ein Hahn unerfahren oder die Henne nicht kooperativ ist, sodass sie nicht ins Gleichgewicht kommen oder sich nicht so synchronisieren, wie sie sollten. Ich habe den Paarungsakt schon so viele Male miterlebt und staune jedes Mal wieder, dass diese Tierart überhaupt zur Fortpflanzung fähig ist.

Brauche ich einen Hahn?

Eine Henne braucht keinen Hahn, um Eier zu legen, und ist ohne Hahn nicht mehr oder weniger glücklich oder legefreudig. Hähne sind in vielerlei Hinsicht vorteilhaft für eine Hühnerschar – sie sorgen nicht nur für den Fortbestand der Herde, sondern sind meist auch auffallend schön und fungieren als selbstlose Hüter der Herde, indem sie die Herde vor Raubtieren schützen und für die Erhaltung des Friedens unter den Hennen sorgen. Obwohl Hähne nicht in jeder Gemeinde erlaubt sind und auch nicht von jedermann geschätzt werden, kann ihr melodiöses, intermittierendes Krähen ein willkommener Kontrast zu lauteren und hartnäckigeren Geräuschen wie Verkehr, Rasenmäher und Hundegebell sein. Außerdem erinnert es die Menschen in Hörweite an frühere Zeiten.

AGGRESSIVE HÄHNE

Die meisten Hähne sind nicht aggressiv gegenüber dem Menschen, aber wenn einer es doch ist, was soll man dann als Hobby-Hühnerhalter tun? Niemand will Angst haben müssen, von einem seiner Hühner attackiert, gepickt, mit Sporen gepiesackt oder gejagt zu werden, und niemand will, dass ein Kind verletzt oder traumatisiert wird. Es kann verstörend sein, wenn man einen Hahn hat, den man als Eintagsküken bekommen und aufgezogen, liebkost und verwöhnt hat, und dieser plötzlich aggressiv wird. Man mag versucht sein zu glauben, dass aggressive Hähne gemein, böse oder hinterhältig sind, oder dass jemand etwas getan hat, was das unerwünschte Verhalten ausgelöst hat, aber nichts davon ist wahr.

Jeder Hahn ist ein Individuum mit einer einzigartigen Persönlichkeit, und er kann die Erwartungen an seine Rasse erfüllen oder auch nicht. Jeder Hahn jeder Rasse kann aggressiv werden, genau wie jeder Hahn jeder Rasse ein Kuscheltier sein kann. Alle Streicheleinheiten und Leckerbissen der Welt können die genetische, hormonelle und individuelle Veranlagung eines Hahns nicht übertrumpfen.

Hähne haben im Wesentlichen zwei Aufgaben: die Herde zu schützen und ihr zu dienen. Das Überleben der Herde hängt von seiner Fähigkeit ab, die Hennen zu schützen und seine Gene durch Paarung weiterzugeben. So wie der Mensch eine bestimmte Aufgabe auf unterschiedliche Weise erfüllt, so gibt es auch verschiedene Möglichkeiten, wie der Hahn seine Herde beschützen kann.

URSPRUNG DER AGGRESSION BEI HÄHNEN

Historisch betrachtet wurden Hühner für den Sport domestiziert. Laut den Autoren von *The Chicken: A Natural History* entwickelte sich der Hahnenkampf im Fernen Osten. Seine Ursprünge reichen im antiken Griechenland und im Römischen Reich bis ins Jahr 500 v. Chr. zurück. Tatsächlich begannen die Hahnenkämpfe in den meisten Gesellschaften erst im neunzehnten Jahrhundert in Ungnade zu fallen. Bestimmte Rassen wurden im Laufe der Zeit selektiv für Hahnenkämpfe gezüchtet, sodass man davon ausgehen kann, dass bei diesen Rassen die genetische Veranlagung für aggressives Verhalten erhalten geblieben ist. Cornish, Malaien, Mo-

Hähne haben im Wesentlichen zwei Aufgaben: die Herde zu schützen und ihr zu dienen. Der Schwarzkupfer-Maran-Hahn Blaze mit ein paar seiner Freundinnen.

dern Game und Shamos sind klassische Beispiele für Kampfhuhnrassen.

Bedenken Sie auch, dass Hühner Beutetiere und deshalb von Natur aus Neuem gegenüber misstrauisch sind. Sie betrachten das Unbekannte grundsätzlich als eine potentielle Bedrohung für ihre Existenz. Das Ziel heißt Überleben, und der Leithahn hat die Aufgabe, für das Überleben seiner Herde zu sorgen. Er befindet sich ständig in Alarmbereitschaft und achtet auf potentielle Bedrohungen. Nimmt er eine solche wahr, ist es seine Aufgabe, die Herde mit allen ihm zur Verfügung stehenden Mitteln zu schützen und zu verteidigen. Dabei kann es auch sein, dass er im Kampf gegen ein Raubtier sein Leben lässt.

Manchmal zeigen männliche Küken ein Verhalten, bei dem sie sich gegenseitig anrempeln und die harten Kerle markieren. Aggression in ihrer eigentlichen Form zeigt sich aber am häufigsten, wenn ein Hahn die Pubertät erreicht – im Allgemeinen ab einem Alter von vier Monaten. Mit der Geschlechtsreife steigt der Testosteronspiegel was bei manchen Hähnen zu einer Änderung des Verhaltens führen kann.

Es ist niemals angemessen, einem Hahn gegenüber gewalttätig oder aggressiv aufzutreten, noch ist es akzeptabel, wenn man versucht, ihn einzuschüchtern, zu demütigen oder zu beschämen. Sie sollten einen Hahn niemals packen, schubsen, schlagen, jagen, festbinden, treten oder kopfüber halten, um Ihre Dominanz zu zeigen. Der Hahn kann zwar lernen, sich vor einem bestimmten Menschen zu fürchten, aber gegenüber allen anderen wird er dann nicht weniger aggressiv sein.

Hobby-Hühnerhalter, die keinen aggressiven Hahn in ihrer Herde halten wollen oder können, sollten versuchen, ein neues Zuhause für ihn zu finden, vorzugsweise auf einem großen Grundstück, wo seine Beschützernatur eine Bereicherung für die Herde darstellt.

Showgirls sind Hybriden aus einem Seidenhuhn und einem Nackthalsturken. Lassen Sie sich nicht vom Namen täuschen – dieses Showgirl ist ein Hahn.

Denken Sie einfach daran, dass man Aggression bei einem Hahn weder verhindern noch verursachen kann. Manche Menschen schaffen es, mit solchen Hähnen in ihrer Herde zu arbeiten, aber dies ist ein extrem zeitaufwändiger Prozess, den jeder Mensch, der mit diesem Hahn in Kontakt kommt, ebenfalls durchlaufen müsste. Während also die Hauptbezugsperson einen aggressiven Hahn nach vielen Konditionierungen vielleicht davon überzeugen kann, dass sie keine Bedrohung für die Herde darstellt, laufen andere Menschen, insbesondere Kinder, nach wie vor Gefahr, verletzt oder verschreckt zu werden.

KAPITEL 11

Eier –
NICHT SO EINFACH WIE GEDACHT

IM HÜHNERSTALL IST JEDEN TAG OSTERN, ABER selbst der Osterhase würde sich an den witzigen Erzeugnissen unserer gefiederten Freunde gerne zweimal bedienen. Der Prozess der Eibildung ist so kompliziert, dass es geradezu ein Wunder ist, dass die meisten Eier perfekt sind!

Alle in einem Korb.

Was Sie erwartet, wenn Sie auf Eier spekulieren

Die meisten Junghennen legen ihre ersten Eier im Alter von 5 bis 6 Monaten, aber die normale Spanne kann von 18 Wochen bis zu 12 Monaten reichen. Mein Seidenhuhn Freida hat ihr erstes Ei erst mit 14 Monaten gelegt!

Der Zeitpunkt der ersten Eiablage wird von vielen Faktoren beeinflusst: Rasse, Hormone, Ernährung, Gesundheit, Lichtverhältnisse, Temperatur und Stress. Junghennen zeigen einige körperliche Merkmale, wenn sie sich dem Zeitpunkt der ersten Eiablage nähern: Ihre Kämme und Kehllappen werden dunkler, und sie fangen möglicherweise an, die Nestboxen zu erkunden, das Nistmaterial umzuordnen und sich hineinzusetzen. Aber der beste Hinweis darauf, dass eine Junghenne im Begriff ist zu legen, ist das, was ich als »unterwürfiges Hinhocken« bezeichne: die respektvolle Haltung, die eine geschlechtsreife Junghenne oder eine ältere Henne einnimmt, wenn ein Hahn sich ihr zur Paarung nähert. Die Henne kauert sich zusammen, breitet ihre Flügel zur Seite aus, um das Gleichgewicht zu halten, und senkt ihren Schwanz.

Es gibt ein paar Dinge, die Sie tun können, um sich auf die ersten Eier Ihrer Hühnerschar vorzubereiten. Wie immer sind sauberes Wasser und ausgewogenes Futter von größter Bedeutung. Beginnen Sie mit der Fütterung von Legehennenfutter, wenn die erste Junghenne ein Ei legt, oder ab einem Alter von 18 Wochen, je nachdem, was zuerst eintritt. Da Legehennenfutter eine Form von Kalzium enthält, die schnell freigesetzt wird, sollte zusätzlich langsam freiwerdendes Kalzium in Form von Austernschalen in

Eier von Hühnern aus Hobbyhaltung sollen frischer, nahrhafter und sicherer sein als kommerziell produzierte Eier. Das wird aber nicht der Fall sein, wenn die Eier kontaminiert werden, noch bevor sie in die Küche gelangen.

einem separaten Behälter in der Nähe des Futters zur Verfügung gestellt werden. Jede Henne hat individuelle Bedürfnisse und nimmt so viel Kalzium auf, wie sie benötigt. Machen Sie sich also keine Sorgen, wenn die Austernschalen nicht weniger zu werden scheinen. Hüten Sie sich jedoch, Junghennen vorzeitig Legehennenfutter anzubieten, da der Kalziumgehalt bei noch nicht ausgewachsenen Tieren Nierenschäden und Gicht verursachen kann. Unterschätzen Sie auch nicht die Bedeutung von sauberem Trinkwasser; ein Ei besteht zu etwa 75 Prozent aus Wasser, ohne das die Hennen keine Eier produzieren können.

Richten Sie ansprechende Nestboxen ein, eine pro vier Legehennen. Ich glaube, dass dieses gemeinsame Nisten einem evolutionären Instinkt entspringt – ein gemeinsames Nest ist leichter zu schützen als einzelne Nester, die hier und da verstreut sind. Bringen Sie Vorhänge an den Nestboxen an, um das Bedürfnis der Hennen nach einer Rückzugsmöglichkeit zu befriedigen, insbesondere wenn der Bereich um die Nestbox hell erleuchtet ist. Legen Sie in jede Nestbox eine Ei-Attrappe oder einen Golfball, um die Kraft der Suggestion auszuschöpfen.

Da die Hennen beim Legen in der Hocke sitzen, sollte der Boden der Nestboxen gepolstert sein, um zu verhindern, dass die Eier zerbrechen.

Das Nistmaterial kann von Kiefernholzspänen über Kunststoffkissen bis hin zu gehäckselten Heu-Stroh-Zeolith-Mischungen reichen. Hennen scheint es Spaß zu machen, das Nistmaterial neu zu arrangieren, aber wichtiger als die Unterhaltung der Hühner ist seine Funktion als Schutz für die Eier. Ich empfehle kein normales Stroh, da es oft Milben und Schimmel beherbergt und zu Kropfanschoppung führen kann. Das Nistmaterial sollte leicht zu entfernen sein, da Eier gelegentlich zerbrechen. Ich genieße den Duft von getrockneten Kräutern und Blumen in meinen Nestboxen, aber diese Aromatherapie kommt vor allem mir zugute, da Hühner einen relativ schlechten Geruchssinn haben.

Ein Wort zum Schluss: Bitte nicht stören! Begrenzen Sie die morgendlichen Aktivitäten im und um den Stall und schaffen Sie eine stressfreie Umgebung. Kontrollieren Sie die Hühner nicht alle 10 Minuten und versuchen Sie nicht dauernd, eine Instagram-würdige Action-Aufnahme eines aus der Kloake kullernden Eis zu schießen. Die Eiablage ist ein einsames Unterfangen, das Ruhe verdient. Heben Sie sich die Arbeit im Stall für einen späteren Zeitpunkt am Tag auf, halten Sie kleine Kinder davon ab, die Hühner aufzuschrecken, und lassen Sie die Hennen ihren Meisterwerken ungestört den letzten Schliff geben.

Der beste Anhaltspunkt dafür, dass eine Junghenne kurz davor ist, mit dem Eierlegen zu beginnen, ist das, was ich das »unterwürfige Hinhocken« nenne, eine respektvolle Haltung, die eine geschlechtsreife Junghenne oder eine ältere Henne normalerweise einnimmt, wenn sich ein Hahn ihr nähert. Sie kauert sich hin, spreizt ihre Flügel ab, um das Gleichgewicht zu halten, und senkt den Schwanz. Die schwarze polnische Weißhauben-Henne Doc Brown.

Tipps für saubere Eier

Eier von Hühnern aus Hobbyhaltung sollen frischer, nahrhafter und sicherer sein als kommerziell produzierte Eier. Das wird aber nicht der Fall sein, wenn die Eier kontaminiert werden, noch bevor sie in die Küche gelangen.

Unfälle passieren, und gelegentlich wird ein Ei mit Kot oder Schmutz verschmutzt, den eine nasse Henne in das Nest einschleppt. Die Mehrzahl der Eier sollte beim Einsammeln aber sauber sein. Neben der Bereitstellung einer Nestbox für je vier Hennen (Hennen, die keinen Platz in einer Nestbox finden, legen ihre Eier u. U. woanders ab), gibt es weitere einfache Maßnahmen, die Sie ergreifen können, um die Sauberkeit der Eier zu maximieren.

Verhindern Sie, dass die Hühner in den Nestboxen schlafen. Bringen Sie schon den Küken bei, sich zum Schlafen auf die Sitzstangen zu begeben, und

ANATOMIE DER HENNE

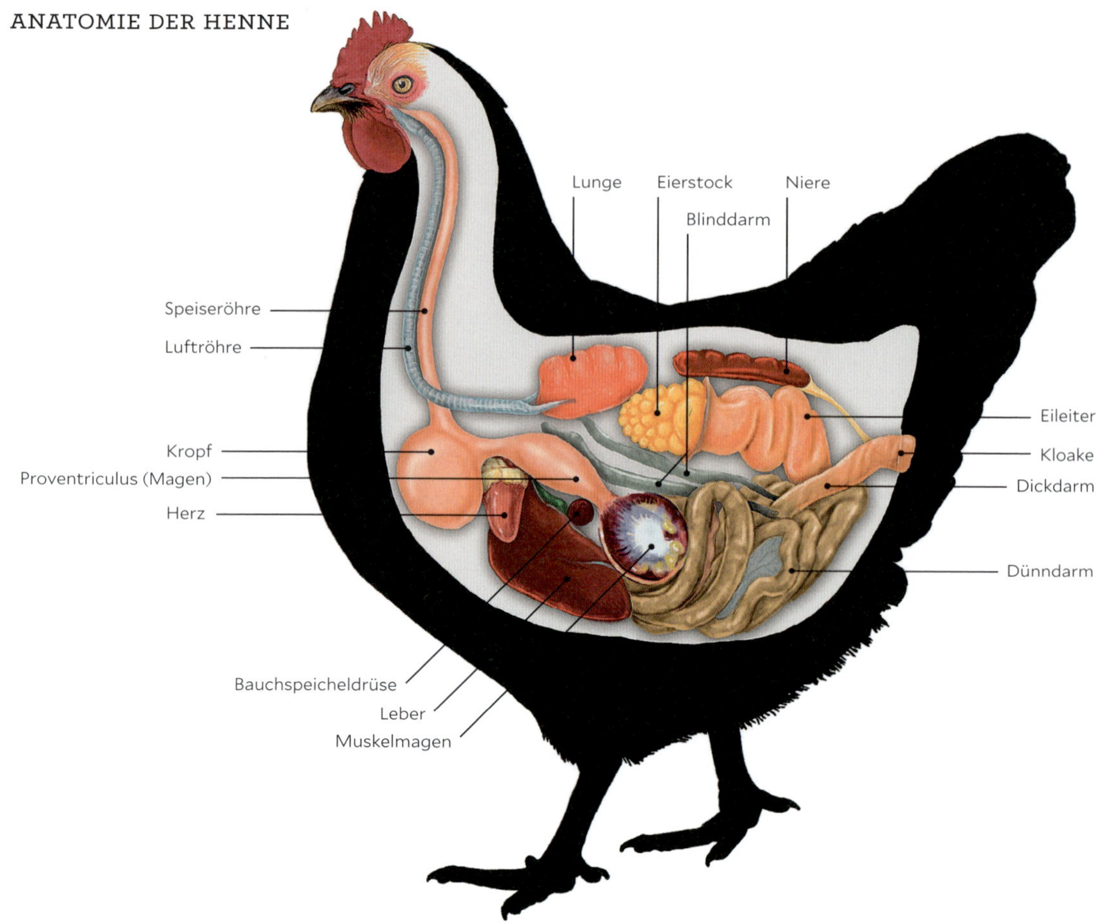

trainieren Sie ältere Tiere gegebenenfalls von Neuem. Bringen Sie die Schlafplätze höher an als die Nestboxen, da Hühner instinktiv hoch über dem Boden schlafen. Liegen die Schlafplätze tiefer als die Nestboxen, schlafen die Hennen in den Boxen und koten auch hinein.

Setzen Sie brütende Hennen in einen eigens dafür vorgesehen Bereich um. Küken, die in Nestboxen aufgezogen werden, werden darauf trainiert, darin zu schlafen, wobei sie die Nester beschmutzen.

Sammeln Sie die Eier häufig ein. Je kürzer die Eier in den Nestboxen verbleiben, desto geringer ist die Wahrscheinlichkeit, dass sie zerbrochen, gefressen oder beschmutzt werden. Roll-Nestboxen sind eine gute Option.

Polstern Sie die Nestboxen aus. Die Eier gehen nicht kaputt, wenn sie weich landen. Ich verwende Einlagen und Bodenbeläge aus Kunststoff, die leicht zu waschen und desinfizieren sind. Vermeiden Sie Materialien, die von den Hühnern aus den Nestern gescharrt werden, sodass die Eier ungeschützt bleiben.

Sorgen Sie für saubere Füße. Schmutzige und nasse Füße können auf dem Weg zu den Nestboxen durch trockene Einstreu wie Sand und Kiefernspäne getrocknet und gereinigt werden.

Sorgen Sie für saubere Hinterteile. Verschmutzte Federn im Bereich der Kloake können zu einer Kontamination der Eier führen. Hennen mit Durchfall oder chronisch verschmutzten Kloaken sollten so oft wie nötig in diesem Bereich gebadet werden, bis die Ursache festgestellt und behoben werden kann (siehe Kapitel 8).

Manchmal verschmutzen die Vögel das Nest trotz all Ihrer Bemühungen. Überprüfen Sie die Sauberkeit der Nestbox jeden Morgen vor der Eiablage und wann immer möglich im Laufe des Tages.

Wie kommt das Huhn zum Ei?

Bei einer geschlechtsreifen Henne stimulieren die Lichtverhältnisse die Bildung von Hormonen, die wiederum den Eierstock veranlassen, einen Dotter in den Eileiter abzugeben. Dort werden das Eiweiß, die Membranen und die Schale (einschließlich der Schalenfarbe) hinzugefügt. Der gesamte Vorgang dauert 23 bis 25 Stunden. Innerhalb von etwa 30 Minuten nach dem Legen eines Eis beginnt der Prozess erneut.

Ein befruchtetes Ei enthält alles, was für die Entstehung eines Huhns in nur 21 Tagen erforderlich ist. Bei der Aufzucht von Legehennen vergisst man leicht, dass der Zweck eines Eis darin besteht, ein weiteres Huhn zu produzieren. Hühnerscharen ohne Hähne können allerdings nur den Frühstückstisch bereichern, weil ein Ei von einem Hahn befruchtet werden muss, um sich zu einem Küken entwickeln zu können. Werfen wir einen Blick auf den komplexen und faszinierenden Prozess der Eiwerdung.

DER EIERSTOCK UND DER EIDOTTER

Der Fortpflanzungstrakt einer Henne besteht aus einem linken Eierstock und einem dazugehörigen Eileiter; obwohl weibliche Küken mit je einem rechten und einem linken Eierstock und Eileiter schlüpfen, entwickelt sich die rechte Seite nicht weiter, während die linke ab einem Alter von 16 Wochen sehr schnell wächst. Ein weibliches Küken schlüpft mit fast einer halben Million Eizellen, was weit mehr ist, als jemals zu Eiern werden könnte.

Mit zunehmendem Alter entwickelt sich die Eizelle allmählich zum Eidotter. Jede Eizelle wartet darauf, bis sie reif und an der Reihe ist, in den trichterförmigen, oberen Teil des Eileiters, das sogenannte Infundibulum, entlassen zu werden.

INFUNDIBULUM

Das Infundibulum ist für die Eizellen das, was ein Fänger für einen Baseball ist. Wenn die Eizellen aus dem Eierstock freigesetzt werden, wartet der Fänger hinter der Home Plate, um den Pitch zu fangen. Im Falle eines Fehlwurfs werden die Eizellen normalerweise vom Körper der Henne absorbiert. Aber manch-

GESCHLECHTSORGANE DER HENNE

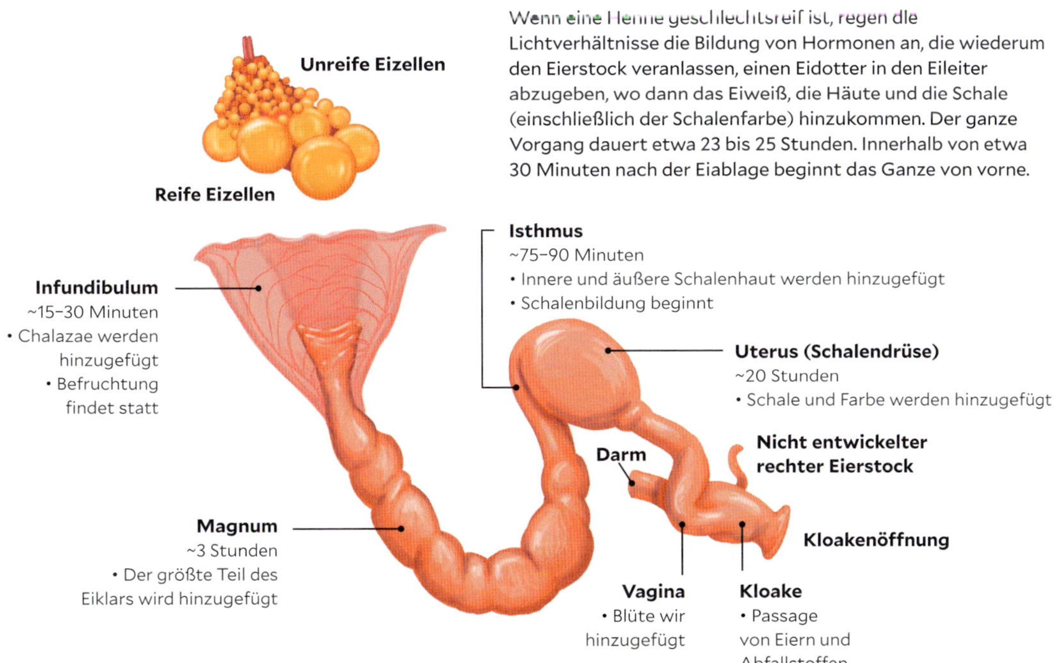

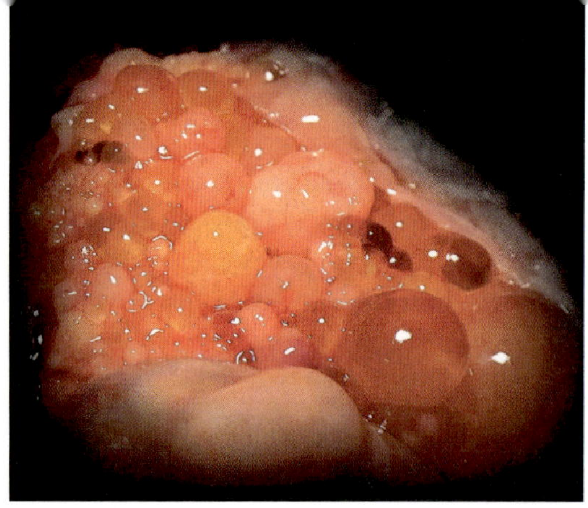

LINKS: Ein weibliches Küken schlüpft mit fast einer halben Million Eizellen, was weit mehr ist, als es jemals in Eier verwandeln könnte. Mit zunehmendem Alter entwickelt sich die Eizelle allmählich zum Eidotter. Jede Eizelle wartet darauf, bis sie reif und an der Reihe ist, in den trichterförmigen, oberen Teil des Eileiters, das sogenannte Infundibulum, entlassen zu werden.

RECHTS: Im Magnum-Teil des Eileiters erhält das Eigelb eine spezielle Hülle, die sogenannte Vitellinische Membran.

mal führt eine Verletzung oder Krankheit des Eileiters dazu, dass das Eigelb in der Bauchhöhle landet und sich sogar infiziert, was als innere Legenot bzw. Eidotterperitonitis bezeichnet wird.

Auf das Eigelb im Infundibulum warten auch die Spermien, die ein Hahn bei der Paarung abgegeben hat. Wenn es zur Befruchtung kommen soll, geschieht es genau hier. Diese geballte Aktivität findet in einem Zeitfenster von nur 15 bis 30 Minuten statt.

Schließlich werden die Eischnüre (Chalazae) hinzugefügt, kleine seilartige Fesseln, die an den gegenüberliegenden Seiten des Dotters befestigt sind, um ihn im Inneren der Schale zu zentrieren. Die Chalazae werden als erste Schicht des Eiklars betrachtet. Wirklich wahr.

MAGNUM

Der Eidotter tritt anschließend in den Magnum-Teil des Eileiters ein, wo er eine spezielle Hülle, die sogenannte Vitellinische Membran, erhält und etwa drei Stunden lang mit Eiweiß umgeben wird. Die Aufgabe des Eiweißes ist es, das Eigelb und/oder den Embryo vor Verunreinigung zu schützen und einen sich entwickelnden Embryo zu ernähren. Die Vitellinische Membran wird mit der Zeit dünner, weshalb das Eigelb von alten Eiern leicht zerfließt.

Während wir uns das Eiweiß oder Eiklar normalerweise als eine einzige Flüssigkeitsschicht im Inneren des Eis vorstellen, umgeben tatsächlich *vier* verschiedene Eiweißschichten das Eigelb in der nachstehenden Reihenfolge: die chalaziferische Schicht, eine dünne innere Schicht, eine dicke Schicht und eine dünne äußere Schicht. Diese werden jeweils an verschiedenen Stellen im Eileiter hinzugefügt. Das Eiweiß wird mit zunehmendem Alter der Eier und Hühner dünner und kann im Rahmen einer Atemwegsinfektion wässrig werden.

ISTHMUS

Die nächsten 75 bis 90 Minuten der Eibildung finden im Isthmus statt, wo noch ein wenig mehr Eiweiß zusammen mit zwei Schalenmembranen und der Basalschicht aus Kalziumkristallen gebildet werden.

UTERUS/SCHALENDRÜSE

Die nächsten 18 bis 20 Stunden der Eibildung finden in einem muskulösen Teil des Eileiters statt, der als Uterus bezeichnet wird. Hier werden dem Eiweiß Wasser und Mineralsalze zugesetzt, und die Eierschale wird bis ins kleinste Detail konstruiert. Die Schale hat 7.000 bis 8.000 Poren, die es dem sich entwickelnden Embryo ermöglichen, während der Bebrütung und Embryonalentwicklung Sauerstoff und Kohlendioxid mit der Außenwelt auszutauschen.

VAGINA

Die Vagina der Henne speichert das Sperma, bevor es zum Infundibulum gelangt, um den Eidotter zu befruchten. Manchmal wird hier in der letzten Stunde der Eibildung die Schalenfarbe hinzugefügt. Zum

Schalenfarbe

LINKS: Eine ungleichmäßige Schalenfärbung resultiert aus der ungleichmäßigen Verteilung der Pigmente bei der Passage des Eis durch den Eileiter. Manchmal verbleibt eine Eizelle eine Zeit lang in der Schalendrüse, sodass mehr Zeit für die Aufnahme von Pigmenten zur Verfügung steht.

RECHTS: Blaue Eierschalen sind innen blau, braune Eierschalen hingegen weiß, was auf den Zeitpunkt zurückzuführen ist, an dem das Pigment im Eileiter hinzugefügt wird.

Die Farbe der Eierschale wird durch die Rasse und Genetik der Henne bestimmt. Die Eier können weiß, braun, blau oder eine beliebige Kombination davon sein, obwohl alle Eierschalen während der Bildung weiß sind. Farbigen Schalen wird am Ende der Eiwerdung Pigment hinzugefügt, entweder zwischen der Schalendrüse und der Vagina oder vollständig in der Vagina.

Braune Eierschalen enthalten das Pigment Protoporphyrin IX, ein Nebenprodukt des Hämoglobins, das nur auf der Oberfläche der Schale zu finden ist. Das braune Pigment wird während der Bildung der Kutikula aufgetragen. Es lässt sich leicht abreiben und färbt die Schale nicht durchgehend.

Blaue Eierschalen entstehen durch das Pigment Oocyanin, ein Nebenprodukt der Gallebildung, das im Frühstadium der Schalenbildung zugegeben wird. Es durchdringt die gesamte Schale und kann nicht abgerieben werden.

Grüne Eierschalen entstehen durch eine Kombination von blauen und braunen Pigmenten. Das Blau wird zuerst hinzugefügt und das braune Pigment wird nur auf der Oberfläche aufgebracht. Eine grüne Eierschale ist innen blau.

Eine ungleichmäßige Schalenfärbung resultiert aus der ungleichmäßigen Verteilung der Pigmente bei der Passage des Eis durch den Eileiter. Manchmal verbleibt ein Ei eine Zeit lang in der Schalendrüse, sodass mehr Zeit für die Aufnahme von Pigmenten zur Verfügung steht.

Schluss wird ein dünner, flüssiger Überzug, die sogenannte Blüte oder Kutikula, auf die Oberfläche der Eierschale aufgetragen. Die Kutikula besteht aus organischem Material und Wasser und verschließt die Poren. Während des Legevorgangs wirkt die Kutikula wie ein Gleitmittel, aber danach trocknet die Oberfläche ab. Der Rückstand, der hauptsächlich aus Eiweiß besteht, verschließt die meisten Poren als Barriere gegen das Eindringen von Bakterien und Pilzen. Wenn Sie einer Henne bei der Eiablage zuschauen, können Sie die Blüte sehen und fühlen und beobachten, wie sie innerhalb von Sekunden nach dem Legen trocknet. Mit zunehmendem Alter des Eis öffnen sich immer mehr Poren.

KLOAKE

Befindet sich die Blüte an Ort und Stelle, tritt das Ei in die Kloake ein. Dort dreht es sich kurz vor dem Legen um 180 Grad, sodass das breite Ende zuerst erscheint.

Eier-Kuriositäten

Junghennen benötigen ein oder zwei Wochen, um ihre Fortpflanzungswege aufzuwärmen und den Prozess der Eibildung zu perfektionieren. Gehen Sie davon aus, dass die ersten Eier klein und möglicherweise deformiert aussehen können. Aber machen Sie sich keine Sorgen, wenn eine Henne gelegentlich ein kurioses Ei legt, egal welchen Alters.

Viele merkwürdige Eier lassen sich durch die Ernährung, die Umwelt oder die Gesundheit der Henne erklären. Die folgenden allgemeinen Richtlinien sollen Ihnen helfen, einige der häufigeren Abweichungen und interessanten Kuriositäten zu verstehen, sind aber nicht als erschöpfender Überblick gedacht. Wenn Ihre Henne ständig merkwürdige Eier legt, sollten Sie einen Tierarzt oder einen Spezialisten des Geflügelgesundheitsdienstes aufsuchen. Abschließend sei gesagt, dass all diese Eier bedenkenlos verzehrt werden können.

Doppelter Eidotter. Diese treten häufig bei jungen Legehennen auf, wenn die Dotterabgabe zeitlich falsch abläuft und zwei Dotter gleichzeitig den Eileiter hinunter wandern. Einige Hennen sind genetisch prädisponiert, Doppel-Dotter-Eier zu legen. Aus einem Doppel-Dotter-Ei kann ein Küken schlüpfen, aber das passiert sehr selten.

Kein Eidotter. Winzige Eier ohne Dotter werden als Feeneier (Abb. 1), Windeier, Zwergeier und Pupseier bezeichnet (ich erfinde dieses Zeug nicht). Diese treten häufiger bei Junghennen auf, wenn das Fortpflanzungssystem noch nicht synchronisiert ist. Aber auch bei älteren Hennen kann es dazu kommen, wenn sich ein Stück Gewebe im Eileiter löst und das Fortpflanzungssystem der Henne so ausgetrickst wird, dass es dieses Gewebe wie einen Dotter behandelt und ein Ei bildet.

Keine Schale (Gummieier). Schalenlose Eier (Abb. 5, Seite 155) fühlen sich gummiartig an, weil die Membranen auf der Außenseite liegen. Sie werden üblicherweise von Junghennen gelegt, können aber jederzeit durch Stress, Kalzium-, Phosphor- oder Vitamin-D-Mangel entstehe.

Dünne Schale. Hohe Umgebungstemperaturen sind die häufigste Ursache für dünnschalige Eier. Die erhöhte Atemfrequenz der Henne stört die Kalziumkarbonat-Produktion und die Schalenbildung (siehe Kapitel 9). Ältere Hennen produzieren im Allgemeinen dünnere Schalen, da sich ihr Eileiter abnutzt.

Merkwürdige Schalenform oder-struktur. Diese bezeichne ich liebevoll als »mutierte Eier« (Abb. 2). Bei jungen Legehennen kann eine noch nicht ausgereifte Schilddrüse eine seltsame Schalenform verursachen; dies ist meistens unbedenklich. Bei älteren Legehennen können seltsam geformte Eier durch Stress bedingt sein. Bei regelmäßigem Auftreten kann auch eine defekte Schalendrüse dahinterstecken; dieser Zustand entsteht oft im Rahmen einer infektiösen Bronchitis.

Schalen mit Falten oder Knicken werden als »Body Check«-Eier bezeichnet und sind in der Schalendrüse durch Stress oder Druck beschädigt worden. Die Risse werden in der Schalendrüse repariert, was zu Knicken oder Falten führt.

Pickelige oder Sandpapier-Schale. (Abb. 3) Eierschalen können eine unterschiedliche Beschaffenheit haben, die durch eine Reihe von Faktoren verursacht werden kann: Diese reichen von einer übermäßigen Kalzium- oder Vitamin-D-Aufnahme (Pickel, die abgekratzt werden können) bis hin zu doppelter Ovulation, Krankheit, einer defekten Schalendrüse oder schnellen Änderungen der Lichtverhältnisse (Sandpapierschale).

Abgeflachte oder plattenförmige Eier. Wenn ein Ei zu spät in der Schalendrüse ankommt, wird ein nachfolgendes Ei, das den Eileiter passiert, gegen das erste Ei stoßen und daneben liegen bleiben, wodurch eine abgeflachte, zerknitterte Seite entsteht (Abb. 4). Dies kann durch Stress oder Krankheit verursacht werden.

Große Eier. Ungewöhnlich große Eier enthalten normalerweise zwei Eidotter. Dies bedeutet, dass das Reproduktionssystem der Henne Höchstleistungen vollbringen muss, um solche Monstrositäten zu erzeugen. Ältere Hennen neigen dazu, größere Eier zu legen, weil der Eileiter mit der Zeit an Elastizität verliert.

Ei im Ei. Diese Anomalie tritt auf, wenn ein fast legereifes Ei den Rückwärtsgang einlegt und sich zurück in den Fortpflanzungstrakt bewegt, wo es auf das nächste ankommende Ei trifft. Das erste Ei erhält mehr Eiweiß, Membranen und Schale, bevor es

Abb.1

Abb.2

Abb.3

Abb.4

gelegt wird. Die Ursache ist nicht bekannt. Obwohl die Literatur dieses Phänomen als selten charakterisiert (ich habe noch nie ein solches Ei von meinen Hühnern bekommen), lassen Fotos, die mir von anderen Hobby-Hühnerhaltern geschickt wurden, den Schluss zu, dass diese Abnormitäten wesentlich häufiger vorkommen als bisher angenommen.

Blutflecken. Diese können als kleine rote Punkte auf der Oberfläche des Dotters oder als große, unangenehm aussehende Gerinnsel erscheinen, die das gesamte Eiweiß färben (Abb. 6, Seite 155).

Die meisten Blutflecken sind keine große Sache. Der Eidotter entwickelt sich im Inneren der Henne und ist mit ihrem Eierstock durch einen Follikel verbunden, der wie ein um das Eigelb gewickelter Ballon aussieht. Bis auf den Ballonhals sind alle Bereiche stark durchblutet. Der Follikel soll sich am Hals öffnen und das reife Eigelb freisetzen, aber wenn sich der Follikel an einer anderen Stelle öffnet, kann sich ein Blutfleck am Eidotter festsetzen. Keine große Sache. Blutflecken können auch aufgrund von Vitaminmangel, Alter oder Vererbung auftreten.

Fleischflecken. Während Blutflecken auf der Oberfläche des Eidotters auftreten, finden sich Fleischflecken (Abb. 7, Seite 155) im Eiklar. Sie entstehen dadurch, dass sich ein kleines Stück des Eileiters löst, wenn das Eiweiß im Eibildungsprozess hinzugefügt wird.

Fleischflecken sehen zwar nicht schön aus, können aber bedenkenlos gegessen werden.

Ungewöhnliche Färbung von Eigelb und Eiweiß. Obwohl wir mit gelbem Dotter und durchscheinendem Eiweiß rechnen, wird die Farbe durch das Futter der Hühner beeinflusst.

So können z. B. Baumwollsamenschrot und die übermäßige Fütterung von Eicheln zu grünem Eigelb und/oder rosafarbenem Eiweiß führen. Grünes Eiweiß kann durch zu viel Riboflavin verursacht werden.

Diese Eier sind vollkommen genießbar, wenn auch optisch abstoßend.

LINKS: Olivfarbenes Ei im Vergleich zu einem Lash-Ei. In der Mitte: Querschnitt eines Lash-Eis. Rechts: Kleine Lash-Ei-Stücke.

Salpingitis und Lash-Eier: »Das koagulierte Eiter-Ei«

Lash-Eier sind ein weithin missverstandenes Phänomen. Ich habe mir erlaubt, sie in »koagulierte Eiter-Eier« umzubenennen, was die ekligen Teile, Klumpen und Massen, die sich im Inneren dieser Eier befinden, besser beschreibt. Leider ist die Prognose für die Henne, die ein solches Ei legt, schlecht. Zum besseren Verständnis dieser verwirrenden Angelegenheit habe ich mich mit der Geflügeltierärztin Dr. Annika McKillop beraten. Die Tierärzte bezeichnen den ekligen Eiter einfach als »Caseous-Exsudat« (*Caseous* ist lateinisch für »käseartig«).

Lash-Eier sind keine echten Eier, sondern die Folge einer Eileiterinfektion (Salpingitis), der häufigsten Todesursache bei Legehennen. Das Immunsystem reagiert auf die Entzündung und versucht, die Infektion durch die Bildung von wachsartigem, gelblichem, käseähnlichem Eiter einzugrenzen. Dieser Eiter kann Eigelb, Eiweiß, Eierschale, Eihülle, Blut oder Gewebestücke aus der Eileiterwand enthalten oder auch nicht. In erster Linie handelt es sich um einen gelblichen, käsigen Eiterball. Dieser ist ein skurriles Anzeichen für eine sehr ernste Infektion, von der sich die meisten Hennen nicht erholen.

Ein koaguliertes Eiter-Ei ist eine üble Sache für die Henne. Bis man es entdeckt, wütet das Problem bereits seit Monaten im Inneren der Henne. Die Prognose für die Genesung ist schlecht, und die meisten Hennen überleben eine Salpingitis nicht länger als 6 Monate. Laut Dr. McKillop, wird die Henne, selbst wenn sie überlebt, wahrscheinlich nie wieder zu einer normalen Legeleistung zurückkehren.

Zu den Risikofaktoren für eine Salpingitis gehören Atemwegsinfektionen, die vom linken Abdominal-Luftsack in den Eileiter wandern, sowie Übergewicht und E. coli-Bakterien, die aus der Kloake in den Eileiter gelangen. Auch Hennen, die älter als 2 Jahre sind, haben ein höheres Risiko zu erkranken. Mögliche Symptome einer Salpingitis sind: verminderte Legeleistung, die gehäufte Ablage von weichschaligen Eiern, übermäßiger Durst, Lethargie, Schwellung des Bauches, Gewichtsverlust, Atemnot, pinguinähnliche Haltung, sporadische Todesfälle in der Herde und natürlich Lash-Eier.

Selbst unter den besten Haltungsbedingungen kann eine Henne an Salpingitis erkranken. Beherzigen Sie wie sonst auch die Grundlagen für die Haltung gesunder Hennen: Füttern Sie ein vollständiges kommerzielles Legehennenfutter, begrenzen Sie die Anzahl der Leckereien, stellen Sie sauberes Wasser in sauberen Behältern bereit, bieten Sie viel sauberen, trockenen Lebensraum und praktizieren Sie eine gute Biosicherheit (siehe Kapitel 7). Impfen Sie Ihre Hühner gegen Atemwegserkrankungen wie Infektiöse Bronchitis und Infektiöse Laryngotracheitis und kontrollieren Sie bakterielle Infektionen bei den Küken. Kaufen Sie Küken von Händlern, die im Hinblick auf Salmonellen und Mykoplasmen NPIP-zertifiziert sind, denn diese beiden Erreger können durch die Schale auf das Küken im Inneren des Eis übergehen. Lassen Sie immer, wenn Hühner aus unbekannter Ursache sterben, eine Sektion durchführen.

Die Behandlungsmöglichkeiten sind begrenzt. Wenn die Erkrankung sehr früh erkannt wird und der Eiter noch relativ weich ist, können Antibiotika *vielleicht* helfen. Leider treten die Symptome in der Regel erst nach einer gewissen Zeit auf, sodass Antibiotika dann nicht mehr wirksam sind. Eine chirurgische Entfernung des Eierstocks, Eileiters und Eiters ist evtl. möglich, aber das Risiko einer Infektion und eines Rückfalls ist hoch. In Ländern außerhalb der Vereinigten Staaten können Tierärzte chirurgisch Hormone zur Unterdrückung des Eisprungs implantieren.

Geflügelfachleute empfehlen möglicherweise die Keulung (Tötung) der gesamten Herde und die Reinigung und Desinfektion des Lebensraums der Hühner. Dies ist bei Hühnern, die als Haustiere gehalten werden, allerdings keine realistische Option.

Abb. 5

Abb. 6

Abb. 7

Junghennen benötigen ein oder zwei Wochen, um ihre Fortpflanzungswege aufzuwärmen und den Prozess der Eibildung zu perfektionieren. Gehen Sie davon aus, dass die ersten Eier klein und möglicherweise deformiert aussehen können, wie dieses schalenlose Ei (Abb. 5).

Befruchtet versus unbefruchtet

Der Gedanke, dass ein Ei befruchtet sein könnte, bereitet vielen Hobby-Hühnerhaltern Unbehagen. Es gibt aber wirklich keinen Grund, sich darüber Sorgen zu machen, was sich im Ei befinden könnte, wenn man die Unterschiede zwischen einem befruchteten und unbefruchteten Ei bzw. einem bebrüteten und nicht bebrüteten Ei versteht.

Damit ein Ei sowohl das männliche als auch das weibliche genetische Material enthält, das notwendig ist, um einen Embryo zu erzeugen, der sich wiederum zu einem Küken entwickeln kann, muss sich eine Henne mit einem Hahn paaren. Ein unbefruchtetes Ei enthält nur das genetische Material der Henne, was bedeutet, dass niemals ein Küken aus diesem Ei schlüpfen kann. Das genetische Material der Henne, der sogenannte Keimfleck, ist ein heller Fleck mit unregelmäßigen Rändern, der auf der Oberfläche jedes Dotters sitzt.

Wird eine Eizelle durch das Sperma eines Hahns befruchtet, wird der Keimfleck zum Blastoderm. Dieses erscheint auf der Oberfläche des Eidotters als runder Fleck ähnlich einer Zielscheibe. Es verharrt jedoch *solange* in einer Art Schwebezustand, *bis* das Ei mehrere Tage lang auf mindestens 30 °C erwärmt (bebrütet) wird. Erst dann wird eine Veränderung für das untrainierte Auge erkennbar. Erfolgt die Bebrütung bei einer konstanten Temperatur und Luftfeuchtigkeit über 21 Tage, *kann* das Blastoderm sich zu einem Embryo und schließlich zu einem Küken entwickeln. Befruchtete Eier schmecken nicht anders und sind nicht nahrhafter als unbefruchtete Eier. Ein befruchtetes Ei, das niemals bebrütet wird, wird niemals einen Embryo enthalten und auch niemals anders als ein gewöhnliches Frühstücksei aussehen. Deshalb können Sie einen Hahn haben und Ihre Eier trotzdem essen!

Wenn man mit einer Lampe durch die Schale in das Innere des Eis leuchtet, kann man *nicht* erkennen, ob das Ei befruchtet ist oder nicht. Nur bebrütete Eier, in denen sich ein Embryo zu entwickeln beginnt, können als befruchtet identifiziert werden, und dann auch nur, wenn sie mindestens drei Tage in Folge durchleuchtet werden. Es ist möglich, dass sich eine befruchtete und bebrütete Eizelle im Verlauf der Bebrütung nicht weiterentwickelt; in diesem Fall wird sie unter der Durchleuchtung unbefruchtet erscheinen. Die einzige Möglichkeit, festzustellen, ob ein nicht bebrütetes Ei befruchtet wurde, besteht darin, es aufzubrechen und ein Blastoderm zu identifizieren.

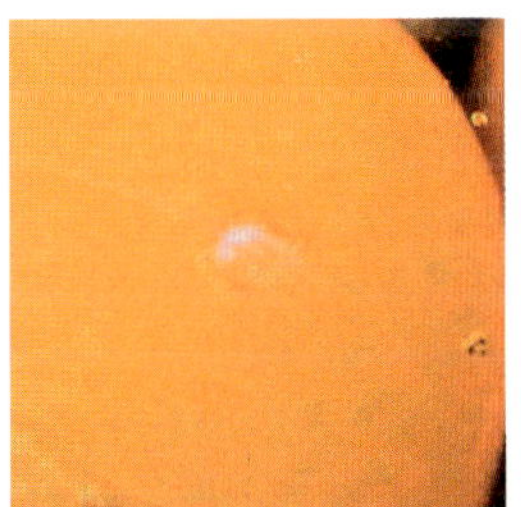

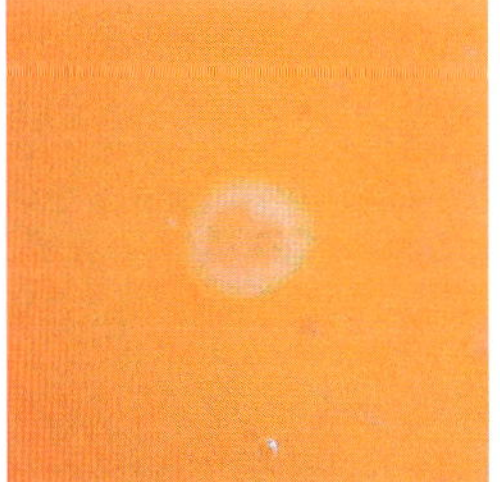

Unbefruchtetes Ei (links) im Vergleich mit einem befruchteten Ei (rechts).

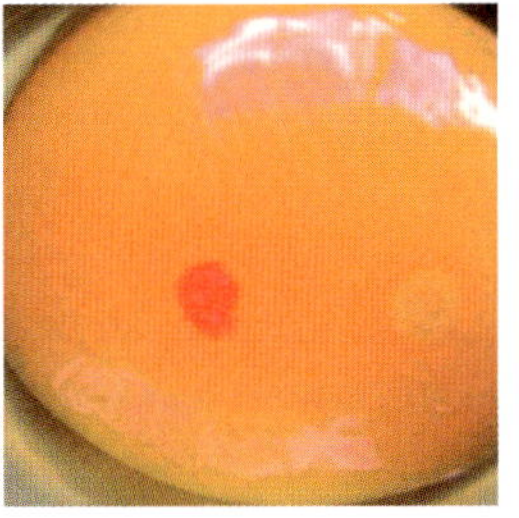

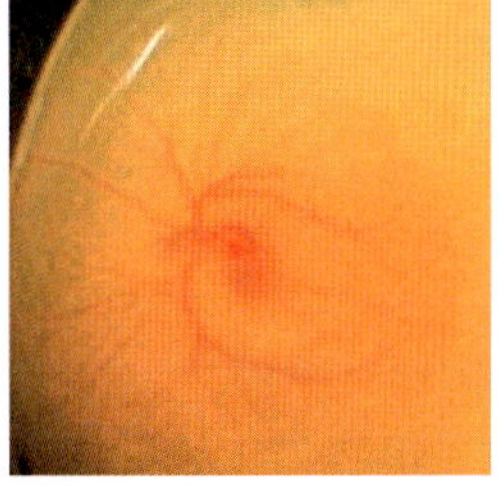

Befruchtetes, nicht bebrütetes Ei mit Blutfleck (links) im Vergleich mit einem befruchteten Ei mit sich entwickelndem Embryo nach 4 Tagen Inkubationszeit (rechts).

Interessante Fakten rund ums Ei

- Das erste Ei eines Huhns kann bedenkenlos verzehrt werden.
- Eine Henne braucht keinen Hahn, um Eier zu legen oder um mehr Eier zu legen.
- Die Eiform wird vererbt.
- Die meisten Hühner legen 5 Jahre lang Eier. Nach 2 Jahren geht die Legeleistung zurück, und nach 5 Jahren kann sie ganz enden. Eine gut gepflegte Henne kann 10 Jahre oder länger Eier legen, wenn auch mit abnehmender Leistung.
- Carotinoide, die in Pflanzen wie Karotten, Tomaten, Grünkohl und Ringelblumenblättern vorkommen, verursachen proportional zur verzehrten Menge dunklere Dotter.
- Frische hartgekochte Eier sind schwerer zu schälen als ältere Eier. Wenn ein Ei altert, schrumpfen die Membranen im Inneren und lösen sich von der Schaleninnenwand ab, wodurch sich das Ei leichter schälen lässt.
- *Salmonella enteritidis* kann im Inneren der Eierstöcke von gesund aussehenden Hennen leben und die Eier kontaminieren, bevor sie gelegt werden – deshalb immer *alle* Eier vollständig durcherhitzen!

Ein Blutfleck in einem Ei bedeutet nicht, dass das Ei befruchtet wurde oder dass sich ein Embryo zu entwickeln begonnen hat. Dieses Ammenmärchen mag entstanden sein, weil nach drei oder vier Tagen Bebrütung der Embryo von einem winzigen Venengeflecht umsponnen ist. Diese Äderchen sehen jedoch nicht wie ein Blutfleck aus.

Der richtige Umgang mit Eiern

Ich werde oft nach meiner Meinung zum Waschen von Eiern gefragt und wie lange frische Eier »gut« bleiben. Ich könnte Ihnen die Geschichte der verschiedenen Methoden zum hygienischen Umgang mit Eiern in den Vereinigten Staaten und Europa vorstellen. Ich könnte auch die vielen widersprüchlichen Meinungen unter den Geflügelfachleuten darüber, wie oder ob Eier gewaschen werden sollten, im Detail ausführen. Ich könnte sogar die Vor- und Nachteile jeder Position in einer netten kleinen Tabelle aufschlüsseln, aber ich werde es nicht tun und sage Ihnen auch, warum. Salmonellen aus Eiern werden auf den Menschen vor allem durch das Eigelb übertragen, das im Inneren der Eierstöcke der Henne und nicht auf der Eierschale mit *Salmonella enteritidis* infiziert wurde. Unabhängig von der Handhabung oder Frische der Eier besteht *immer* das Risiko der Kontamination mit Salmonellen, und die einzige Möglichkeit, eine Lebensmittelvergiftung zu vermeiden, besteht darin, Eier gründlich zu erhitzen (bei 71 °C). Darüber hinaus stellt sich die Frage, wie risikobereit Sie in Bezug auf Ihre Gesundheit sind.

Was den Umgang mit Eiern betrifft, empfehle ich Folgendes:

- Sorgen Sie für saubere Nestboxen und lassen Sie nicht zu, dass die Eier in schmutzige Nester gelegt werden.
- Lagern Sie saubere Eier im Kühlschrank und nicht auf der Arbeitsplatte, wo sie schätzungsweise sieben Mal schneller ihre Sicherheit und Qualität verlieren.
- Verbrauchen Sie Ihre frischen Eier, und zwar sofort, anstatt sie alt werden und ihre Qualität und Sicherheit verlieren zu lassen.
- Waschen Sie *keine* sauberen Eier, da die Kutikula (Blüte) sie vor äußerer Verschmutzung schützt.
- Verzehren Sie *keine* Eier, die mit Kot verschmutzt sind (und riskieren Sie auch nicht, dass die Bakterien durch den Reinigungsvorgang durch die 7.000 bis 8.000 Poren der Schale getrieben werden).
- Das ist meine Geschichte, und ich bleibe dabei.

Der Schwimmtest

Hobby-Hühnerhalter sind sehr stolz auf die Eier ihrer Hühner und dies aus gutem Grund – sie schmecken besser, eignen sich besser zum Backen und sind nahrhafter als kommerzielle Eier. Es gibt jedoch Zeiten, in denen die Frische eines Eis von zuhause gehaltenen Hühnern fraglich ist, z. B. wenn es außerhalb des Stalls gefunden wird. Eine Methode, um das ungefähre Alter eines Eis zu bestimmen, ist der

Schwimmtest, bei dem das Ei in ein Glas Wasser gelegt und seine Position beobachtet wird. Das Wesen des Schwimmtests besteht darin, dass frisch gelegte Eier flach auf dem Boden eines Glases mit Wasser liegen bleiben und sehr alte Eier nach oben schwimmen. Der Schwimmtest gibt *keinen* Aufschluss darüber, ob ein Ei unbedenklich verzehrt werden kann! Ein frisch aus einer schmutzigen Nestbox gesammeltes Ei kann Salmonellen beherbergen und dennoch auf den Boden eines Glases sinken; umgekehrt ist ein Ei, das schwimmt, zwar alt, aber vielleicht noch ohne Bedenken zu verzehren.

Zwischen der Eierschale und dem Eiweiß befinden sich zwei Membranen als zusätzliche Verteidigungsschichten gegen Mikroben. Kurz bevor ein Ei gelegt wird, heften sich die äußere und innere Membran eng an die Schale und aneinander. Wenn das Ei gelegt wird, beginnen sich die Membranen von der Schale zu lösen, wodurch eine Luftzelle entsteht, die mit zunehmendem Alter des Eis größer wird. Je mehr Luft in der Zelle ist, desto besser schwimmt das Ei. (Übrigens dient diese Luftzelle als kleines Sauerstoffreservoir für das Küken kurz vor dem Schlüpfen).

Bei gefundenen Eiern ist es meiner Meinung nach besser, sie nicht zu essen, als mit der menschlichen Gesundheit Salmonellen-Roulette zu spielen. Ich hatte eine Salmonellenvergiftung durch kommerziell hergestelltes Fleisch und empfehle Ihnen dringend, die Bekanntschaft mit Salmonellen zu meiden. Außerdem weiß ich, dass meine Hühner, wann immer ich ein Ei von unbekannter Sicherheit ausrangiere, bereits hart daran arbeiten, mehr Eier zu produzieren.

Der Schwimmtest besteht im Wesentlichen darin, dass frisch gelegte Eier flach auf dem Boden eines Glases Wasser liegen bleiben und sehr alte Eier oben schwimmen. Er sagt allerdings nichts darüber aus, ob ein Ei unbedenklich verzehrt werden kann! Ein frisch aus einer schmutzigen Nestbox gesammeltes Ei kann Salmonellen beherbergen und dennoch auf den Boden eines Glases sinken; umgekehrt ist ein Ei, das schwimmt, zwar alt, aber vielleicht noch ohne Bedenken zu verzehren.

Abfall der Legeleistung?

Schwankungen in der Legeleistung können durch unzählige physische, verhaltensbedingte, umweltbedingte und emotionale Auslöser verursacht werden. Manche Schwankungen weisen auf ein Problem hin, andere sind normal und vorhersehbar. Um den Grund für den Rückgang der Legeleistung zu ermitteln, sollte eine vollständige Bestandsaufnahme und körperliche Untersuchung aller Hühner durchgeführt werden. Dabei sollten folgende Fragen gestellt werden: Wurden neue Hühner zugekauft? Wurden diese ordnungsgemäß unter Quarantäne gestellt? Gab es Veränderungen im Hinblick auf Futter, Haltungsbedingungen, Wetter, Beleuchtung oder Kot? Gab es Hinweise auf Raubtiere oder Krankheiten? Nach Berücksichtigung aller Faktoren sollte die Ursache klar werden.

Ein Rückgang der Legeleistung kann das erste Anzeichen für ein Problem in der Herde sein. Genauso wie wir auf den Kot unserer Hühner achten, um ihre Gesundheit zu überwachen, sollten wir die tägliche Anzahl der Eier als möglichen Hinweis auf ein Problem beobachten. Nachstehend sind einige der häufigsten Ursachen für einen Rückgang der Legeleistung in Hobby-Hühnerhaltungen mit möglichen Lösungsansätzen aufgeführt:

Weniger Licht. Licht regt die Zirbeldrüse eines Huhns an, Eier zu legen. Eine regelmäßige Eiablage

Wenn eine Henne geschlechtsreif ist, regen die Lichtverhältnisse die Bildung von Hormonen an, die wiederum den Eierstock veranlassen, einen Eidotter in den Eileiter abzugeben, wo dann das Eiweiß, die Häute und die Schale (einschließlich der Schalenfarbe) hinzukommen. Der ganze Vorgang dauert etwa 23 bis 25 Stunden. Innerhalb von etwa 30 Minuten nach der Eiablage beginnt das Ganze von vorne.

erfordert 14 bis 16 Stunden Licht; verminderte Tageslichtstunden im Herbst und Winter können zu einem Rückgang (oder Stopp) der Eierproduktion führen. Es kann eine zusätzliche Lichtquelle im Stall installiert werden, um die Eiablage zu fördern. Die Henne nimmt dadurch keinen Schaden, auch wenn es gegenteilige Gerüchte gibt.

Mauser. Der jährliche Wechsel des Gefieders geht bei einer Henne mit der Rückbildung des Reproduktionstrakts und der Umleitung von Ressourcen weg von der Eierproduktion hin zum Federwachstum einher.

Veränderungen und Stress. Stress hemmt die Eierproduktion. Mögliche Stressfaktoren sind: Änderungen im Futter oder in der Stallgestaltung, der Umzug in einen anderen Betrieb oder Stall, die Neuaufnahme oder der Verlust von Herdenmitgliedern, Bedrohung durch Beutegreifer, Reizung durch innere oder äußere Parasiten und Schädlinge, heftige Wettereinbrüche, bellende Hunde und extreme Temperaturen.

Brütigkeit. Brütige Hühner hören auf, Eier zu legen, weil sie Küken ausbrüten möchten. Eine einzige brütige Henne im Stall kann eine wahre Kettenreaktion an Brütigkeit auslösen. Brütige Hennen sollten entweder ordnungsgemäß gebrochen werden, oder es sollte ihnen erlaubt werden, Eier an einem anderen Ort als den Nestboxen auszubrüten.

Krankheit und Parasiten. Hennen können keine optimale Leistung erbringen, wenn sie krank oder von Parasiten befallen sind. Suchen Sie bei einem Rückgang der Legeleistung nach einer Verbindung mit anderen Symptomen in der Hühnerschar.

Alter. Nach 2 Jahren endet die beste Legezeit einer Henne, und die Legeleistung geht im Laufe der Zeit immer weiter zurück. Es gibt nichts, was diesen Prozess umkehren könnte.

Nährstoffmangel. Ohne die richtige Ernährung können Hühner nicht optimal Eier legen. Falsches Futter, zu viele Snacks (auch gesunde Extras), unnötige Nahrungsergänzungsmittel oder die Tatsache, dass sie von anderen Herdenmitgliedern daran gehindert werden, zum Futter zu gelangen, können die richtige Ernährung und die Legeleistung negativ beeinflussen.

Wassermangel. Wasser ist für die Bildung von Eiern unerlässlich. Die Legeleistung geht zurück, wenn der Zugang zum Wasser eingeschränkt ist, weil es gefroren, zu weit entfernt oder ungenießbar (mit Medikamenten versehen oder zu warm) ist (siehe Kapitel 7 und 9).

Fehlfunktion der Geschlechtsorgane. Erkrankungen oder Fehlfunktionen des Eileiters, wie z. B. Legenot und innere Legenot, können einen Rückgang der Legeleistung bedingen. Suchen Sie tierärztliche Hilfe auf, wenn eine Henne einen geschwollenen, aufgedunsenen, wasserballonähnlichen Bauch hat oder wenn Sie abnormes Eimaterial finden (siehe »Salpingitis und Lash-Eier: »Das koagulierte Eiter-Ei««).

Manchmal ist ein Rückgang der Anzahl gelegter Eier gar kein Rückgang der Legeleistung … sondern eher fehlende Eier:

Wie man frische Eier schält

Haben Sie sich jemals gefragt, warum im Laden gekaufte, hartgekochte Eier so leicht zu schälen sind? Das liegt daran, dass sie alt sind. Je älter ein Ei ist, desto niedriger ist der Kohlendioxidgehalt und desto größer ist die Luftzelle in seinem Inneren. Die Luftzelle bildet sich zwischen der Eierschale und den Schalenmembranen, sodass ältere Eier leichter geschält werden können als frische Eier. Die Eier aus Ihrer eigenen Hobbyhaltung lassen sich zwar leicht schälen, wenn Sie sie ein paar Wochen in Ihrem Kühlschrank lagern, bevor Sie sie kochen, aber dann wären sie nicht mehr frisch, oder?

Und so schält man frische Eier richtig. Bringen Sie in einem Topf mit einem Dampfgarer-Korb einige Zentimeter Wasser zum Kochen und geben Sie die Eier (die Zimmertemperatur haben sollten) dann vorsichtig in den Korb. Reduzieren Sie die Hitze, sodass das Wasser nur noch simmert, schließen Sie den Topf mit einem Deckel und dampfgaren Sie die Eier 15 Minuten lang. Nehmen Sie die Eier dann sofort aus dem Topf und legen Sie sie in eine große Schüssel mit Eiswasser. Wenn sie ausreichend abgekühlt sind, können Sie sie aufschlagen und schälen. Eine einfache Sache!

Ein Rückgang der Legeleistung kann das erste Anzeichen für ein Problem in der Herde sein.

Verstecken der Eier. Freiland- oder Weidehühner können die unliebsame Gewohnheit annehmen, ihre Eier außerhalb des Stalls an abgelegenen Orten zu legen. Es gibt Hennen, die wochenlang verschwinden und dann mit Küken im Schlepptau zur Herde zurückkehren! Durch ein entsprechendes Stalltraining wird das Problem des Eierversteckens normalerweise behoben (siehe Kapitel 10).

Auffressen der Eier. Jeder liebt frische Eier, und Hühner sind da keine Ausnahme. Hühner fangen oft an, Eier zu fressen, wenn sie ein zerbrochenes Ei in einer Nestbox entdecken. Sobald ein Huhn auf den Geschmack kommt, wird es schwierig, das absichtliche Zerbrechen und Fressen von Eiern zu verhindern.

Diebstahl durch Beutegreifer. Manchmal kann ein vermeintlicher Rückgang der Legeleistung auf den Diebstahl durch Raubtiere wie Ratten, Schlangen oder Opossums zurückgeführt werden (siehe Kapitel 3).

KAPITEL 12

Gartengestaltung mit Hühnern

DAS GEHEIMNIS EINES ATTRAKTIVEN HÜHNERGEHEGES

ENTGEGEN DER LANDLÄUFIGEN MEINUNG *IST* ES durchaus möglich, sich an einem schön angelegten Hühnerhof mit Blumen und Pflanzen zu erfreuen! Ich weiß das, weil ich meinen Hühnerhof seit Jahren landschaftsgärtnerisch gestalte.

Wenn ich meinen Hühnerhof ohne jegliche gärtnerischen Kenntnisse gestalten kann, kann das jeder! Shelly ist eine silbergesprenkelte Hamburger Henne.

Meine Referenzen? Ich bin nicht nur eine Gärtnerin mit schwarzem Daumen in der fünften Generation, sondern zähle mich auch zu der Gruppe gemeingefährlicher Gartenbauer mit einem scharfen Blick für das Offensichtliche und einer ungesunden Besessenheit, meine Hühner zu überlisten. Wenn ich meinen Hühnerhof ohne jegliche gärtnerischen Kenntnisse gestalten kann, kann das jeder!

Bevor wir mit der Hühnerhaltung begannen, war unser Hinterhof ein hügeliges, nasses, lehmiges und mückenverseuchtes Gelände, das wir nie nutzten. Als die Hühner einzogen und der Stechmückenpopulation den Garaus machten, wurde der Hühnerhof zu einem Bereich, in dem wir uns wohlfühlen konnten. Ich habe landschaftsgärtnerische Elemente hinzugefügt, weil ich mich an der Gestaltung und dem Endprodukt erfreue. Aber wenn meine Hühner die Blumen fressen oder einige Pflanzen zertrampeln, rege ich mich nicht zu sehr darüber auf – ich erinnere mich immer daran, dass es ohne sie nichts Schönes in diesem Areal gäbe.

Die folgenden Methoden und Strategien haben bei meiner Hühnerschar funktioniert, aber alle können jederzeit von jedem Huhn widerlegt werden!

Aus welchem Grund auch immer meiden Hühner im Allgemeinen für sie giftige Pflanzen, oder nehmen sie einfach nicht in einer Menge auf, die ausreichen würde, um Schaden anzurichten. Herden, die in erster Linie eingesperrt sind und nicht regelmäßig draußen nach Futter suchen, sind möglicherweise nicht so schlau oder wählerisch wie Freilandhühner. Also, stellen Sie keine Pflanzen in ihren Auslauf, die Sie nicht auch selbst essen würden.

Giftquellen und der gesunde Menschenverstand

Die Frage, die mir am häufigsten in Bezug auf die Gartengestaltung im Hühnerhof gestellt wird, lautet: Welche Pflanzen sind für Hühner giftig? Die kurze Antwort lautet: Ich mache mir keine Gedanken darüber. Im Ernst. Ich gestalte meinen Hühnerhof nicht auf der Grundlage von Bedenken hinsichtlich der Giftigkeit irgendwelcher Pflanzen. Ich hatte schon jede Menge Pflanzen in meinem Hühnerhof, die routinemäßig als möglicherweise giftig für Hühner gelistet werden, wie zum Beispiel: Buchsbaum, Frühlingszwiebeln, Ziertabak, Petersilie und Süßkartoffelreben.

Warum? Aus welchem Grund auch immer meiden Hühner im Allgemeinen für sie giftige Pflanzen, oder nehmen sie einfach nicht in einer Menge auf, die ausreichen würde, um Schaden anzurichten. Herden, die in erster Linie eingesperrt sind und nicht regelmäßig draußen nach Futter suchen, sind möglicherweise nicht so schlau oder wählerisch wie Freilandhühner. Also stellen Sie keine Pflanzen in ihren Auslauf, die Sie nicht auch selbst essen würden – im Zweifelsfalle verzichten Sie darauf.

Ohne Frage fügen Hühnerhalter ihren Tieren durch falsche Fütterung und die übermäßige Gabe von Leckereien und Küchenabfällen viel mehr unbeabsichtigten Schaden zu, als durch eine versehentliche Vergiftung. Sorgen Sie sich also weniger um giftige Pflanzen als um die eigentliche und stets gegenwärtige Gefahr für die Gesundheit Ihrer Hühner: die falsche Ernährung.

Verstecken Sie das Perlit und Vermikulit

Ich kenne kein Huhn, das nicht gerne das Perlit und Vermiculit aus der Blumenerde frisst. Es schadet ihnen zwar nicht, aber die kleinen weißen oder glänzenden Flecken verlocken zum Graben. Entscheiden Sie sich entweder für Blumenerde ohne Perlit oder Vermiculit oder verstecken Sie es unter Mulch oder Steinen.

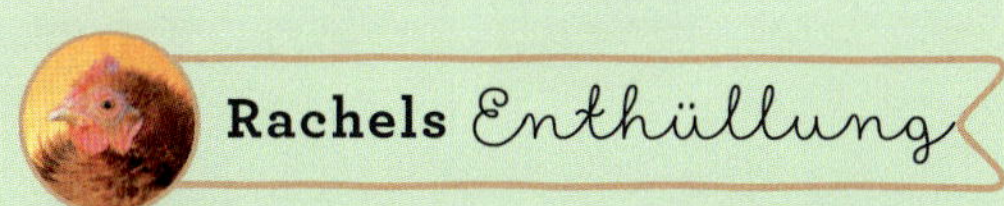

UNVERMEIDLICHE RUHEPLÄTZE Pflanzen mit Stacheln bzw. Dornen und Elemente wie Äste oder Stacheldraht schrecken Hühner davon ab, sich in oder auf den umliegenden Pflanzen niederzulassen. Der zielstrebigste Vogel wird jedoch einen Weg finden, in oder auf den Blumentöpfen zu schlafen. Akzeptieren Sie die Niederlage und machen Sie lieber Spiegeleier.

Pflanzenauswahl

Lokale Gartencenter und Baumschulen verkaufen Pflanzen, die in dieser Region gut gedeihen, also kaufen Sie vor Ort ein. Einige der billigsten Pflanzen sind oft am haltbarsten, farbenfrohsten und optisch eindrucksvollsten. Ich hatte bisher jedes Jahr großes Glück mit allen möglichen Sorten von Minze, Oregano, Rosmarin, Salbei, Thymian, Vinca-Rebe, Süßkartoffel-Rebe, Ziergras und Dornenpflanzen. Kaufen Sie Stauden am Ende des Sommers ein, wenn die Preise stark reduziert und die Pflanzen fast abgestorben sind. Pflanzen Sie sie sofort ein, in dem Bewusstsein, dass sie im nächsten Frühjahr wiederkommen werden.

Kaufen Sie nicht zehn Paletten von Ihrer Lieblingssorte, in der Hoffnung, dass die Hühner sie schon in Ruhe lassen werden. Kaufen Sie nur ein paar Pflanzen und schauen Sie, wie es läuft. Wenn diese Pflanzen in ein paar Wochen noch leben, können Sie noch mehr pflanzen. Der Versuch, vorherzusagen, welche Pflanzen oder Blumen Ihre Hühner wohl fressen werden, ist vergebliche Liebesmüh. Der einzige Weg herauszufinden, was sie fressen und was nicht, besteht darin, mit verschiedenen Sorten zu experimentieren. Manche Sorten werden von einigen Tieren gefressen, plattgesessen, ausgegraben oder zertrampelt, von anderen wiederum völlig ignoriert. Pflanzen, die eine Hühnerschar in einem Sommer ignoriert, könnten im nächsten Jahr zum absoluten Renner werden. Funkien (Herzblattlilien) sind ein gutes Beispiel – in einigen Jahren fressen meine Hühner bestimmte Sorten wie wir Kartoffelchips, in anderen Jahren bleiben sie unberührt. Es gibt keinen erkennbaren Grund dafür, wann oder welche Sorten die Hühner fressen, aber wenn es sich um mehrjährige Sorten handelt, machen Sie sich keine Sorgen – sie wachsen nächstes Jahr wieder nach.

Meine Lieblingspflanze in Sachen Haltbarkeit, Widerstandsfähigkeit, Wachstum, Form, Bewegung und absoluter Hühnersicherheit ist ein Ziergras, das auch als Miscanthus bekannt ist. Es gibt nichts, was meine Hühner (oder ich) jemals versucht haben, um es zu vernichten. Es erfordert keine Aufmerksamkeit, ist kälte- und hitzeresistent, und gedeiht in jedem Bodentyp. Allerdings benötigt es eine gewisse Menge an Sonnenlicht. Miscanthus gibt dem Hühnerhof Farbe und Struktur, sorgt für Schatten und ist für Hühner das ganze Jahr über interessant. Die Hühner könnten sich zwischen den Wurzelballen bis nach China graben, und Miscanthus würde dennoch gedeihen. *Das ist* genau die richtige Art von Pflanze *für mich*!

Ich schneide es einfach jeden Frühling bis auf den Boden ab, und im Frühsommer kehrt es in seiner vollen Pracht zurück. Wenn die Basis zu breit wird und die Mitte abzusterben beginnt, teile ich es mit einer Axt und nehme es, um andere Teile des Hofes zu verschönern.

Herbst im Hühnerhof.

Nehmen Sie Kübelpflanzen und Hochbeete

Wo immer möglich, verwenden Sie in Ihrem Hühnerhof Topf- oder Kübelpflanzen. In den Boden gepflanzte Dinge sind enorm verlockend, um darin zu graben und darauf herum zu trampeln. Aber bei einer Topfpflanze ist es etwas weniger einfach für die Hühner, sie zu entwurzeln oder darin herumzulaufen – nicht unmöglich, nur weniger bequem. Ich finde es toll, originelle Behältnisse im Hühnerhof zu verwenden. In je größerer Höhe ich etwas anpflanze, desto unwahrscheinlicher ist es, dass es von meiner gefiederten Abrissmannschaft zerstört wird.

Erhaltung

Wenn Sie etwas anpflanzen, wird Ihre Hühnerschar unweigerlich »helfen« wollen. Frisch aufgelockerte Erde ist für Hühner sehr verlockend, und nichts ist so ärgerlich wie die Feststellung, dass die Herde neue Anpflanzungen wieder ausgerissen hat. Es ist aber nicht so, dass Ihre Hühner es darauf anlegen, Ihre neuen Pflanzen sofort zu vernichten, so sehr sie es auch schätzen, wenn jemand den Boden für ein Wurmfest vorbereitet.

Um unerwünschte Ausgrabungen zu verhindern, umgeben Sie neue Pflanzungen mit Pflastersteinen, Ziegeln oder Steinen. So haben die Pflanzen eine Chance, Wurzeln zu schlagen. Das funktioniert wie ein Zauber, aber seien Sie vorgewarnt: Wenn die Steine entfernt werden, wird die feuchte, wurmstichige Erde darunter nur unerwünschte Aufmerksamkeit erregen. Eine andere Strategie besteht darin, etwas Erde an einer Stelle abseits des Pflanzbereiches aufzulockern, um die Hühner abzulenken. Manchmal fallen sie darauf herein, manchmal nicht.

Es gibt einige Bereiche in meinem Hühnerhof, die meine Vögel nicht für mich umgestalten sollen. Wir haben hinter unseren Ställen Mulch, so weit das Auge reicht, aber meine Hühner würden immer lieber im Mulch direkt neben dem Rasen nach Futter suchen und ein Staubbad nehmen. Um dieses Verhalten und die Menge an Mulch zu begrenzen, die geharkt und wieder an Ort und Stelle verbracht werden muss, vergrabe ich an einigen wenigen ausgewählten Stellen Volierendraht direkt unter dem Mulch. Wenn die Hühner merken, dass sie nicht über den Draht hinauskommen, geben sie auf und gehen woandershin. Wenn Sie diese Strategie anwenden, biegen Sie alle scharfen Kanten am Draht um, um die Füße der Vögel vor Verletzungen zu schützen.

Der Rasen

Ich werde oft gefragt, wie mein Rasen angesichts von etwa fünfzig marodierenden Hühnern grün und saftig bleibt. Ich kann es nicht mit Sicherheit sagen, aber viel Schatten hilft. Wenn man Futter, Körner oder andere Leckereien auf den Rasen streut, bettelt man geradezu um übereifriges Vertikutieren, also werfen Sie nichts Essbares auf den Rasen.

Es ist möglich, beschädigte Bereiche des Rasens zu reparieren, ohne die Herde für die entsprechende Zeitdauer nach Sibirien zu verbannen. Säen Sie nur neu aus, wenn es unbedingt notwendig ist. Legen Sie ein Stück Volierendraht auf die kahle Stelle und lassen Sie das Gras hoch wachsen, bevor Sie den Draht entfernen.

Gestaltung mit unempfindlichen Materialien

Unbelebte Dinge sind eine gute Möglichkeit, dem Hühnerhof Farbe und Spannung zu verleihen. Ein Weg aus Ziegel- oder Feldsteinen in der Nähe des Stalls ist immer attraktiv, ebenso wie Steinwände und mit Erbsen- oder Flusssteinen gefüllte Kuhlen. Mein Mann und ich haben die meisten der Steine für unsere Steinwände aus den Wäldern geholt, die hinter den Ställen liegen.

Besonders gern schmücke ich den Hof mit recycelten, natürlichen, gefundenen und sonstigen kostenlosen Objekten wie Baumstämmen, Ästen, Heuballen, Weinstöcken, Gießkannen, verzinktem Stahl, Karren, Stacheldraht, Eimern, alten Wagenrädern, Holzleitern … die Möglichkeiten sind endlos!

Mein Mann sitzt mit Serena, unserer Tierschutzkatze, zusammen, während die Hühnerschar auf dem Hof nach Insekten patrouilliert.

Wo immer möglich, sollten Sie im Hühnerhof Topfpflanzen aufstellen. Die Partridge-Cochin-Henne Bertha.

Glossar

AMERAUCANA: Eine von der American Poultry Association (APA) anerkannte und blaue Eier legende Hühnerrasse, die in den 1970er Jahren in den USA aus Araucana-Hühnern hervorgegangen ist. Zu den Merkmalen gehören: ein Erbsenkamm, weiße Haut, volle Schwänze, Bartbüschel und Bärte (immer zusammen) und schieferfarbene oder schwarze Beine. Sie haben keine Ohrbüschel. Die von der APA anerkannten Farbvarianten sind Schwarz, Blau, Blauweizen, Braun-Rot, Silber, Weizen und Weiß.

»AMERICANA«: Eine irreführende Marketing-Taktik für den Verkauf von hybriden Ostereier-Legern mit einer Schreibweise, die dem Namen der Rasse Ameraucana täuschend ähnlich ist (siehe auch »Ostereier-Leger«).

APA: Abkürzung für die American Poultry Association (Amerikanische Geflügelzucht-Vereinigung). Die älteste Geflügelzuchtorganisation Nordamerikas hat es sich zur Aufgabe gemacht, die standardisierte Geflügelindustrie zu fördern und zu schützen, unter anderem durch die Veröffentlichung des *American Standard of Perfection* mit Rasse- und Sortenbeschreibungen aller von der Vereinigung anerkannten/zugelassenen reinrassigen Geflügelarten.

ARAUCANA: Eine seltene, blaue Eier legende Hühnerrasse mit Ursprung in Chile. Zu den Merkmalen gehören gelbe Haut, Schwanzlosigkeit, und sie haben auch keine Bärte und Bartbüschel. Araucanas können aber Ohrbüschel haben, das sind Federn, die aus einem schlanken, fleischigen Lappen direkt unter dem Ohr wachsen. Zu den von der APA anerkannten Farbvarianten gehören Schwarz, Schwarzbrust-Rot, Gold-Entenflügel, Silber-Entenflügel und Weiß.

AUSBRÜTEN (INKUBATION): Der Vorgang des Ausbrütens von Eiern unter einer Henne oder in einem Brutapparat (Inkubator).

BRÜTIGKEIT: Eine Henne, die durch Hormone dazu angeregt wird, in einem Nest zu sitzen, um Eier auszubrüten.

BRÜTIGKEITS-BRECHER: Ein Käfig mit Drahtboden, der an einem gut beleuchteten Ort abseits des Hühnerstalls aufgestellt wird, und dazu dient, den hormonbedingten Zustand der Brütigkeit einer Henne zu unterbrechen.

DE: Abkürzung für Diatomeen-Erde in Lebensmittelqualität (siehe unten).

DIATOMEEN-ERDE (KIESELGUR): Ein saugfähiger, versteinerter Mineralstaub mit mikroskopisch kleinen, messerscharfen Kanten (siehe Seiten 30-31). Der regelmäßige Kontakt mit Diatomeen-Erde stellt eine Gesundheitsgefahr für Hühner und Menschen dar.

EINSTREU: Das Material (in der Regel Kiefernholzspäne oder Sand), das auf dem Boden eines Hühnerstalls ausgebracht wird, um Feuchtigkeit aus dem Kot zu absorbieren und die Mistentsorgung zu erleichtern.

EIZAHN: Die harte, nur vorübergehend bestehende zahnähnliche Struktur an der Schnabelspitze eines Kükens, die dazu dient, beim Schlüpfen die Eierschale zu durchbrechen.

GESCHLECHTSBESTIMMT (GESEXT): Küken, die nach anatomischer Untersuchung nach Geschlecht sortiert wurden. Geschlechtsspezifische Küken, die als weiblich bestimmt wurden, werden oft als »Junghennen« verkauft.

GESCHLECHTSBESTIMMUNG (SEXEN): Eine von vielen Methoden zur Bestimmung des Geschlechts eines Huhns.

GRIT: Harte Materialien wie Sand, Granit oder kleine Steine, die die Verdauung fördern. Da Hühner keine Zähne haben, werden faserige Nahrungsmittel im Muskelmagen zermahlen.

INKUBATION: siehe »Ausbrüten«.

KIEL: Der Teil des Brustknochens eines Huhns, an dem die Flügelmuskeln ansetzen.

KIESELGUR: siehe »Diatomeen-Erde«.

KOT: Hühnerkot, der hauptsächlich aus festen Verdauungsabfällen, Wasser und flüssigen Ausscheidungsprodukten besteht.

KOTBRETT: Ein Brett unterhalb der Schlafplätze in einem Hühnerstall zum Auffangen von Hühnerkot, der über Nacht anfällt.

KOKZIDIOSE: Eine häufige, hoch ansteckende und oft tödliche Darmerkrankung bei Hühnern, die durch mehrere Parasitenarten verursacht wird. Die Parasiten vermehren sich schnell, schädigen die Darmschleimhaut und verhindern, dass das Huhn Nährstoffe aus der Nahrung aufnimmt. Eine Kokzidiose kann durch eine saubere und trockene Stallhaltung verhindert werden. Ausbrüche lassen sich leicht mit Medikamenten behandeln.

KÖRNERFUTTER: Eine Leckerei für Hühner, die hauptsächlich aus aufgeschlossenem Mais und verschiedenen Körnern besteht. Es ist eine Energiequelle (man denke an Kohlenhydrate), aber keine gute Quelle für Vitamine, Mineralien oder Eiweiß.

KRÄUSELFEDERN: Ein genetisch festgelegter Federtyp, der sich nach hinten und vom Körper des Huhns weg kräuselt. Kräuselfedern können bei einer Vielzahl von Rassen auftreten, am häufigsten bei Cochins und Polen.

KROPF: Ein kleiner Sack am Ende der Speiseröhre eines Huhns, in der die Nahrung befeuchtet und gelagert wird, bevor sie weiter verdaut wird. Stellen Sie sich die Speiseröhre als eine lange Rutsche vor, die vom Schnabel bis zum Hals reicht und am Kropf endet. Der Kropf befindet sich etwas seitlich des rechten Brustmuskels des Huhns.

OHRBÜSCHEL: Federn, die bei einigen Araucana-Hühnern aus einem Hautlappen direkt unter dem Ohr wachsen.

Küken, die das Büschelgen von beiden Elternteilen erben, sterben bereits vor dem Schlüpfen.

LEGEBEGINN: Das Alter, in dem eine Junghenne mit der Eiproduktion beginnt (normalerweise zwischen 5 und 7 Monaten).

LEGENOT: Ein Notfall, der eintritt, wenn ein Ei im Fortpflanzungstrakt einer Henne stecken bleibt. Befindet sich das Ei im Eileiter, spricht man von Legenot. Diese kann sich rasch zu einem lebensbedrohlichen Zustand entwickeln und muss schnellstmöglich, vorzugsweise von einem erfahrenen Geflügeltierarzt, behoben werden. Wird das Ei nicht innerhalb von 24–48 Stunden entfernt, wird die Henne wahrscheinlich sterben.

LEGEHENNE: Ein erwachsenes weibliches Huhn, das Eier legt.

LEGEHENNENFUTTER: Ein ernährungsphysiologisch ausgewogenes, vollständiges und mit Kalzium angereichertes Hühnerfutter für Legehennen.

MAUSER: Der Verlust des alten Gefieders, gefolgt vom Wachstum neuer Federn.

NIPPELTRÄNKE: Ein System der Wasserabgabe, bei dem sich das Wasser in einem Behälter befindet und freigesetzt wird, wenn die Hühner aufwärts gegen einen stumpfen Metallstift, der ein Kugellager enthält, picken. Der Hauptvorteil einer Nippeltränke besteht darin, dass das Wasser nicht durch Hühnerkot oder Einstreu verschmutzt werden kann, wie bei anderen Arten von Geflügeltränken.

OLIV-LEGER: Ein Huhn, das durch Kreuzung einer beliebigen Rasse, die dunkelbraune Eier legt (z. B. Barnevelder, Empordanesa, Maran, Pendesenca, Welsumer) mit einer Rasse, die blaue Eier legt (z. B. Ameraucanas, Araucanas, Cream Legbar) entsteht. Die aus diesen Paarungen hervorgegangenen Hennen sind Hybriden, die olivgrüne Eier legen.

OSTEREIER-LEGER: Ostereier-Leger sind keine von der APA anerkannte Rasse, sondern Hybrid-Hühner, die durch Verpaarung einer Rasse, die das Gen für Eier mit einer blauen Schale trägt, mit einer Rasse, die das Gen für Eier mit einer braunen Schale trägt, erzeugt werden. Die Farbe der Eier von Ostereier-Legern umfasst eine breite Palette, einschließlich aller Blau- und Brauntöne oder einer Kombination aus beiden. Zu den Merkmalen der Ostereier-Leger gehören Erbsenkämme und kleine oder fehlende Kehllappen. Sie haben in der Regel grünliche Beine und Bärte mit Bartbüscheln und sind in einer unendlichen Anzahl von Federfarben zu finden. Im Gegensatz zu reinrassigen Hühnern werden diese Hybriden beim Verkauf nicht mit einer Farbvarietät gekennzeichnet. Mit anderen Worten, Sie können nicht planen, beispielsweise eine schwarze Ostereier-Legehenne, eine Weizen-Ostereier-Legehenne, eine Lavendel-Ostereier-Legehenne und so weiter zu kaufen oder zu züchten. (Siehe auch »Americana«)

SCHNABELWETZEN: Ein Huhn wetzt seinen Schnabel, um dessen Form und Länge zu erhalten. Dazu wird der Schnabel an harten Gegenständen gerieben. Haushühner sollten Zugang zu einem Stein oder einem ähnlichen Gegenstand zum Schnabelwetzen erhalten. Bei Hühnern mit einem Scherenschnabel, die ihren Schnabel nicht richtig wetzen können, muss der Schnabel regelmäßig gekürzt oder abgefeilt werden.

SEKTION: Die Untersuchung eines Huhns nach seinem Tod, die zur Bestimmung der Todesursache durchgeführt wird.

SEXEN: Siehe »Geschlechtsbestimmung«.

SPORNE (oder auch SPOREN): Harte Anhängsel im unteren rückwärtigen Bereich der Beine eines Hahns, die zur Verteidigung, zum Kampf und zum Schutz der Herde dienen. Sporne wachsen aus dem Schenkelknochen und sind von einem harten, verhornten, kegelförmigen Material bedeckt, das einem dicken Fingernagel ähnelt. Wenn ein Hahn älter wird, müssen die Sporne getrimmt werden, um Verletzungen des Hahns selbst, der anderen Herdenmitglieder und der Hühnerhalter zu vermeiden. Bei einigen Hennen können auch Sporne wachsen.

STARTERFUTTER: Ein ernährungsphysiologisch vollständiges Futter für Küken, das sowohl in medikamentöser als auch in nichtmedikamentöser Form erhältlich ist. Medizinalfutter enthält Amprolium, das die Küken vor dem Fortschreiten der Kokzidiose (siehe oben) schützt, einer häufigen und tödlichen Darmerkrankung, die über den Kot verbreitet wird.

STAUBBAD: Für Hühner das Pendant zu einer Dusche. Hühner pflegen ihre Federn und ihre Haut, indem sie flache Kuhlen in Erde, Mulch, Sand oder sogar Kiefernholzspäne graben und dann den Staub auf sich selbst werfen. Dieser überzieht die Federn, setzt sich auf der Haut ab und nimmt überschüssige Feuchtigkeit und Fett auf. Er dient auch dazu, Parasiten abzuwehren, die sich sonst im Federkleid einnisten und Haut- und Federschäden, Reizungen und Gewichtsverlust verursachen sowie die Legeleistung und Fruchtbarkeit beeinträchtigen können. Bei heißem Wetter graben sich die Hühner in den Boden ein, um in der kühleren Erde auszuruhen.

TRETEN: Ähnlich wie beim Huckepackreiten ist das Treten die Position, die ein Hahn während der Paarung mit einer Henne einnimmt. Der Hahn steht auf dem Rücken der Henne, hält ihre Nackenfedern mit seinem Schnabel fest und versucht, mit seinen Füßen das Gleichgewicht zu halten.

UNTERWÜRFIGES HINHOCKEN: Die respektvolle Haltung, die eine geschlechtsreife Junghenne oder eine ältere Henne einnimmt, wenn ein Hahn sich ihr zur Paarung nähert. Die Henne kauert sich zusammen, breitet ihre Flügel zur Seite aus, um das Gleichgewicht zu halten, und senkt ihren Schwanz, damit der Hahn sie »treten« kann (d. h. auf ihren Rücken hüpfen und sein Ding machen). Sie kann das unterwürfige Hinhocken auch zeigen, wenn sich eine Person ihr nähert, insbesondere wenn eine Hand ausgestreckt wird, um sie zu streicheln.

VERKLEBTE KLOAKE: Ein Zustand, der bei kleinen Küken auftritt, wenn Kot an den Daunen im Bereich der Kloake haften bleibt. Der Kot sammelt sich an und blockiert die Kloake, was für das Tier tödlich sein kann, wenn er nicht entfernt wird.

Index

A
Adipositas 75
Aggression 141
Alaunsteinpulver 55, 89
Ameraucana 39, 41
Ammoniak 21, 121
Amprolium 50, 64, 108
Anatomie 148
Araucana 39, 41
Artgerechte Haltung 2
Atemwegserkrankungen 154
Aufzuchtfutter 65
Aufzuchtkiste 48
Augen 85
Ausbrüten von Eiern 127
Auslauf 11, 18
Austernschalenkalk 66

B
Baden 87
Ballenabszess 96
Ballengeschwür 96
Balzverhalten 138
Bandwürmer 107
Bauch 86
Baurechtliche Vorschriften 5
Befruchtete Eier 155
Befruchtung 150, 155
Beinmilben 104
Belüftung 14, 121
Beutegreifer 26, 29
Biosicherheit 81, 103
Blastoderm 155
Blinddarmkot 89
Blinddarmwürmer 107
Blüte 151
Blutflecken 153
Blutungen 95
Broiler 36
Brust 86
Brüterei 41, 43
Brütigkeit 37, 128, 158
Brütigkeitsbrecher 129
Brutkasten 44
Bürzeldrüse 87

C
Chalazae 150
Clostridium perfringens 71

D
Dach 19, 27
Darmgesundheit 31
Desinfektion 23
Diatomeen-Erde 20, 22, 23
Doppelter Eidotter 152
Dotterfarbe 153
Dünger 2

E
Eiablage, erste 146
Eibildung 149
Eidotter 149
Eidotterperitonitis 150
Eierfressen 13, 136, 159
Eier-Kuriositäten 152
Eier, saubere 147
Eierschale 150
Eierstock 149
Eigröße 152
Eiklar 150
Eileiter 149
Eileitervorfall 101
Einstreu 14
Eischnüre 150
Eiweiß 150
Ektoparasiten 103
Embryo 150, 155
Endoparasiten 105
Entkappen 90
Epitrichium 118
Erfrierungen 123
Ergänzungsfuttermittel 69
Erlaubnis der Hühnerhaltung 3
Erste-Hilfe-Kasten 91
Euthanasie 111

F
Fadenwürmer 107
Fakten und Mythen 7
Federkleid 86
Federrupfen 14, 56, 136
Feeneier 152
Fermentiertes Futter 67
Fersenkrankheit 55
Fettleibigkeit 75
Feuchtigkeit 120
Flächennutzungsplan 5
Fleischflecken 153
Fliegenbekämpfung 30
Flotationstest 108
Flügel 86
Flüssigkeitszufuhr 94
Freilandhaltung 28
Freilandhühner 10, 162
Frühling 127
Futtermittelhandel 42
Futtertröge 19
Fütterung 64

G
Gänsehaut 119
Gartengestaltung 162
Gefieder 86
Geflügelklappe 27
Geflügelläuse 103
Geflügelpocken 109
Gefrorene Eier 127
Geschlechtsbestimmung 44, 58
Geschlechtsorgane, männliche 140
Geschlechtsorgane, weibliche 149
Geschmacksknospen 52, 71
Gewicht 85
Giftpflanzen 162
Glucke 127
Grit 51, 53, 66
Gummieier 152

H
Hähne 138
Hämorrhagisches Fettlebersyndrom 76
Hänge-Futterautomaten 50
Hängender Kropf 102
Harnsäure 89
Haut 86
Hefepilzinfektion 102
Heizstrahler 49
Herbst 116
Herdenschutztiere 27
Hitze 114
Hühnerhaltung 3
Hühnermilbe 103
Hühnerpavillon 30
Hühnerpullover 123
Hühnerrassen 36
Hühnersattel 140
Hunde und Hühner 27

I
Immunität 51
Immunsystem 23, 82
Impfungen 45, 50, 83
Infektiöse Bronchitis 154
Infektiöse Laryngotracheitis 154
Infundibulum 149
Insektizide 2
Isthmus 150

J
Jahreszeiten 114
Junghennen 41

K
Käfighennen-Erschöpfung 67
Kamm 85
Kampfhühner 143
Kannibalismus 14, 56
Kauf von Hühnern 41
Kehllappen 85
Keimfleck 155
Keksdosen-Wassererhitzer 120
Kiel 86
Kinder 2
Kinder und Küken 52
Kloake 45, 87, 152
Kloaken-Kuss 141
Kloakenvorfall 101
Knemidocoptes mutans 104
Koaguliertes Eiter-Ei 154
Kokzidiose 15, 45, 50, 51, 64, 108
Kompost 33
Kopulation 139

Körnerfutter 67
Körperliche Untersuchung 85
Körpertemperatur 49, 57
Kosten 3
Kot 87
Kotbrett 17
Kotuntersuchung 108
Krallen 89
Krankenstation 90
Kräuter 13
Kropf 89, 101
Kropfanschoppung 16, 101
Kropfmykose 102
Krumme Zehen 54
Küken 41, 44
Kükenaufzucht 48
Kükensandale 54
Kürbis 109
Kutikula 151

L
Lash-Eier 154
Laufstallmethode 57, 110, 132
Lebensmittelvergiftung 156
Leckereien 71
Legehennen 36
Legehennenfutter 65, 146
Legeleistung 157
Legenot 100, 150
Licht 14, 117, 158
Luftröhrenwürmer 107

M
Madenbefall 31
Magnum 150
Männliche Geschlechtsorgane 140
Maschendraht 26
Mastrassen 36
Mauser 117, 158
Medizinalfutter 50, 64
Meloxicam 97, 124
Mikroflora 72, 108
Milben 103
Minze 32, 116
Mobbing 136
Muschelschalenkalk 66
Muskelmagen 67, 89
Mycoplasma gallisepticum 82
Myiasis 31

N
Nabel 45
Nachtsichtkamera 27
Nasenlöcher 86
Nestbox 13, 58, 147
Nippeltränke 21, 33, 50, 55, 74, 75, 114, 120
Nissen 104
Nordische Vogelmilbe 103
Notfalleimer 116

O
Ordnungsamt 3
Ostereier-Leger 39
Oxine 21, 23

P
Paarung 138
Parasitenbehandlung 104
Perlit 163
Perose 55
Pestizide 2
Picken 56
Piloerektion 119
Probiotika 53, 67, 72, 108

Q
Quarantäne 82, 94

R
Rasen 165
Rasseauswahl 36
Rationierte Fütterung 68
Reinigung 23
Richtiges Halten eines Huhns 84
Rote Vogelmilbe 103

S
Salmonella enteritidis 127, 156
Salpingitis 154
Sand 15, 18, 33, 121
Schädlingsbekämpfung 2
Schadnager 29
Schadnagerkontrolle 29
Schalenbildung 150
Schalendicke 152
Schalendrüse 150
Schalenfarbe 39, 151
Schälen von Eiern 159
Scherenschnabel 55
Schimmelpilze 64
Schlafplätze 11
Schmerzen 96
Schnabel 86
Schnabelhöhle 86
Schnabelpflege 99
Schnabelverletzungen 98
Schwimmtest 157
Sektion 111
Sexen 41, 58
Showgirls 143
Sitzstangen 11, 19
Sommer 114
Soor 102
Sporne 89
Spreizbeine 53
Sprossen 126
Spulwürmer 107
Stallbau 10
Stallboden 14
Stallglucken 131
Stallgröße 10
Stalltraining 137
Standort 10
Starterfutter 50, 64
Staubbad 16, 20, 51, 103, 115
Stiftfedern 118

T
Temperament 37
Therapietiere 2
Thermoregulation 119
Tiefstreumethode 121
Topfpflanzen 164
Tränke 19, 119
Treten 140
Tret-Futterautomaten 27, 69

U
Umgang mit Eiern 156
Umzug in den Stall 56
Unbefruchtete Eier 155
Untergrabschutz 26
Uterus 150

V
Vagina 151
Verdauungstrakt 88
Verdrehtes Schienbein 55
Verklebte Kloake 52
Verletzungen 95
Vermiculit 163
Vernebler 115
Verstecken der Eier 159
Vitamin B 108
Vitellinische Membran 150
Volierendraht 10, 26
Vorhänge 13

W
Wärmelampe 49
Wartezeit 96
Waschbären 27
Waschen von Eiern 156
Wasser 74
Wassererhitzer 120
Weibliche Geschlechtsorgane 149
Weicher Kropf 102
Winter 119
Würmer 105

Z
Zervikale Dislokation 111
Zirbeldrüse 158
Züchter 43
Zweinutzungshuhn 37

Danksagung

Dieses Buch wäre nie geschrieben worden, wenn meine Online-Herde/Leser/Liebhaber/Follower/Zuschauer in den letzten fünf Jahren nicht darauf bestanden hätten. Ich fühle mich durch ihre Anfragen geehrt und bin dankbar für ihre Ermutigung.

Danke an meinen Verleger Dennis Pernu, der mich aufgefordert hat, ein Buch zu schreiben, für seine geduldige Anleitung und dafür, dass er nicht seinen Cousin Rocco geschickt hat, um mir irgendwann im Entstehungsprozess meine Kniescheiben zu brechen.

An Gail Damerow, deren Bücher und Artikel seit langem der Goldstandard für Informationen zur Pflege von Hühnern sind: Ich schätze den Präzedenzfall, den Sie in Sachen Genauigkeit und Zuverlässigkeit geschaffen haben, und bin dankbar für den Einfluss, den Sie auf meine persönliche Hühnerreise und meine Schriften ausgeübt haben. Es ist mir eine Ehre, Sie als Mentorin, Mitstreiterin und Freundin bei meiner Suche nach der Wahrheit über die Hühnerhaltung an meiner Seite zu haben.

Meine aufrichtige Wertschätzung gilt Dr. Annika McKillop, Dr. Mike Petrik, Dr. Michael Darre, Dr. Patrick Biggs, Dr. Gordon Ballam und Dr. Martin Ficken dafür, dass sie ihre Zeit, ihr Fachwissen und ihre Leidenschaft für die Verbesserung des Wohlergehens von Hühnern in Hobbyhaltung freiwillig mit mir geteilt haben, und ich danke ihnen für ihre großzügigen Beiträge zu meiner kontinuierlichen Ausbildung in Geflügelangelegenheiten.

Meiner Familie, insbesondere meinem stets geduldigen und liebevollen Ehemann Tom (Mr. Chicken Chick). Und meinen Töchtern Sophia und MaryKate danke ich für ihre Liebe und Unterstützung und dafür, dass sie dieses wild gewordene Hobby mit mir teilen.

Julie Harrison, John Cote, Brettan Hawkins und Susan Burek bin ich mehr als dankbar dafür, dass sie ihre Talente, Zeit und Unterstützung auf zahllose Arten mit mir geteilt haben. Vielen Dank auch an Lorri Eddelman, Ellen Deffenbaugh und die Künstlerin Sarah Hudock für all ihre Hilfe.

Und schließlich wäre es nachlässig, wenn ich dem Kaffee nicht die Ehre gäbe, der offizielle Treibstoff für »The Chicken Chick« zu sein.

Über *die* Autorin

Kathy Shea Mormino, international bekannt als „The Chicken Chick", ist die Gründerin und kreative Kraft hinter dem preisgekrönten Blog The-Chicken-Chick.com. Mittlerweile eine führende Stimme zum Thema Hühnerhaltung wurden ihre Beiträge in unterschiedlichsten Magazinen, wie dem Wall Street Journal, der Los Angeles Times und Associated Press, gedruckt. Außerdem gibt sie regelmäßig Radio- und Fernsehinterviews und ist in der Reality-Show Coop Dreams von Discovery's Destination America zu sehen. Die Rechtsanwältin lebt mit ihrem Ehemann, ihren Töchtern Sophia und Mary Kate und mehr als 50 Hühnern in Connecticut.

Die weiße Seidenhuhn-Henne Freida.

Weitere Titel von Unimedica

Deanna Caswell / Daisy Siskin

Der kleine Selbstversorger

Urban Gardening Gärtnern und Survival auf kleinstem Raum
für ein unabhängiges Leben in der Vorstadt

280 Seiten, geb., € 19,80

Wer träumt nicht von einem naturverbundenen Leben und davon, sein eigenes Obst und Gemüse anzubauen, zu ernten und selbst zu Köstlichkeiten zu verarbeiten – auch wenn man nur wenige Quadratmeter im Hinterhof zur Verfügung hat? Der kleine Selbstversorger zeigt auf unterhaltsame Weise, wie sich jedes Stückchen Garten in ein kleines Selbstversorgerparadies verwandeln lässt. Vom Anlegen der Beete über die Auswahl von Nutzpflanzen und das richtige Düngen bis hin zum Ernten und Verarbeiten von Selbstangebautem wird alles erklärt, was das Gärtnerherz höher schlagen lässt. Ja selbst das Halten von Hühnern, Zwergziegen und Bienen ist in diesem Rahmen möglich und wird Schritt für Schritt erläutert. Eigene Naturkosmetik wird aus einfachen Zutaten schnell hergestellt sowie umweltschonende Reinigungsmittel. Passende Cremetiegel auch bei uns erhältlich. Ein eigenes Kapitel ist Ideen gewidmet, wie sich der nachbarschaftliche Zusammenhalt durch gemeinsame Projekte stärken lässt.

Dr. Patrice Rouchossé

Homöopathie bei Tieren

Neues Licht über die Intelligenz und das Verhalten der Tiere
Mit zahlreichen Anamnese- und Fallbeispielen

176 Seiten, geb., € 29,-

Die homöopathische Behandlung von Tieren setzt große Beobachtungsgabe und hohes Einfühlungsvermögen voraus. Genau diese Fähigkeiten konnte Dr. Rouchossé in den vergangenen 20 Jahren in seiner Tierarztpraxis zum Einsatz bringen. Als echter Pionier auf dem Gebiet bündelt er in diesem Buch sein einzigartiges Wissen und seine umfangreichen Erfahrungen im Bereich der Tierhomöopathie. Anhand von zahlreichen klinischen Fällen zeigt er, wie die richtige Anwendung homöopathischer Arzneien zu spektakulären Ergebnissen bei Tieren führt. Dr. Rouchossé stellt nicht nur beeindruckende Fallbeispiele wie das Natrium-carbonicum-Pferd, die Sepia-Kuh oder den Lilium-tigrinum-Hund vor, sondern sensibilisiert den Leser durch seine Anamneseführung für die erstaunliche Intelligenz der Tiere und ihre einzigartige Beziehung zu uns Menschen. Besonders hervorzuheben ist die anschauliche Art, in der er die Materia Medica in Beziehung zu den klinischen Einzelfällen setzt. So kann sich jeder ein klares Bild des jeweiligen Mittels machen.

Rick Woodford

Vollwertfutter für Deinen besten Freund (und Dich)

85 LECKERE REZEPTIDEEN FÜR DEINEN HUND

240 SEITEN, GEB., € 24,80

Als Rick Woodford seinen besten Freund auf vier Pfoten durch die Folgen eines Lymphoms beinahe verloren hätte, erkannte er, wie ausschlaggebend vollwertiges, mit frischen Zutaten hergestelltes Futter für die Gesundheit von Tieren ist. Sein zuvor appetitloser Hund begann das selbst gekochte Futter eifrig zu fressen – und der Krebs verschwand. Rick Woodford, in den USA als der Dog-Food-Spezialist bekannt, entwickelte daraufhin einfache und gesunde Rezepte für Hunde, wo auch Leckermäuler nicht „nein" sagen. Besonders wertvoll ist der ausführliche Teil für den kranken Hund mit ganz spezifischen Zutaten bei Erkrankungen wie Allergien, Diabetes, Magen-Darm- und Nierenkrankheiten, Herzbeschwerden und Krebs sowie zur Gewichtsreduktion. Im Vergleich zur BARF-Rohfütterung plädiert Woodford für eine Mischung aus selbst zubereiteten Mahlzeiten und hochwertigem Trockenfutter. Dieses sehr informative und gleichzeitig das Herz berührende Buch zeigt, dass frische Zutaten genauso in den Napf unseres Hundes wie auf unsere eigenen Teller gehören. Hunde sind unsere treuen Begleiter. Sie haben es verdient, mehr als nur Trockenfutter zu bekommen!

Dodds /Laverdure

Nutrigenomik für Hunde

DIE NEUESTEN ERKENNTNISSE DER GENFORSCHUNG FÜR DIE OPTIMALE ERNÄHRUNG

312 SEITEN, GEB., € 29,80

Ob Mensch, ob Tier – Gesundheit beginnt in den Zellen!

Dieses Werk vermittelt bahnbrechende Erkenntnisse auf dem Gebiet der Hundeernährung. Es zeigt, wie Sie die Zellgesundheit Ihres Hundes, dem Garant für ein langes, aktives Leben, allein durch das optimale Futter erreichen und bewahren. Die renommierte Tiermedizinerin Jean Dodds und die Expertin für Hundeernährung Diana Laverdure beziehen sich dabei auf die Ergebnisse der noch jungen, vielversprechenden Wissenschaftsdisziplin Nutrigenomik, die das Zusammenspiel zwischen Genen und Ernährung untersucht. Entscheidend für unsere Gesundheit und die unseres Hundes ist, wie die Nahrung, die wir aufnehmen, zu unseren Zellen „spricht" und dadurch die Genexpression reguliert. Die Gene, mit denen wir auf die Welt kommen, sind zwar nicht veränderbar, aber wir können ihr Verhalten steuern. Genau hier setzen die Autorinnen an. Sie zeigen, wie herauszufinden ist, welche Nahrungsmittel die Genexpression und Zellgesundheit optimal fördern und welche zu chronischen Krankheiten führen.

Gertrud Pysall

Das Geheimnis der Pferdesprache

Wie gelingt die Kommunikation mit meinem Pferd

304 Seiten, geb., € 29,–

Die meisten Pferdebesitzer würden behaupten, dass ihr Pferd ihnen vertraut. Aber wenn sie in sich hineinhorchen, dann stellen nicht wenige fest, dass etwas fehlt. Es ist diese letzte Distanz, diese durchsichtige und doch undurchdringliche Wand, die zwischen dem Tier und seinem Menschen zu stehen scheint. Gertrud Pysall hat es sich zur Aufgabe gemacht, diese Wände beiseitezuschieben, den Weg frei zu machen und diese Verbindung zwischen Pferd und Mensch herzustellen. Dafür hat sie die Sprache und das Verhalten domestizierter Pferde erforscht und analysiert. Die artspezifische Kommunikation mit dem Pferd ermöglicht den echten Zugang zur Pferdeseele – denn viele scheinbar gewaltfreie Ausbildungsmethoden bedeuten Stress für das Tier und sind weder sanft noch artgerecht. Oft sind es scheinbar unbedeutende Gesten und Handlungen, die aus Pferdesicht aber eine immense Bedeutung haben – denn Pferde reden immer! In der Stallgasse, auf dem Weg zur Weide oder beim Ausritt, Pferde sind richtige Kommunikationstiere und haben dem Menschen gegenüber „Redebedarf". Genau dort setzt das MOTIVA-Training an.

Francis Hunter

Homöopathie für Tiere

Natürliche Hilfe bei den wichtigsten Beschwerden - für Hunde, Katzen, Pferde, Vögel und Geflügel, Hamster, Kaninchen, Ziegen, Schildkröten und viele weitere Tierarten

432 Seiten, geb., € 34,–

Die Homöopathie hat sich seit vielen Jahren bei den verschiedensten Tierarten bewährt. Dieser Ratgeber beschreibt auf einmalige Weise die homöopathische Behandlung von über 20 Haustierarten – von Hund und Katze über Reptilien, Vögel und Geflügel bis hin zu Schafen und Pferden. Der englische Tierarzt Francis Hunter blickt auf über 40 Jahre Erfahrung mit der Homöopathie zurück und ist wie kein anderer geeignet, dieses Werk zu verfassen.

Praxisnah erläutert er die wichtigsten Beschwerden und deren homöopathische Behandlung – von Verletzungen und Husten beim Pferd, Euterentzündung bei der Kuh, Fußfäule beim Schaf, Durchfall bei der Ziege, Abszessen beim Schwein bis hin zu Hüftfehlbildung beim Hund, Blasenentzündung bei der Katze, Parasiten beim Vogel und Hamster, Hühnerschnupfen, Bissverletzungen beim Frettchen und vielem mehr. Ausführlich werden auch Erste-Hilfe-Maßnahmen besprochen.

Peter Gregory

Praxisbuch Tierhomöopathie

GRUNDLAGEN, MIASMEN, FALLAUFNAHME UND MITTELBILDER

568 SEITEN, GEB., € 69,–

Peter Gregory zählt zu den erfahrensten homöopathisch arbeitenden Tierärzten Großbritanniens. Sein besonderes Engagement gilt dabei der homöopathischen Ausbildung. Dieses Werk gibt eine fundierte Einführung in die veterinärhomöopathische Praxis. Dabei sind die Erklärungen äußerst originell und basieren auf der großen Erfahrung Gregorys. So schildert er die Miasmen aus einem neuen Blickwinkel und erklärt, warum z. B. Jagdhunde tuberkulinisch sind. Besonders wertvoll ist der große Materia-Medica-Teil, der fast die Hälfte des Buches ausmacht. Dabei geht er über die in der Tierhomöopathie oft noch üblichen Mitteleinzelbeschreibungen hinaus und erklärt viele der Polychreste anhand ihrer Familienzugehörigkeit. So vermittelt er z. B. das Mittelbild Sepia in Bezug auf die Meeresmittel sowie Pulsatilla und die Hahnenfußgewächse. Die Mittelbilder sind originell und durch die Beziehung zur Mittelfamilie leichter zu verstehen und zu verinnerlichen. Ein erfrischend neuer Leitfaden, der kaum einen Wunsch offen lässt.

Christiane P. Krüger

Das Katzen-Homöopathie-Buch

EIN HANDBUCH FÜR THERAPEUTEN UND TIERBESITZER

856 SEITEN, GEB., € 79,–

Anschmiegsame Kuschelkatze, scheues Mimöschen oder erhabene Majestät – jede Katze ist einzigartig. So auch die Behandlung im Krankheitsfall. Das „Katzen-Homöopathie-Buch" von Christiane P. Krüger ist weit mehr als ein Ratgeber für Krankheitsmomente, in denen die Schulmedizin nicht weiterkommt. Es ist das mit Abstand wohl umfassendste Werk über die homöopathischen Behandlungsmöglichkeiten der Katze – und den sensiblen Stubentiger an sich. Von akuten Beschwerden bis zu schweren chronischen Erkrankungen, von Verletzungen, Sturz aus dem Fenster, inneren Blutungen, Infektionen, speziellen Katzenkrankheiten wie Leukose und Toxoplasmose, Entzündungen der Augen und Ohren, neurologischen Beschwerden, Erkrankungen des Verdauungssystems und des Bewegungsapparates, Fell- und Hautbehandlungen, Krebserkrankungen bis zur besonderen Unterstützung von jungen und Senioren-Katzen – es gibt kaum einen Bereich, den Christiane P. Krüger nicht thematisiert und verständlich zur Sprache bringt. Die Tierärztin schöpft aus 40 Jahren Praxiserfahrungen. Und zeigt an vielen Beispielen praxisnah, wie Homöopathie erfolgreich Anwendung findet. Auch, wenn die Situation ausweglos erscheint.